어느 날 택시에서
우주가 말을 걸었다

어느 날 택시에서
우주가 말을 걸었다
TAXI FROM
ANOTHER PLANET

지적인 잡담으로
떠나는 우주여행

찰스 S. 코켈 지음
이충호 옮김

일러두기
- 이 책의 각주는 옮긴이주이다.

이 책은 실로 꿰매어 제본하는 정통적인 사철 방식으로 만들어졌습니다.
사철 방식으로 제본된 책은 오랫동안 보관해도 손상되지 않습니다.

알려진 우주의 모든 택시 기사에게 바친다.

차례

머리말

우리가 생명이라고 부르는 것은 신비하고 묘한 매력이 있으며 흥미로운 물질이다. 평생 동안 생명을 전문적으로 연구해 온 나는 온갖 장소에서 〈생명이란 과연 무엇이며, 다른 행성에도 생명이 존재하는가〉라는 질문을 받는다. 파티 장소에서건 비행기 여행에서건, 〈우주에는 오직 우리만 존재하는가〉라는 질문과 〈왜 이 거대한 실험이 이곳 지구에서 시작되었는가〉라는 질문은 아주 진지하고 흥미진진한 대화로 이어진다. 나는 이런 종류의 대화를 함께 나누기에 특별히 재미있는 집단을 발견했는데, 바로 택시 기사들이다.

　택시 기사들은 매일 다채로운 동물들이 수많이 존재하는 인류 동물원을 접한다. 그들은 온갖 견해를 가진 각계각층의 사람들을 만나 대화를 시작하거나 원치 않아도 대화에 끌려들어 간다. 좌파, 우파, 종교인, 무신론자, 보수주의자, 진보주의자, 채식주의자, 육식주의자를 비롯해 온갖 부류의 사람들을 만난다. 택시 기사는 우리 문명의 집단 사고와 연결돼 있는데, 그런 식의 연결을 누릴 수 있는 사람은 극소수이다. 그들은 인간 사고의 맥박을 느낀다. 그처럼 풍부한 인간의 경험과 세계관에 매일 지속적으로 노출되는 사람은 많지 않다.

나는 밖으로 잘 나돌아 다니지 않는데, 이것은 자기 비하 발언이 아니다. 나는 대다수 사람들도 그럴 것이라고 생각한다. 나는 과학자이고, 대체로 같은 세계관을 공유한 사람들과 함께 과학 논문을 쓴다. 과학 학회에도 참석하는데, 그곳에 온 사람들은 내가 관심을 가진 주제에 대해 이야기하고 생각한다. 동료 말들이 돌아다니는 안전한 방목장을 벗어나 밖에 있는 사람들과 이야기를 할 때면, 그들도 대개 과학에 대해 묻기 때문에, 결국은 내가 잘 아는 것에 대해 이야기하게 된다. 이것은 회사를 다니는 사람들도 마찬가지일 것이다. 심지어 부동산 중개인도 마찬가지일 것이다. 그는 외계인에 관한 이야기를 별로 하지 않을 테고, 파티에 가면 결국 부동산에 관한 조언을 할 것이다. 세상은 이렇게 굴러가도 아무 문제가 없다. 우리 중 어느 누구도 인간의 모든 지식을 알 수는 없다. 인생은 짧다. 그러니 작은 영역에 초점을 맞춰 그것을 잘 이해한 다음, 그 길을 통해 인류의 문명에 뭔가 기여하려고 노력하는 것이 합리적이다.

그렇긴 하지만, 우리가 직면한 몇몇 중요한 질문을 다른 사람들이 어떻게 생각하는지 알면 큰 도움이 될 것이다. 예를 들면, 우주에는 오직 우리만 존재할까? 나는 부동산 중개인과 과학자를 비롯해 많은 사람들이 이 질문에 관심이 있다고 믿는다. 하지만 이것은 단순히 과학적 질문에 불과한 것이 아니다. 이것은 우리가 일상생활에서 스스로에게 던지는 다음 질문의 한 가지 버전이다. 〈나 혼자만 존재한다는 것은 물리적 의미에서 그런 것인가, 아니면 내가 가진 어떤 관점에서 볼 때 그런 것인가?〉 혼자 존재한다는 느낌은 지극히 인간적인 경험이다. 그러니 차갑고 광활하고 끝없는 우주에서 오직 우리만 존재하는지 궁금해하는 것은 하나의 종으로서 지극히 자연스러운 일이다.

외계 생명체의 존재에 관한 질문을 던지면, 관련된 질문이 줄줄이 뒤따라 나온다. 내가 왜 외계 생명체의 존재에 관심을 가져야 하는가? 만약 외계 생명체가 존재하고, 내가 사는 곳에 그들이 나타난다면, 어떤 일이 벌어질까? 만약 외계 생명체가 우리 눈으로 식별할 수 있는 것보다 더 작은, 꼬물거리고 꿈틀거리는 세균 집단에 불과하다면, 우리가 그들을 대하는 방식에 차이가 있을까? 그런데 왜 우리는 이런 질문들에 대한 답을 알기 위해 소중한 세금을 쓸까? 외계 생명체 이야기는 접어 두고라도, 나는 기회가 닿으면 우주로 가려고 할까? 이 모든 질문은 〈나의〉 삶에 무슨 의미가 있을까?

2016년의 후텁지근한 어느 날, 나는 런던의 킹스 크로스 기차역에서 다우닝가 10번지(영국 총리 관저가 있는 곳)로 가는 택시를 탔다. 매번 떠나는 여행 때문은 아니었다. 나는 영국의 우주 비행사 팀 피크Tim Peake를 위해 총리가 주최한 파티에 초대를 받았다. 피크는 국제 우주 정거장에서 6개월 동안 체류한 뒤에 지구로 돌아왔다. 다우닝가로 가던 도중에 호기심 많은 택시 기사가 내게 「외계인 택시 기사도 있나요?」라고 물었다. 이 책은 바로 그 순간에 탄생했다.

　이 질문은 내가 택시 기사들과 자주 나누는 대화 끝에 나왔다. 그 대화는 〈내가 가는 곳이 어디이며, 거기에는 왜 가는가〉라는 질문으로 시작해 극한 환경에서 살아가는 생명체에 대한 대화를 거쳐 구불구불 나아가다가 결국 외계 생명체에 대한 질문으로 이어지고, 〈우리 행성에 사는 생명체의 거의 무한한 적응력으로 미루어 보면 우주에는 생명체가 넘쳐야 하지 않을까〉라는 이야기로 끝난다. 그런데 나는 이 여행(내 직업과 깊은 연관이 있는)을 여러 번 해봤지만, 그 결과는 그때마다 달랐다. 갓길과 진흙 길을 마다하지 않고 시골길을 무작정 달리는 여행처럼 이 대화에서는 항상 전혀 예상치 못한 반전이 일어난다.

　우주의 생명에 대해 공개 강연을 할 때 내가 사용하는 형식은 늘 똑같다. 이 주제를 흥미로운 각도에서 바라보면서 청중을 즐겁게 하려고 최선을 다하며, 나를 환영한 청중의 마음이 식을 만큼 시간을 많이 보내지 않았다면, 강연 끝에 질문을 받는다. 택시 기사와 나누는 대화는 다르다. 그들은 내가 프레젠테이션을 할 때까지 기다릴 필요가 없다. 내가 차 문을 열고 좌석에 앉자마자 그들은 질문을 하기 시작하는데, 자신이 중요하다고 생각하는 것을 바탕으로 질문을 던지면서 내가 무슨 대답을 내놓는지 탐색한다.

　택시 기사들과 나누는 모든 대화는 한 가지 공통점이 있는데, 늘 매우 흥미진진하다는 점이다. 수많은 학문적 지식, 기술적 세부 사항, 불확실성으로 인한 신중한 자세에 전혀 개의치 않고, 택시 기사들은 대다수 사람들이 중요하다고 생각하는 종류의 질문에 대해 명확한 관점을 가지고 있다. 때로는 완전히 새로운 관점을 제시하기도 한다. 2016년의 그날 내가 맞닥뜨린 택시 여행이 바로 그런 사례였다. 수백 명의 대학생 앞에 서서 마치 심오한 질문이라도 던지는 것처럼 〈외계인 택시 기사가 있을까요?〉 하고 물어볼 수 있는 학자가 있으면 한번 데려와 보라. 나는 바로 이곳에서 그런 사람을 만났다.

그 택시 기사가 던진 질문은 이 책에 등장하는 전형적인 질문이다. 이 질문들은 겉으로는 단순해 보이지만, 그 속에 훨씬 더 흥미로운 질문이 숨어 있다. 때로는 제대로 답할 수 없는 질문도 있다. 외계인 택시 기사가 존재하려면, 우선 어느 행성에서 생명이 출현해야 하고, 그 생명체가 지능이 있어야 하고, 경제와 택시를 발명해야 한다. 하지만 막 탄생한 뜨거운 행성의 몇몇 화합물에서 시작하여 택시 기사까지 진화하려면 얼마나 먼 길을 가야 할까? 그 과정에서 거쳐야 하는 단계는 얼마나 많으며, 다른 길로 벗어날 가능성은 얼마나 클까? 단순한 생명체가 존재하는 곳에서는 반드시 지적 생명체와 복잡한 사회로 진화할까? 자유롭게 상상의 날개를 펼치던 택시 기사는 자기도 모르게 그 순간에 다른 세계에 생명이 존재할 가능성과 우리 사회의 본질에 대한 비밀이 담긴 판도라의 상자를 열었다. 생명에서 불가피해 보이는 것(생물학적으로나 문화적으로)도 외계 생명체에 관한 질문이라는 프리즘을 통해서 보면 우연한 것으로 보이기 시작한다. 그날 오후 늦게 나는 와인 잔을 손에 든 채 테리사 메이

Theresa May 총리가 팀 피크의 귀환을 환영하는 연설을 들었지만, 연설 내용은 한쪽 귀로 들어왔다가 다른 쪽 귀로 흘러 나갔다. 나는 속으로 줄곧 외계인 택시 기사에 대해 생각하고 있었다.

외계인, 우주 탐사, 전반적인 생명 현상에 대해 택시 기사는 또 어떤 질문을 던질까? 그날 이후로 나는 택시 여행을 우주의 생명에 대해 묻고 이야기하고 생각하는 기회로 활용하기 시작했다.

이 책은 이 대화에서 나온 흥미진진한 주제의 글들을 모아 엮은 것이다. 미리 경고하는데, 이 모든 글에는 나 자신의 견해가 분명하게 각인돼 있다. 각각의 장이 택시 기사와 나눈 개인적 대화에서 탄생했으니, 그러지 않을 리가 있겠는가? 하지만 그러면서도 나는 우리가 인류의 전체 지식에서 어느 지점에 있고, 현재 과학계가 이러한 질문들을 어떻게 생각하는지에 대해 적절한 정보를 제공하려고 노력했다. 질문들 중 일부는 외계인에 관한 것이다. 즉, 외계인이 과연 존재하는가, 존재한다면 어디에서 찾을 수 있을까, 외계인은 어떻게 생겼을까와 같은 질문을 다룬다. 하지만 우주에 존재하는 생명의 수수께끼는 다면적 성격을 띠고 있다. 나는 여러분이 이 책에서 이 주제에 대한 호기심을 통해 〈생명이 어떻게 시작되었는가〉라는 과학적 질문과 〈우주를 탐사해야 하는가〉라는 정치적 질문, 그리고 〈인생의 의미〉라고 하는 심오한 질문에 대한 답을 얻길 기대한다. 나의 안내와 함께 이 모든 풍경을 둘러볼 여행에 여러분이 기꺼이 동참하길 기대한다.

아마도 먼 은하 어딘가에 그곳의 외계인 택시 기사에게서 배운 것을 책으로 쓰는 외계인 과학자가 있을 것이다. 알려진 우주 전체를 통틀어 이렇게 해서 나온 책은 얼마나 많을까? 이 책은 첫 번째 책일까, 아니면 오십 번째 책일까? 나는 그 답을 모른다. 택시 기사에게 물어보라.

제1장

외계인 택시 기사가 있을까?

팀 피크를 위한 환영연에 참석하기 위해
킹스 크로스 기차역에서 웨스트민스터로 가는 택시 여행

지구에서 택시 기사는 런던의 이 예처럼 문명의 보편적 특징이다. 그런데 택시 기사는 생물 진화의 보편적 결과일까?

날씨는 후텁지근하고 지하 공간은 그다지 유쾌하지 않았다. 약속 시간에 늦지 않게 다우닝가 10번지로 가야 했는데, 많은 통근자들과 맞닥뜨린 나는 역에서 나와 택시를 잡았다.

안경을 쓰고 40대로 보이는 택시 기사는 어디로 가느냐고 쾌활하게 물었다. 총리 관저 주소를 알려 주자, 호기심이 발동한 듯했다. 거기는 무슨 일로 가느냐고 물었다. 우주에서 귀환한 우주 비행사 팀 피크를 위해 총리가 환영연을 연다고 알려 주었다. 나는 운 좋게 초대를 받은 사람 중 한 명이었다. 자연스레 대화는 내 직업과 내가 관심을 가진 우주 탐사와 다른 세계에 생명체가 존재할 가능성에 대한 이야기로 이어졌다. 하지만 택시 뒷좌석에 앉아 혼자서 자신의 삶에 관한 이야기를 늘어놓는 것은 지루할뿐더러 자기중심적 행동에 가깝다. 나는 그가 화성처럼 다른 행성에 생명체가 존재할 가능성에 대해 어떻게 생각하는지 궁금했다.

「그곳에 뭔가 존재한다고 생각하나요?」내가 물었다.

「화성의 생명체 말인가요? 난 거기에 정말 큰 관심이 있어요. 하지만 우주의 다른 곳에서 온 외계인은 어떤가요?」그가 아리송한 질문을 던졌다. 어쩌면 그는 더 큰 질문, 예컨대 더 진화한 외계인에 관한 이야기를 듣고 싶은지도 모른다.

「저 밖의 우주에 지적 생명체가 있다고 생각하나요?」내가 다시 물었다.

「반드시 있을 거라고 생각해요. 별과 은하가 그토록 많으니 반드시 있겠지요. 단지 세균뿐만 아니라 우리와 같은 존재도 있을 거예요.」

그는 그 주제에 관심이 많은 것처럼 보였다. 몇 마디 말에서 세균과 은하를 함께 언급했는데, 그것도 유창하게 이야기하는 걸로 보아 이전에 이런 주제를 생각해 본 적이 있는 것 같았다.

「그들은 어떻게 생겼을까요? 우리와 비슷할까요?」내가 물었다.

「글쎄요, 비슷할 거라고 생각해요. 내가 묻고 싶은 질문이 하나 있는데…….」잠깐 침묵이 흘렀다. 그러고 나서 그는 활기차고 단호한 어조로「저 밖의 우주에도 택시 기사가 있을까요?」라고 물었다. 그리고 다시 잠깐 말을 멈췄다가「지금 우리처럼 다른 행성에서 운전을 하고 돌아다니면서 외계인 승객과 대화를 나누는 택시 기사가 있을까요?」라고 물었다. 다시 잠시 침묵이 흐른 뒤,「그래요, 이걸 물어보고 싶었어요. 저 밖의 우주에 외계인 택시 기사가 있나요? 우주 어딘가에 나 같은 사람이 있을까요?」

나는 약 30년 동안 과학자로 일해 왔고(적어도 직업적으로는), 수많은 회의와 학회, 워크숍에 참석했다. 그동안 동료 과학자들이 외계 생명체에 대해 토론하는 것을 수없이 들었다. 하지만 킹스 크로스 역에서 다우닝가 10번지까지 택시를 타고 가는 짧은 여행 동안 나는 지금까지 들었던 것 중에서 가장 흥미로운 질문을 들었다. 다른 행성에도 택시 기사가 있을까? 나는 그를 실망시킬 수 없었다. 그는 정말로 좋은 질문을 했다. 그래서 내가 그에게 말했던 것을 여러분에게 조금 더 자세히 들려주려고 한다.

택시 기사는 놀라운 존재이다. 다음번에 택시 기사를 보면, 그들이 애초에 어떻게 나타났는지 궁금한 생각이 들 수 있다. 택시 기사가 나타나려면, 소용돌이 속에서 뒤섞이던 우주의 물질에 여러 가지 사건이 연속적으로 일어나야 한다. 이 단계들을 생각하는 것은 택시 기사가 왜 놀라운 존재인지 이해하는 방법인 동시에 〈택시 기사가 우주에서 보편적으로 존재하는가〉라는 질문에 대한 답을 찾는 방법이다.

물론 그보다 먼저 우주가 어떻게 생겨났고, 왜 우주가 택시 기사에게 호의적인 장소인가라는 질문부터 다루어야 한다. 물리학 법칙이 택시 기사의 존재를 금지하고, 물질의 존재를 뒷받침하는 기본 상수 값의 미소한 차이 때문에 택시가 아예 존재할 수 없는 우주, 즉 평행 우주가 있을까? 이것은 우주론자들이 고민해야 할 문제이다. 그래서 나는 이 문제를 건너뛰고, 물리학 법칙이 택시 기사의 존재를 허용하는 우리 우주에만 초점을 맞추려고 한다(내가 이 문제의 논의를 회피하는 것은 그 자체로 놀라운 일인데, 이것은 택시 기사의 존재는 말한 것도 없고, 존재 자체를 설명하기가 매우 어렵다는 사실을 반영한 것이다).

우주가 처음 생겨났을 때, 우주를 이루고 있던 기본 요소 ― 수소와 헬륨, 그리고 많은 복사 ― 로는 택시 기사를 만들기에 충분하지 않았다. 우주 전체가 똑같은 상황에 놓여 있었는데, 어느 곳에서도 택시 기사가 나타날 수 없었다. 사실, 택시 기사는 지구의 모든 생명과 마찬가지로 생화학의 핵심 성분으로 최소한 여섯 가지 원소가 필요한데, 그 여섯 가지는 탄소, 수소, 질소, 산소, 인, 황으로, 그 영어 이름의 머리글자를 따 CHNOPS 원소라 부르기도 한다. 수소를 제외한 나머지 원소들은 큰 별의 중심부에서 만들어졌는데, 그곳에서는 온도와 압력이 매우 높아 극단적인 핵융합 반응이 일어나기 때문에 수소와 헬륨보다 더 무거운 원소들이 만들어질 수 있다. 이 별들이 폭발할 때, 택시 기사를 만드는 데 필요한 기본 요소들이 우주 곳곳으로 퍼져나갔고, 또 이 격렬한 폭발이 일어날 때 택시 기사의 생화학적 구조 여기저기에 포함된 구리와 아연을 비롯해 훨씬 무거운 원소들이 만들어졌다.

이제 이렇게 잡다한 원소들이 결합해 스스로 복제할 수 있는 분자(생명 탄생의 첫 번째 조짐)를 만들어야 한다. 그런 일이 일어나지 않는다면, 그저 우주 도처에 소용돌이치며 뒤섞이는 원자들의 집단만 남아 있을 것이고, 더 이상 아무 일도 일어나지 않을 것이다. 원자들이 모여서 최초의 분자, 그것도 복제를 시작하여 자신과 똑같은 것을 많이 만들어 내는(하지만 진화를 위해 미소한 변이를 허용하는 범위 내에서) 분자는 어떻게 생겨났을까? 수십 년간의 연구에도 불구하고, 그 답은 수수께끼로 남아 있다. 결국 택시 기사와 나머지 모든 생물을 만들어 낸 최초의 자기 복제 화학이 35억 년도 더 전에 어떻게 일어났는지 그 자세한 내용은 우리는 아직도 모른다.

그렇다고 해서 단순한 화학에서 생물학으로 전환이 일어난 과정을 전혀 모른다는 말은 아니다. 기본적인 과정들 중 일부는 알고 있다. 세포를 만들기에 유리한 화학 반응이 일어나려면, 에너지와 적절한 화학적 조건을 제공하는 환경이 필요하다. 초기의 지구에는 생명의 출현에 딱 알맞은 골디락스 조건을 갖춘 곳이 도처에 널려 있었다. 고온의 액체를 뿜어내는 해저의 열수 분출공에서부터 소행성과 혜성의 충돌로 생긴 운석 구덩이 내부에 이르기까지 생명 탄생에 유리한 반응이 일어날 수 있는 장소들이 곳곳에 넘쳐 났다. 생명 탄생에 필요한 성분들이 정확하게 무엇인지에 대해서는 아직도 논란이 이어지고 있지만, 이 성분들이 지구 자체와 초기 태양계에서 소용돌이치던 가스 물질에서 만들어졌다는 것은 잘 알려져 있다. 우리는 초기 행성과 운석(초기 태양계에서 살아남아 주위를 떠돌아다니다가 지구에 떨어진 암석)의 조건을 복제한 실험실 환경에서 이와 동일한 생명의 성분들을 발견했다.

하지만 에너지와 화학 물질이 뒤섞여 있는 이 환경에서 맨 먼저 나타난 것이 무엇인지는 불분명하다. 이 단순한 화학 물질들이 어떻게 결합해 세포의 대사 경로와 복제 사슬을 만들었는지도 알 수 없다. 그것은 우연히 요행을 통해 일어났을 수도 있지만, 불가피한 결과였을 수도 있다. 여기가 바로 첫 번째로 맞닥뜨리는 병목 지점이다. 따뜻하고 물이 많은 지구에서 일어난 수조 번의 화학 반응에서 자기 복제 능력을 지니고 진화하는 생물학적 존재(생명)가 출현하는 것이 필연적이라면, 우리는 이미 우리의 목표(택시 기사)에 훨씬 가까이 다가간 셈이다. 하지만 만약 이러한 전환이 일어날 확률이 무한히 작다면(그 확률이 너무 희박하여 광대한 우주 전체에서도 그런 사건이 여러 번 반복될 수 없다면), 택시 기사는 매우 희귀한 존재가 될 것이다.

지구에서 일단 초기의 복제 분자가 나타나자, 복잡성을 향해 나아가는 여행이 시작되었다. 이들이 최초로 이룬 성공적인 일 중 하나는 막 속에 갇히는 것이었는데, 이로써 세포 구조를 갖추게 되었다. 세포벽으로 둘러싸인 경계 안에서 분자는 대사와 화학 경로를 탐색할 수 있었고 그 결과로 지구의 다양한 환경에 적응할 수 있게 되었다. 새로운 경로들 덕분에 이들은 황과 철을 영양분으로 섭취하게 되었다. 나중에(아마도 한참 뒤에) 세포 내부에서 만들어진 당류는 일부 미생물이 초기의 대륙에서 맞닥뜨린 건조한 환경에서 살아남는 데 도움이 되었다. 이 세포들, 즉 이 미생물들은 약 10억 년에 걸쳐 지구 전역으로 퍼져 나갔는데, 극지방의 빙관에서 뜨거운 화산 웅덩이 내부에 이르기까지 모든 곳으로 진출하면서 엄청나게 다양한 진화 가능성을 탐구했다. 덕분에 초기의 이 화학 물질들은 모든 것을 희석시키고 확산시키고 소멸시키는 바다의 영향력에서 벗어나는 데 성공했다. 이제 세포들은 세계를 정복하게 되었다.

이 사건들 이후 오늘날까지 바다와 육지 모든 곳에서 미생물이 넘쳐 난다. 오늘날 존재하는 미생물의 수는 수십억, 수조 개 단위가 아니라, 1 다음에 0이 30개 붙을 만큼 많은 것으로 추정된다. 그 수는 너무나도 커서 영어권에서는 그것을 나타내는 공식적인 이름조차 없다. 하지만 미생물은 그 복잡성에 한계가 있다. 미생물이 사용하는 에너지원(수소, 암모니아, 철, 황 등)으로는 많은 것을 만드는 데 한계가 있다. 단세포 생물이 궁극적으로 택시 기사라는 훨씬 복잡한 형태로 진화하려면 에너지 혁명이 필요했다.

지구에서 미생물이 출현하고 나서 10억 년이 지나기 훨씬 이전부터 이미 밑바닥에서 혁명이 조용히 진행되고 있었다. 그 혁명의 핵심 요소는 남세균(시아노박테리아)이라는 세포 집단이 개발한 능력이었는데, 그것은 바로 햇빛과 물을 에너지원으로 사용하는 능력이었다. 이 새로운 에너지 획득 방법은 광대한 제국을 열었는데, 이제 이 두 가지 요소만 있으면 어느 곳이건 서식지로 삼을 수 있었기 때문이다. 광합성 덕분에 생명은, 세포가 에너지를 얻는 장소를 제한했던 광물에서 해방되어 바다와 육지로 퍼져 나갈 수 있었다.

태양 에너지를 남세균[그리고 나중에는 조류(藻類)와 식물을 비롯해 그 밖의 광합성 생물]이 이용할 수 있는 에너지로 전환하는 과정에는 물을 수소와 산소로 쪼개는 생화학적 메커니즘이 필요했다. 수소는 세포에 에너지를 공급하는 데 필수적이지만, 산소는 노폐물이기 때문에 남세균은 산소를 대기 중으로 내보냈다. 오랫동안 이 기체는 지구에 실질적인 영향을 전혀 미치지 못했다. 산소는 철과 원시 대기의 황화수소를 비롯한 여러 기체와 반응하면서 흡수되어 제거되었다. 하지만 시간이 지나자 산소를 고갈시키던 이 반응이 끝나고 산소가 대기 중에 축적되기 시작했는데, 이것은 순전히 광합성 생명체가 엄청나게 많이 불어나면서 생긴 결과였다. 남세균이 지구 역사상 최대 규모의 대기 오염 중 하나를 일으켰다고 말하기도 하지만, 이 미생물이 태평스럽게 저지른 행동에 실망하고 비난할 것까지는 없는데, 이 작은 생명체는 자신이 무슨 일을 하는지 전혀 몰랐기 때문이다.

산소가 없는 세계에서 그때까지 행복하게 살아온 일부 미생물에게는 이 새로운 오염 물질의 축적이 재앙이었을 것이다. 우리는 산소를 생명과 연관이 있는 물질로 간주하지만, 산소는 화학적으로 반응성이 매우 높은 물질이어서 온갖 종류의 활성산소 원자와 분자를 만들어 냈고, 이것들은 아무 대비도 없던 생명체를 공격해 단백질과 DNA 같은 중요한 분자를 손상시켰다. 산소에 노출된 생명체는 이러한 맹공격으로부터 자신을 보호하기 위해 방어 메커니즘을 진화시켜야 했다. 하지만 어두운 산소 구름에도 밝게 빛나는 가장자리가 있었다. 산소는 유기 물질(탄소를 많이 함유한 분자)과 결합하면, 그 반응에서 많은 에너지가 나온다. 이 때문에 유산소 호흡이 무대에 등장했는데, 이것은 여러분과 나, 택시 기사가 에너지를 얻기 위해 사용하는 반응이자, 나무 속의 풍부한 탄소가 산소와 결합해 타면서 통제 불능 상태로 번지는 산불에서 볼 수 있는 반응이다.

산소를 호흡하자 이제 생명체는 훨씬 더 많은 에너지를 사용할 수 있게 되었고, 이를 통해 세포들이 협력하여 동물을 만들 가능성이 열렸다. 약 5억 4000만 년 전에 대기 중 산소 농도가 약 10퍼센트에 이르면서 동물의 출현이 가능해졌다. 그 후 시간이 지나면서 동물들은 포식자와 피식자 사이에 벌어진 일종의 군비 경쟁을 통해 몸집이 커져 갔는데, 큰 동물일수록 사냥을 더 효율적으로 할 수 있을 뿐만 아니라, 잡아먹히는 것도 더 쉽게 피할 수 있었다. 생물들의 형태를 통해 이러한 실험 과정을 시작하게 한 것이 바로 산소였다.

단세포가 동물로 변해 가는 과정은 택시 기사를 향해 나아가기 위한 필수 단계였다. 생명 자체의 기원과 마찬가지로, 이 단계는 필연적인 것이었을 수도 있고 아니었을 수도 있다. 다른 행성의 생명체도 광합성을 발견하고, 산소를 대기 중으로 배출할까? 그리고 그 기체가 하늘을 가득 채웠을 때, 생명체들이 그것을 사용해 복잡한 생물로, 즉 달리고 점프하고 날 수 있는 생물로 진화해 갈까? 미생물만 표면을 뒤덮고 있는 세계가 존재할 가능성은 없을까? 생명의 기본 구성 요소에서 시작해 택시 기사까지 진화하는 길을 가로막는 또 하나의 병목 지점이 바로 여기에 있다.

우리가 사는 파란 행성에서는 그러한 전환이 일어났고, 수억 년 동안 다세포 생물이 활짝 만개하고 다양하게 분화하면서 오늘날 우리가 알고 있는 생물권을 형성하게 되었다. 하지만 너무 감탄할 필요는 없다. 지금도 지구상에 존재하는 생물 종 중 대부분은 미생물이다. 우리는 미생물계에서 살고 있다. 식물과 동물은 뒤늦게 나타났으며, 지금도 미생물이 만들어 내는 물질에 의존해 살아가고 있다.

생명 출현의 역사를 간략하게 소개한 이 이야기의 끝부분에 이르렀을 때, 택시 기사는 그 긴 시간 동안 그토록 수많은 사건이 일어났다는 사실에 놀란 것처럼 보였다. 그는 머리를 긁적이면서 신선한 공기를 마시려고 창문을 내렸다. 따뜻한 바람이 훅 날아와 내 얼굴에 부딪쳤다. 「여기까지 오는 데 참으로 많은 일이 일어났지요?」 그것은 오랫동안 잊고 지냈던 가족사였다. 나는 그가 알고자 했던 답으로 점점 더 가까이 안내했다.

나는 동물들의 행진이 시작되었지만, 미리 정해진 방향이나 분명하게 알 수 있는 방향으로 나아가진 않았다고 설명했다. 공룡은 1억 6500만 년 동안 육지와 바다와 공중을 지배했다.* 그러나 우주에서 날아온 물체가 순식간에 공룡의 진화 경력을 단절시키면서 지금까지 살았던 모든 동물의 99퍼센트가 걸어간 것과 같은 운명을 안겨 주었다. 즉, 멸종에 이르게 한 것이다.

---

* 일반적으로 공룡은 육상 파충류를 가리키며, 익룡이나 어룡, 수장룡처럼 하늘을 날거나 바다에 산 파충류는 포함시키지 않는다. 하지만 여기서 저자는 이 모든 거대 파충류를 통틀어 공룡으로 지칭하고 있다. 그리고 공룡이 산 시기는 일반적으로 약 2억 4500만 년 전부터 6600만 년 전까지로 인정하기 때문에, 1억 6500만 년 동안이 아니라 약 1억 8000만 년 동안이 더 정확하다.

그 후 긴 시간이 지나는 동안 동물과 식물은 물리학 법칙을 맹목적으로 따르고 진화 실험의 길을 걸어가면서 무의식적으로 진화를 계속했다.

그런데 약 10만 년 전에 한 동물에게서 비범한 도구 제작 능력이 발달했는데, 이것은 이전에 보지 못했던 방식으로 탐구하고 학습하는 능력이었다. 이 동물의 뇌는 자기 인식 능력이 생길 만한 크기로 커졌다. 지질학적 시간으로는 눈 깜짝할 사이에 이 동물은 그림과 화살표 기호, 도자기, 그리고 결국에는 우주 정거장에 이르기까지 뛰어난 정신 능력을 보여 주는 인공물을 남기기 시작했다. 의식과 지능의 출현을 가능케 한 생물학적 전환의 비밀은 무엇이었을까? 한때 이러한 특성들은 그 이전에 등장했던 여타 특성들과는 완전히 다른 것으로 여겨졌지만, 지금은 까마귀에서 물고기에 이르기까지 많은 동물에게 초보적인 도구 제작 능력이 있으며, 일종의 인지 능력도 있다는 사실이 알려졌다. 사람의 뇌도 이런 동물의 뇌와 기본적으로 다르지 않으며, 지능이 탄생한 것은 주사위 던지기에서 나온 결과물일 뿐이다. 그런데 이것은 필연적인 발전일까? 여기서도 우리는 겸허하게 자신의 무지를 직시해야 한다. 이 질문은 지능이 우주에서 드문 것인지 흔한 것인지 묻지만, 아직까지 우리는 그럴듯한 답을 얻지 못했다.

이 유인원은 마음을 사용해 서로 협력했다. 협력을 통해 얻는 이점이 아주 크다는 사실을 깨달은 이들은 농업과 축산업, 산업을 만들어냈다. 그리고 사회도 만들었는데, 처음에는 수렵 공동체와 농경 공동체로 시작하여 나중에는 수백만 명을 수용하는 거대 도시까지 만들었다.

인간 공동체가 성장함에 따라 더 나은 자원 이동 방법이 필요했다. 인간의 독창성이 찾아낸 해답은 바로 바퀴였다. 돌림판은 기원전 3500년경에 메소포타미아에서 처음 만들어졌는데, 그로부터 300년이 지나기 전에 전차 바퀴로 발전했다. 거의 같은 시기에 고대 이집트인은 살을 댄 바퀴를 시험한 것으로 보인다. 가장 오래된 나무 바퀴는 슬로베니아 류블랴나에서 발견되었는데, 기원전 3200년경에 만들어진 것으로 추정된다.

전차와 수레가 확산되자, 남는 화물 공간을 이용해 원하는 목적지까지 사람을 실어 보내고 그 대가로 약간의 보수를 챙기자는 아이디어가 어느 진취적인 개인의 머릿속에 떠올랐을 것이다. 바로 이 아이디어에서 택시 기사가 탄생했다. 바퀴가 처음 등장한 시기가 기원전 3200년경이므로, 택시 기사도 얼마 후에 나타났을 것이다. 그 시기가 기원전 3100년경이라고 가정해 보자.

역사상 처음으로 한 사람이 다른 사람에게 「그래. 내가 예리코까지 데려다줄게, 친구. 하지만 염소 한 마리를 비용으로 지불해야 해. 팁도 따로 챙겨 주어야 하고」라고 말했던 그 순간, 광대한 우주 공간을 떠도는 한 은하의 나선팔에 위치한, 평범한 별 주위의 궤도를 도는 행성에 택시 기사가 출현했다. 이 사건 역시 필연적인 것인지 궁금한 생각이 들 수 있다. 우리의 상업적 본능은 진화 과정에서 필연적으로 나타나는 결과일까? 이타적 협력을 기반으로 경제가 돌아가는 외계 문명, 즉 서비스의 대가로 돈을 받는다는 개념이 존재하지 않는 사회를 상상할 수 있을까? 이러한 상상 속의 유토피아에서도 택시 기사는 기본적인 차량 유지 비용을 충당하기 위해 보상을 요구할 것이라고 강력하게 주장할 수도 있다. 어쨌든 여러 공동체가 모여 복잡한 사회를 만들면, 교통수단과 차량, 그리고 택시 기사가 필연적으로 나타날 것으로 보인다.

자, 지금까지 우리는 얼마나 먼 길을 걸어왔는가! 35억 년 전에 지구 표면을 떠돌던 화학 물질들이 복제 능력을 지닌 분자로 변했는데, 이 분자는 세포 속에 갇혀 새로운 형태의 에너지를 이용하는 능력이 생겼고, 결국 그 에너지 덕분에 다세포 생물로 진화했다. 이 생명체는 뇌가 진화했고, 자기 인식 능력을 갖게 되었으며, 바퀴를 발명했고, 택시 기사가 되었다. 지구의 전체 역사를 한 시간으로 압축한다면, 이 서사시의 마지막 단계, 즉 택시 기사가 출현한 이후 흐른 시간은 약 500분의 1초에 불과하다.

이 웅장한 역사가 펼쳐지는 동안 곳곳에 분기점, 즉 생명체가 새로운 방향으로 나아간 이야기들이 있었다. 복제 능력을 지닌 분자의 출현, 세포의 생성, 광합성 발명, 동물과 지능의 출현 등이 바로 그러한 분기점에 해당한다. 우리는 이러한 변화가 반드시 일어나야 했는지, 따라서 우주 전체에 걸쳐 보편적으로 일어났는지 알지 못한다. 실제로 이러한 단계 중 어느 하나라도 일어날 가능성이 희박하다면, 우리 행성은 다른 세계에는 택시 기사가 존재하지 않는 우주에서 보기 드문 안식처일지 모른다.

내가 탄 택시는 화이트홀(관공서가 많은 런던 중앙부의 거리)로 접어들어 다우닝가 10번지로 들어가는 경비 초소 앞에 멈춰 섰다. 택시 여행과 이 시간 여행의 끝자락에 이르렀을 때, 택시 기사는 꼿꼿한 자세로 앉아 있었는데, 큰 자부심을 느끼는 것처럼 보였다. 마치 먼 옛날에 지구를 뒤덮었던 끈적끈적한 미생물 집단까지 거슬러 올라가는, 먼 조상에서 시작된 자신의 가계도를 되돌아보면서 자신이 얼마나 특별하고 특이한 존재인지 깨달은 것 같았다. 그는 활짝 웃음을 지었고, 우리는 요금을 치른 뒤 인사를 주고받으며 헤어졌다. 필연적이건 아니건, 우리의 작은 세계가 단순한 원자에서 택시 기사로 진화하기까지는 수많은 미생물과 멸종 동물, 그리고 아득한 시간이 필요했다. 이 여정의 모든 단계는 단 하나의 질문에 대한 답을 찾는 과정이었다. 다른 행성에도 택시 기사가 있을까?

다음번에 택시를 탈 기회가 있으면, 생명의 여행을 가능케 한 시간과 진화의 범위를 이해할 수 있는 의식이 있다는 것이 얼마나 큰 특권인지 생각해 보라. 그리고 다음의 놀라운 두 가지 가능성을 생각해 보라. 하나는 우리가 우주에서 택시 기사가 있는 유일한 세계에 살고 있을 가능성이고, 또 하나는 우리은하와 다른 은하들 곳곳에 촉수가 달린 채 수다를 떨기 좋아하는 택시 기사들이 수많이 존재하면서 승객을 태우고 외계 도시들을 씽씽 달리고 있을 가능성이다.

제2장

외계인과의 접촉은
우리 모두를 변화시킬까?

덜레스 공항에서 NASA 고더드
우주 비행 센터로 가는 택시 여행

역사적으로 사람들은 지능을 가진 외계인의 존재를 당연한 것으로 여겼다. 그래서 1835년에 뉴욕의 『선The SUN』은 인상적인 사기를 쳤는데, 〈새로운 관측에 따르면 달에는 날개 달린 휴머노이드와 온갖 동물이 살고 있다〉고 독자들을 믿게 하는 데 성공했다.

워싱턴 DC의 저녁은 상쾌하고 추웠는데, 나는 시차증 때문에 약간 피곤했다. 긴 비행에 이어 입국 심사대를 지나고, 가방이 나오기까지 기다리고, 줄을 서서 세관을 통과하면서 대서양 횡단 여행을 마친 나는 몽롱한 상태에 빠졌다. 그래서 택시 뒷좌석에 앉으면서 조금이나마 따뜻함과 위안을 얻길 기대했다. 자리에 앉자마자, 택시 기사는 내가 이 도시에 온 이유를 정확히 알고 싶어 했다. 그는 50대로 보였고, 가장자리가 닳아 해어진 큰 체크무늬 셔츠를 입었으며, 좌석을 꽉 채운 뚱뚱한 몸집이 눈길을 끌었다. 늘 만면에 웃음을 머금고 있는 그의 택시 안에는 낙관적인 분위기가 흘러넘쳤다.

나는 「다른 행성을 탐사하는 장비에 관해 동료들과 이야기를 나누러 왔습니다」라고 설명했다. 「NASA 고더드 우주 비행 센터에서요.」 이제는 내가 이런 말을 하면, 상대방은 알겠다는 듯이 고개를 끄덕이고 나서 대화가 술술 풀리는 일이 가끔 있다. 때로는 외계인 열성 팬을 만나는 잭팟이 터지기도 한다. 오늘 저

녁에는 그럴 기분이 아니었지만, 바로 그런 사람을 만났다.

「그러니까 저 밖의 우주에 뭔가가 있단 말인가요?」택시 기사가 진지한 태도로 물었다. 우주 생물학자로 살아가는 것은 참으로 흥미진진하다. 사람들은 내가 답을 알고 있다고, 즉 그들이 모르는 것을 알고 있다고 기대한다. 내 추측이 그들의 추측보다 별로 나은 게 없다고 말하면, 그들은 당혹스러워하거나 심지어 믿을 수 없다는 반응을 보인다. 그래서 나는 택시 기사에게 그 가능성을 어떻게 생각하는지 물어보았다.

「글쎄요, 무섭지 않나요? 영화에서처럼 외계인이 질병을 퍼뜨릴 수도 있잖아요. 어쩌면 큰 재앙을 가져올지도 모르죠.」그는 정말로 걱정스러운 표정으로 말했다. 감미로운 남부 사투리가 외계인에 대한 그의 두려움을 더욱 증폭시켰다. 루이지애나주 출신일까?

「하지만 외계인이 질병을 일으키지 않는다면, 사람들이 외계인의 존재에 관심을 보일까요?」내가 물었다.

「그건 모르겠지만, 그들이 우리와 같다면 우리에게 도움을 줄 수도 있겠죠.」

「그들과 연락을 시도해야 할까요, 아니면 일이 매우 잘못될 경우를 대비해 그냥 피해야 할까요?」내가 다시 물었다.

「글쎄요, 그들이 우리에게 기술을 제공한다면, 우리는 많은 것을 얻을 수 있겠죠. 어느 쪽이 될지는 결코 알 수 없지만.」

우리가 어떻게 반응해야 한다고 생각하는지, 그리고 그 접촉이 인류 사회에 어떤 영향을 미칠 거라고 생각하는지 택시 기사의 의견이 궁금했다. 그래서 이렇게 물어보았다. 「우리가 실제로 그들과 접촉하면 큰 혼란이 일어날 것이라고 생각하나요?」

「만약 그들이 이곳에 온다면, 많은 문제가 생길 거라고 생각합니다. 하지만 만약 그들이 당신 말대로 신호를 보낸다면. 아마도 언론에서 뭔가 말을 하겠지요. 그것에 대해 내가 뭘 어떻게 하겠어요?」그는 짧고 간결한 문장으로 질문을 던졌다. 그는 우리에게 아무것도 줄 것도 없이 지구에 나타나는 외계인에게는 정말로 관심이 없는 것처럼 보였다.

나는 그의 대답이 특이한 것이 아니라고 생각했다. 외계인은 정말로 우리를 변화시킬까요? 직접 대면하지 않더라도, 외계인은 우리의 삶을 바꿀까요? 나는 긍정의 뜻으로 고개를 끄덕였다. 택시 기사는 지적 외계 문명이 우리 앞에 나타난다는 개념에는 별로 관심이 없었다. 그것은 비합리적인 반응이 아니다.

독자 여러분의 생각은 어떤지 궁금하다. 지구 밖에서 지적 문명의 존재를 뒷받침하는 확실한 증거가 발견된다면, 어떤 일이 일어날까? 인류는 열광적인 담론의 광풍에 휘말려 들까? 우리의 마음은 일상적인 관심사에서 벗어나 그 의미를 직시하게 될까? 아니면 외계인과의 접촉을 두려워하거나 눈부신 외계인의 빛 속에서 새로운 평화의 기운을 받아 마침내 하나가 될까?

이 질문들에 대한 답을 우리가 알고 있다는 이야기를 들으면 놀랄지도 모르겠다. 그것도 단순히 추측이나 가설 수준에 그치는 것이 아니다. 우리는 그 답을 정확하게 알고 있다.

1900년, 프랑스 과학 아카데미는 피에르 귀즈망 상Prix

Pierre Guzman을 제정했다고 발표했는데, 이 상은 자신의 재산을 기부한 안 에밀리 클라라 고게Anne Emilie Clara Goguet의 아들 이름에서 딴 것이다. 수상자 두 사람에게 10만 프랑의 상금을 나눠주기로 했는데, 의학 분야에서 큰 업적을 남긴 사람과 외계 문명과 최초로 교신하는 데 성공한 사람이 그 대상이었다. 그런데 한 가지 주의 사항이 있었다. 교신 대상에서 화성은 제외했는데, 화성인과의 교신은 너무 쉬울 것이라고 판단했기 때문이다.

프랑스 과학 아카데미는 도대체 무슨 근거로 우주에 생명체가 존재한다고 확신했을까? 이러한 견해는 분명히 새로운 것은 아니었다. 우주에서 우리의 위치가 지닌 의미를 인식한 고대 그리스인도 비슷한 결론을 내렸다. 기원전 4세기에 초보적인 원자론을 주장한 데모크리토스Democritos의 제자였던 키오스의 메트로도로스Metrodoros는 〈넓은 평원에 옥수수가 한 그루만 자란다면, 혹은 무한한 우주 속에 단 하나의 세계만 존재한다면 매우 이상할 것이다.〉라고 말했다. 물론 농부는 항상 많은 씨앗을 뿌린다. 이러한 지엽적 사실을 무시한다면, 메트로도로스는 생명이 살기 좋은 조건이 갖춰진 곳에는 대개 단 한 종이 아니라 많은 생명체가 번성하기 마련이라고 요점을 정확하게 지적했다. 따라서 지구가 존재한다는 사실 자체는 우주에 지구와 비슷한 세계가 무수히 많다는 것을 의미한다고 메트로도로스는 추론했다.

이 논리 — 지구에 생명이 존재한다는 사실은 우주의 다른 곳에도 생명이 존재한다는 것을 의미한다 — 는 직관적으로 옳아 보인다. 하지만 생명의 기원에 필요한 단계들 중에서 단 한 단계라도 가능성이 낮다면, 메트로도로스의 주장은 틀릴 수 있다. 그렇다면 지구는 황량한 불모의 벌판에 홀로 서 있는 단 한 그루의 생명체일 수 있다. 하지만 메트로도로스는 시대를 초월해 계속 울려 퍼진 질문을 아름다울 정도로 강력하고 단순한 사고로 정확하게 이해했다. 지구에 생명이 살고 있다는 사실은 다른 곳에도 생명이 존재한다는 것을 의미하는가? 메트로도로스는 외계 생명체의 존재 가능성에 매료된 최초의 사람 중 한 명이었는데, 훗날 이 가능성은 전 세계 모든 사람의 상상력을 사로잡게 된다.

프랑스 과학 아카데미의 수상 규정이 보여 주듯이, 메트로도로스의 낙관론은 그 뒤로도 계속 이어졌다. 20세기에 접어들 무렵에 화성에 생명체가 산다는 생각이 널리 퍼졌는데, 화성은 지구와 가깝고 지구와 같은 암석 행성이라는 이유로 문명도 존재할 것이라고 생각했다. 지금은 누구나 이 개념을 터무니없다고 생각하는데, 화성에 외계인 사회가 전혀 존재하지 않는다는 사실이 알려졌을 뿐만 아니라, 외계인의 존재를 확신하는 사람들조차 선뜻 받아들이기 힘든 주장이기 때문이다. 오늘날 우리는 화성에 한때 생명체가 살 수 있는 환경이 존재했을 가능성을 암시하는 발견에도 흥분한다. 하지만 피에르 귀즈망 상 주최 측은 화성의 생명체 존재를 당연시했다.

이 상이 화성을 제외한 결정에는 택시 기사가 던진 질문, 즉 외계인의 확실한 존재가 인간 사회에 극적인 영향을 미칠 것인가라는 질문에 대한 답이 들어 있다. 인류의 역사에서 지구 밖에 지적 문명이 존재한다고 확신했을 뿐만 아니라, 그 존재를 당연시했던 시기가 있었다는 사실을 명심할 필요가 있다. 그와 동시에 전쟁은 늘 계속되었고, 인류는 화합을 이루지 못했다. 또한 〈외계인〉은 유익한 담론을 촉진했지만, 그 담론은 책과 일부 지식인, 그리고 일부 만찬에 국한되었다. 대다수 사람들의 삶은 그것에 아무 영향도 받지 않았다. 화성인은 집세나 식료품 가격과는 아무 상관이 없었다. 그러니 신경 써야 할 이유가 있겠는가? 일부 독자에게는 과거로부터 이어진 이러한 사고방식이 실망스러울 수 있겠지만, 여기에는 외계인 접촉이 초래할 트라우마에 대처하는 우리 문명의 능력이 반영되어 있다.

　　주의할 점이 몇 가지 있다. 우선, 지난 세기에 외계인의 존재 가능성에 열광해 그 증거를 찾으려고 시도했던 사람들은 실제로 외계인과 접촉한 적이 없다. 한편으로는 그들은 그러한 침묵에서 외계인이 우리에게 간섭하지 않으려 한다고 안도했다. 그 덕분에 위험에 처한 사람은 아무도 없었다. 멀리 떨어진 문명에서 보낸 신호가 실제로 수신된다면 아주 다른 반응이 나올 수 있는데, 그 반응의 성격은 신호가 어떤 것이냐에 따라 달라질 것이다. 아주 먼 곳에서 오래전에 보낸 메시지는 태양계 내부에서 보낸 신호나 태양계 가장자리를 떠도는 물체에서 보낸 신호와는 다르게 받아들여질 것이다. 가까이에서 보낸 신호라면, 소름이 돋을 수 있다. 하지만 피에르 귀즈망 상 주최 측의 결정은 오늘날 외계인의 존재에 맞닥뜨렸을 때 인류가 구체적으로 어떤 반응을 보일지 알 수는 없더라도, 우리가 보일 한 가지 반응이 어떤 것인지 감을 잡게 해준다.

프랑스 과학 아카데미 사례에서 얻을 수 있는 또 한 가지 교훈은 생명체가 살고 있는 외계 세계에 대한 생각이 단지 현재의 과학 시대에만 국한된 게 아니라는 사실이다. 그 가능성에 대해 고대 아테네의 철학자들뿐만 아니라 르네상스와 계몽 시대의 지식인들도 같은 맥락에서 놀라운 생각들을 내놓았다. 지구 밖의 세계에 대한 놀라운 추측 중 하나는 도미니크회 수도사이자 수학자, 철학자인 조르다노 브루노Giordano Bruno가 내놓았다. 1548년에 나폴리에서 태어난 브루노는 유럽 전역을 여행하면서 배우고 글을 썼다. 그러다가 1584년에 『무한 우주와 세계들에 관하여 De l'infinito universo et mondi』라는 두꺼운 책을 출판했는데, 오늘날의 서점에 내놓아도 전혀 이상할 게 없는 책이었다. 그 책에 다음의 놀라운 주장이 나온다.

우주에는 무수한 별자리와 태양과 행성이 존재한다. 우리 눈에는 태양들만 보이는데, 이 태양들은 빛을 내기 때문이다. 행성들은 작고 어두워서 보이지 않는다. 각각의 태양 주위를 도는 지구도 무수히 많은데, 우리가 사는 이곳 지구와 견주어도 모자랄 게 없는 세계들이다. 합리적인 지성을 가진 사람이라면, 지구보다 훨씬 거대한 천체들에 지구에 사는 동물들과 비슷하거나 심지어 더 월등한 동물들이 살지 않으리라고 생각하지 않을 것이다.

이것은 16세기에 나온 외계 생명체에 관한 생각치고는 아주 인상적인 것이었다. 무엇보다도 브루노는 외계 행성이 실제로 발견된 때보다 400년 이상이나 앞서 그 존재를 이야기했다. 그는 먼 별 주위를 도는 지구 비슷한 행성을 발견하기가 왜 어려운지 그 이유를 명확하게 알고 있었다. 그 이유는 물론 너무 작고 어둡기 때문이다. 같은 시대에 살았던 사람들 중에서 눈으로 볼 수 있는 거리 너머의 우주에 뭔가가 있을지 모른다는 생각이나 밝기와 희미함이 거리와 관계가 있다는 생각을 한 사람은 거의 없었다.

애석하게도 브루노는 근거 있는 추론이나 증거로 자신의 생각을 뒷받침하지 못했다. 책이 출판되기도 전에 체포되어 종교 재판소로 끌려갔고, 교회 고위층의 심기를 해치는 여러 가지 행동과 가톨릭교회의 위계질서를 부정하는 신념 때문에 7년 동안 감옥에서 지내다가 1600년에 화형을 당했다. 우주에 지구와 같은 행성이 많이 존재하며 그곳에 생명체가 살고 있다는, 이른바 복수의 세계론이 종교 재판소가 브루노에게 씌운 이단 혐의 중 하나였다. 복수의 세계론은 하느님의 선택을 받아 창조되었다는 인간의 특별한 지위를 위협했다. 한때 외계 행성을 이야기했다는 이유로 화형을 당할 수도 있었다는 사실을 떠올리면 정신이 번쩍 든다.

17세기에 망원경이 발명되면서 브루노의 추측을 지지하는 사람이 많이 생겨났다. 그러면 이제 이전 시대와는 정반대의 일이 일어났을 것이라고 생각하기 쉽다. 이제 환상의 시대가 끝나고 경험적 관찰의 시대가 도래하지 않았을까? 하지만 현실은 그렇지 않았다. 물론 이제 사람들은 그전에는 겨우 그 존재를 암시하는 단서만 있던 태양계의 다른 행성들을 실제로 볼 수 있게 되었다. 또, 별들까지의 먼 거리를 훨씬 높은 정확도로 확인할 수 있었다. 하지만 우리 주변에서 움직이는 점들이 사실은 행성이라는 것을 망원경이 보여 주긴 했지만, 해상도가 아직 낮아서 그 표면의 모습은 자세히 볼 수 없었다. 그래서 우리 조상들은 진지하게 생각해야 할 새 행성들을 발견했지만, 생명의 존재를 제약하는 그곳의 극한 환경을 이해하는 측면에서는 별로 나아진 게 없었다. 추측과 공상이 난무했다. 이렇게 새로운 세계들의 발견은 외계인이 살고 있는 잠재적 세계의 수를 늘리는 데 기여했고, 그 결과로 외계인이 아주 흔하다는 가정이 생겨났다. 태양계에는 외계인 사회가 넘쳐나는 것처럼 보였다.

　　망원경 시대에 외계인에 대한 과장된 추측이 넘쳐난 것은 현대인이 이해하기 어려울 수 있는데, 아주 기발한 생각 중 상당수가 당대의 가장 뛰어난 사람들에게서 나왔다는 점 때문에 더욱 그렇다. 진자시계를 발명하고 토성의 위성인 타이탄을 발견한 크리스티안 하위헌스Christiaan Huygens는 외계 생명체와 다른 행성에 생명체가 존재할 가능성에 대해 많은 글을 썼다. 1698년에 사후 출판된 『우주 이론Cosmotheoros』은 외계 세계들에 대한 글들을 정교하게 종합한 것인데, 여기서 하위헌스는 금성의 천문학자들에 대해 추측했고, 다른 지능 생명체가 기하학을 이해할 것이라고 주장했다. 그는 이 주장들을 뒷받침할 증거는 없다고 인정했지만, 그렇다고 해서 그런 주장들을 멈추지는 않았다. 하위헌스는 〈이것은 아주 과감한 주장이지만, 우리가 아는 한 사실일 수 있으며, 이 행성들의 주민은 음악 이론에 대해 지금까지 우리가 발견한 것보다 더 뛰어난 통찰력을 갖고 있을지도 모른다〉라고 썼다.

오늘날의 독자가 볼 때에는 이것은 상당히 아리송한 주장처럼 들리지만, 17세기와 18세기의 사상가들은 다방면에 박식한 사람들이어서 오늘날의 학자들처럼 하나의 좁은 분야에 집중해야 한다는 압력을 전혀 받지 않았다는 사실을 감안하면 어느 정도 이해가 간다. 하위헌스도 예외가 아니었다. 그는 음악가의 아들로 태어났고, 그 자신이 음악 이론가이기도 했다.

그와 동시에 그 당시의 정치 철학자들은 기후가 사람들의 본성을 빚어내는 주요 요인 중 하나가 아닐까 하고 생각했다. 그런 인식론이 유행하던 시대에 밤하늘에서 금성 같은 행성을 바라보면, 지구보다 더 뜨거운 세계에서 생겨날 수 있는 문화에 대해 온갖 추측이 일어나는 것은 자연스러운 일이다. 어쩌면 외계인의 정신이 더 활동적이어서 음악에 대한 이해가 매우 인상적이지 않을까? 사실, 몽테스키외Montesquieu는 〈영국과 이탈리아에서 오페라를 본 적이 있는데, 동일한 배우들이 출연해 동일한 오페라를 공연했지만, 같은 음악이 두 나라 사람들에게 상상할 수 없을 만큼 다른 효과를 내, 한쪽은 아주 차분한 반면, 다른 쪽은 매우 황홀하다〉라고 말했다. 미국 건국의 아버지들에게 큰 영감을 준『법의 정신De l'esprit des lois』의 저자는 심지어 기묘한 실험적 증거를 제시했다. 양의 혀를 얼렸더니 혓바닥에 난 작은 털들(몽테스키외는 이것이 미각을 담당한다고 추측했다)이 수축한다는 사실을 발견했다. 그리고 이것이 차가운 온도가 신경에 영향을 미친다는 증거이며, 따라서 차가운 온도가 오페라 공연에 영향을 미친다는 증거라고 생각했다. 그래서 금성인도 이탈리아인과 영국인 못지않게 환경의 영향을 받을 것이라고 추정했다.

택시 기사에게 음악에 관한 하위헌스의 추측은 어떻게 들릴까? 그냥 또 하나의 진부한 추측으로 들릴 것이다. 태양계의 다른 곳에(먼 곳에 있는 외계 행성은 말할 것도 없고) 지적 생명체가 존재한다는 것은 너무나도 명백하여, 그들이 존재한다고 가정하는 것은 전혀 쟁점이 되지 않았다. 그것은 명백했다. 사람들은 다른 곳에 지적 생명체가 존재한다고 확신할 만큼 충분히 잘 안다고 생각했다. 남은 문제는 〈그들이 음악을 얼마나 잘 이해하고 작곡하는가〉였다.

과학적 확신은 문학 작품에 등장하는 외계인에 대한 기대에도 반영되었다. 과학 소설과 과학은 마치 왈츠를 추듯이 늘 서로의 주위를 돌며 춤을 추었는데, 외계 생명체를 다루는 무대에서는 특히 그랬다. 새로운 장르로 떠오른 대중 과학 분야의 글들도 마찬가지로 외계인의 존재에 대해 낙관적인 전망을 퍼뜨리면서 유럽 전역의 응접실에서 열띤 사색과 논쟁을 불러일으켰다. 인기 있는 작가들은 외계 생명체의 존재에 대한 확신을 전파했다. 외계 생명체를 다룬 수많은 소책자와 소논문 중에서 베르나르 르 보비에 드 퐁트넬Bernard Le Bovier de Fontenelle이 1686년에 출판한 『세계의 다양성에 관한 대화Entretiens sur la pluralité des mondes』만큼 널리 읽힌 책도 없었다. 달과 다른 행성의 주민들을 주제로 이해하기 쉽게 쓴 이 작은 책은 매력적이고 흥미진진했다. 그 내용은 과학 소설과 최신 과학적 견해를 적절히 섞은 것이었다. 이 책에서 화자인 베르나르Bernard는 달빛이 은은히 비치는 정원에서 태양계의 운행을 궁금해하는 후작 부인과 대화를 나눈다. 이 책은 시대를 초월하여 지금도 즐겁게 읽을 수 있다. 여러분도 읽어 보길 추천한다.

이 책의 장점을 딱 꼬집어 말하기는 어렵지만, 나는 베르나르의 설득력 있고 겸손한 논증이 한 가지 장점이라고 생각한다. 그는 자신의 부족한 지식과 알려진 천문학의 범위를 벗어나지 않으려는 태도를 자주 언급하지만, 오직 미친 사람만이 달에 문명이 존재한다는 사실을 부인할 것이라는 인상을 준다. 여기에 지적인 후작 부인의 유쾌한 태도가 한몫을 거드는데, 재치 있고 심지어 감동적인 질문을 던지면서 분위기를 고조시킨다. 왜 이 책이 현대의 천문학적 통찰력에 무지한 유럽인들의 마음을 사로잡았고, 왜 많은 사람이 지구 밖에 생명체가 존재한다고 열렬히 믿게 되었는지 쉽게 이해할 수 있다. 퐁트넬은 지적 외계 생명체가 우리 문 앞에 살고 있을 것이라는 믿음을 민간에 확고히 뿌리를 내리게 했다.

100년에 걸쳐 일어난 많은 발견도 이러한 상상력을 누그러뜨리지 못했다. 이번에는 천왕성과 적외선 복사를 발견한 권위자인 윌리엄 허셜William Herschel이 무대에 등장한다. 천문학 분야에서 그의 생각은 분명히 권위 그 자체였다. 하지만 그는 18세기 후반에 달나라 주민에 대한 글을 썼다. 〈이 문제를 조금만 생각해 보면, 달에서 무수히 많이 발견되는 작은 원형 광장이 달나라 주민이 만든 것이며, 그들의 마을이라고 부를 수 있다고 거의 확신한다.〉

허셜은 달에서 완전한 원 모양의 지형들을 보았는데, 당대의 모든 사람과 마찬가지로 그것이 소행성과 혜성이 달 표면에 충돌해 생겨난 크레이터라는 사실을 알지 못했다. 충돌에 관해 흥미로운 사실이 하나 있다. 아주 비스듬한 각도로 날아와 충돌한 것을 제외한다면, 소행성이나 혜성의 충돌로 생겨난 크레이터는 모두 완전한 원에 가까운 흔적을 남긴다. 허셜은 합리적인 사람이어서 자연적인 지질 과정으로는 완전한 원형 구조가 그렇게 많이 만들어질 수 없다고 확신했다. 그 기하학적 규칙성은 마음이 작용했음을 시사했다. 즉, 지능 생명체가 만든 구조물임이 분명했다.

우리는 과학에 관한 철학적 사색에 휩쓸릴 필요가 없지만, 허셜의 관찰과 추측은 외계인의 존재를 믿고 싶은 욕망이 얼마나 위험한지 분명히 경고하는 과거의 예이다. 단단한 갑옷에서 균열이 발견될 때마다, 즉 설명할 수 없는 완벽한 지질학적 구조나 간단히 설명할 수 없는 현상을 만날 때마다 외계인이 하늘에서 내려와 그 자리를 차지하려고 한다. 최고의 지성도 여기에 현혹될 수 있다.

권위 있는 과학자들뿐만이 아니었다. 곧이어 일반 대중을 겨냥한 글과 책도 쏟아져 나왔다. 『거주 가능한 세계의 다양성 *La pluralité des mondes habités*』은 19세기 후반에 프랑스 천문학자 카미유 플라마리옹Camille Flammarion이 쓴 여러 권의 시리즈 중 한 권이다. 제목에서 알 수 있듯이, 이 책은 외계 생명체의 존재를 상정하고 있다. 이 책은 외계인이 그들의 환경에 어떻게 적응하는지 자세히 설명하며, 그들이 사는 곳의 환경을 바탕으로 다른 외계 생명체의 모습이 어떤지 예측할 수 있다고 주장한다. 이제 일반 대중 사이에서도 과학적 추측이 진지하게 받아들여지고 있었다.

신문은 사실을 보도해야 하지만, 대중의 외계인 열광을 목격한 편집자들은 불에 기름을 끼얹었다. 뉴욕의 『선』은 에든버러에서 발행된 학술지에 실린 과학적 의견을 인용한 것이라고 주장하면서, 달에서 날개 달린 인간과 비버처럼 생긴 지능 생명체가 발견되었다고 여러 차례에 걸쳐 과장된 거짓말을 실었다. 앞에 나온 윌리엄 허셜의 아들인 천문학자 존 허셜John Herschel의 연구 결과라고 주장된 이 사기극은 1835년 8월 내내 계속되었고, 신문의 발행 부수는 엄청나게 늘어났는데, 잠깐 동안 세상에서 가장 많이 읽힌 신문이 되기도 했다. 전 세계의 많은 신문들은 이 놀라운 발견을 생각 없이 그대로 베껴 실었고, 불쌍한 존 허셜은 자신의 〈발견〉 때문에 쏟아진 편지 공세에 시달렸다. 비록 그것은 사기극이었을지 모르지만, 그토록 엄청난 거짓말이 성공할 수 있었던 것은 집단정신이 그것을 받아들일 준비가 되어 있었기 때문이다.

이 모든 열광에도 불구하고, 인류 사회가 굴러가는 방식에 아무 변화가 없었다는 사실이 놀랍다. 달나라 주민이 지상의 전쟁과 만연한 빈곤을 보고서 크게 실망하여 우리를 무시할 것이라고 지적하려는 사람은 아무도 없었다. 이제 행성 간 교류에 참여할 문명에는 계급과 국가의 갈등을 뛰어넘는 지적 진보와 정치적 형제애의 공통 정신이 적합하다고 생각한 사람도 아무도 없었다. 완고한 인간 행동은 쉽게 바뀌지 않는다.

실재하는 것이 거의 틀림없는 외계인에 대한 열광은 식지 않았는데, 그것은 20세기에 들어와서도 마찬가지였다. 화성의 〈운하〉를 보았다고 주장해 유명해진 퍼시벌 로웰Percival Lowell 은 1908년에 자신의 저서『생명이 사는 곳, 화성Mars as the Abode of Life』에서 〈모든 반대 주장은 오히려 운하의 특이성을 더 강하게 부각시키고, 화성에 생명체가 살 가능성에 대한 일반적인 의심을 제거함으로써 운하가 인공적으로 만들어졌다는 확신에 힘을 실어 주었다.〉라고 썼다. 로웰은 건조한 기후로 죽어 가는 화성 문명이 마지막 필사적인 시도로 극지방의 빙원에서 물을 끌어오려고 운하를 건설했다고 확신했다. 로웰은 과학 소설을 위해 이런 생각을 한 것이 아니었지만, 웰스H. G. Wells 같은 사람들은 이것이 훌륭한 과학 소설의 소재가 될 수 있음을 알아챘다. 웰스는 지금은 상징적인 작품이 된『우주 전쟁War of the Worlds』(1898)에서 외계인에 대한 인류의 음울한 우려를 표현했는데, 이 소설은 화성인과 그 기계가 지구를 침공하는 이야기이다. 화성인은 빅토리아 시대의 영국을 죽음의 광선으로 불태웠지만, 결국 지구의 미생물에 감염되어 사라져 갔다. 이것은 과학과 과학 소설이 손을 맞잡고 서로를 보강하면서 영원히 추는 춤을 보여 준다. 서로가 서로를 부추긴 끝에 결국 외계인의 활동을 믿는 광풍이 대중의 마음을 휩쓸었다.

이 긴 역사에는 우리가 자신의 세계관을 근본적으로 바꾸지 않은 채 진짜 신호에 어떻게 반응하고, 지적 외계 생명체에게 관심을 보일 수도 있음을 알려 주는 교훈이 있다. 아마도 인간의 조건은 너무 자기중심적인지도 모른다. 달나라 주민의 호기심 어린 눈길조차 우리를 조금도 성장시키지 못했다.

낙관주의와 추측과 가정이 난무한 이 수백 년의 시기는 20세기 후반에 와서야 끝났는데, 우주 시대가 개막되면서 마침내 로봇 사절단을 행성들로 보내 가까이에서 자세히 관찰한 결과였다. 이로써 이제 우리는 금성에는 음악을 작곡하는 금성인이 없고, 화성의 운하에는 수문이나 배 끄는 길도 없이 황량한 불모지만 펼쳐져 있으며, 달에는 달나라 주민은 한 명도 보이지 않고 햇빛에 그을린 크레이터만 도처에 널려 있는 모습을 똑똑히 볼 수 있게 되었다. 이렇게 외계 문명의 시대는 막을 내렸다.

그런데 이렇게 달나라 주민이 무대에서 사라져 가는 과정에서 이전에 외계 문명을 태평스럽게 당연시하던 태도에 흥미로운 반전이 일어났다. 이제 우리는 당연시했던 모든 문명이 우리의 상상 속에서 순식간에 연기처럼 사라졌다는 사실에 맞닥뜨리게 되었다. 그렇다고 해서 그것을 애석하게 여기는 사람은 없었다. 물론 약간의 실망은 있었다. 달나라 주민이 다가와 닐 암스트롱Neil Armstrong과 버즈 올드린Buzz Aldrin에게 말을 거는 장면에 흥분하지 않을 사람이 누가 있겠는가? 그들이 달의 출입국 관리소 직원과 외계 마약 탐지견과 만나는 이야기는 얼마나 흥미진진하겠는가! 그런 일은 하나도 일어나지 않았지만, 그렇다고 해서 태양계에서, 우리의 고독한 존재가 드러난 새 현실 앞에서 우리 문명이 집단적으로 허무주의적 마비나 내성적 침묵에 빠져들진 않았다. 마치 아무 일도 없었다는 듯이, 우리는 이전과 다름없이 하던 일을 계속 하면서 살아갔다.

그리고 비록 지구가 우주의 이 구석에서 생명이 사는 유일한 행성이라는 사실이 확인되었지만, 저 밖의 어딘가에 생명이 존재할 가능성에 대한 관심이 완전히 사라지지는 않았다. 새로운 발견은 외계 생명체를 찾기 위한 관심과 열정에 활기를 불어넣었다. 화성의 환경이 생명이 살 수 있는 조건을 갖추고 있으며, 목성과 토성 주위를 도는 위성들의 얼음 표면 아래에 바다가 있다는 사실은 희망을 품게 하지 않는가? 다른 태양들 주위를 도는 암석 세계들, 그리고 그중 일부가 지구를 닮았을 가능성은 외계 생명체에 대한 낙관론을 다시 지피는 데 기여했다. 우리는 달나라 주민에 흥분하던 시절로 다시 돌아가지 않겠지만, 태양계 내에서 외계 미생물의 존재를, 그리고 멀리 떨어진 행성계에서 지적 생명체의 존재를 찾으려고 노력할 수 있다.

택시 기사와의 대화는, 우리와 비슷하거나 우리보다 월등한 지성을 가진 외계인과의 교신이 일어나거나 심지어 화성에서 단 하나라도 하찮은 생명체가 발견된다면 어떤 일이 일어날까 하는 문제로 돌아왔다. 워크숍과 학술회의에서는 이전 시대에 추측에만 의존하던 사람들보다 훨씬 전문적인 방식으로 외계인 접촉의 사회적, 정치적 의미를 탐구한다. 심지어 국제 연합도 외계 생명체에 관심을 보인다. 만약 이 모든 것이 새롭게 느껴진다면, 그것은 우리가 우주에 많은 문명이 존재하며, 그들과 교신을 할지도 모른다고 확신했던 지난 수백 년의 과거를 잊어먹었기 때문이다.

우리가 달에 존재한다고 생각했던 달나라 주민은 우리 사회와 사고방식에 아주 미미한 흔적을 남겼다. 많은 책과 개념이 나왔지만, 지금은 이것들이 정확한 정보보다는 그저 재미를 주는 것에 그친다. 왜 우리는 언젠가 결국 일어날 그 만남에 대비해 더 나아지지 못했을까 하는 의문을 품으면서 이 역사를 다소 시무룩하게 바라볼 수도 있다. 하지만 그러한 역사가 인류의 발전이나 행동에 뚜렷한 영향을 미치지 못했다는 것은 한편으로는 위안을 주기도 하는데, 인류가 외계인을 맞이할 준비를 하는 데 많은 정치인이나 사회 과학자가 필요 없다는 것을 뜻하기 때문이다.

만약 우리가 외계인과 직접 대화를 나누게 된다면, 외계인은 달에 성채를 건설한 생명체가 있다고 한동안 믿었던 종이 보낸 신호를 듣게 될 것이다. 우리도 마찬가지로 그들에게 실망을 느낄 수 있다. 몇 달 동안 대대적인 언론의 관심과 훌륭한 책들이 몇 권 나오고 난 뒤에 우리는 그저 어깨를 으쓱하고 이전 방식대로 계속 살아갈지도 모른다. 만약 외계인이 지구를 방문해 택시를 탄다면, 택시 기사가 사분의자리 오메가 별에서 온 은하계 연맹에 관한 최신 소식보다 승차 요금을 많이 받는 데 더 신경을 쓴다는 사실을 발견할지 모른다. 부디 그들이 실망하지 않았으면 좋겠다.

제3장

화성인 침공을 염려해야 할까?

레스터 기차역에서 영국 국립 우주 센터가 있는
익스플로레이션 드라이브로 가는 택시 여행

1938년, 오슨 웰스Orson Welles는 자신의 라디오 방송에서 H. G. 웰스의『우주전쟁』을 각색해 소개하면서 외계인이 침략했다고 믿게 해 청취자들을 공포로 몰아넣었다. 그 사건 이후에 기자들과 만난 웰스.

우리가 탄 택시는 기차역 주차장에서 빠져나왔는데, 솔직하게 말하면, 나는 곧 있을 만남에 대해 아직 별로 깊이 생각하지 않았다. 나는 기꺼이 그 일을 맡았는데, 훌륭한 박물관인 국립 우주 센터에서 우주 생물학 교육을 주제로 강연을 하기로 돼 있었다. 하지만 지난 며칠 동안 무척 바빴다. 택시를 타고 가는 시간은 강연 계획을 세우기에 좋은 기회였기 때문에, 나는 정치 이야기를 할 기분이 아니었다. 하지만 때로는 정치가 피할 수 없게 다가온다. 목적지를 말하자마자 택시가 출발했다.

「당신에게 불평하는 것은 아니지만, 우주는 부자를 위한 곳이잖아요, 그렇지 않나요?」라고 택시 기사가 말했다. 「어쨌든 나는 우주에 가지 않을 거고, 가난한 사람들도 마찬가지일 거요. 그러니 그게 다 무슨 소용이 있나요?」

나는 그를 달래려고 했다. 「부자는 물론 우주로 갈 돈이 있긴 하지만, 우주는 단지 부자만을 위한 것이 아니에요.」

「우주에는 부자와 가난한 사람 모두에게 혜택을 줄 수 있는 것이 많이 있어요. 예를 들면, 휴대 전화와 일기 예보를 위한 인공위성 같은 것도 있지요. 그리고 인공위성이 제공하는 일상적인 혜택 외에도 아주 놀라운 것을 발견할 수도 있어요. 저 밖의 우주에서 외계 생명체를 찾는 일이 아주 흥미롭지 않나요?」

「외계 생명체를 찾든가 말든가 나는 별로 관심이 없어요. 그들이 이곳에 오지만 않는다면 말이죠.」 나는 이 말에 어리둥절했다. 그래서 잠깐 침묵을 지키다가 이렇게 물었다. 「그게 무슨 뜻이죠? 왜 그들이 이곳에 오는 걸 원치 않나요?」 택시 기사는 짜증이 난 것처럼 보였다. 대머리에다가 우람한 몸집을 가진 그는 파란색 코트를 입고서 꽉 잡은 핸들 위로 몸을 구부렸다.

「그러니까 인생은 우리가 만들어 가는 것이란 뜻이에요」라고 그는 대답했다. 「만약 그들이 우리와 같다면, 그들은 이곳에 와서 우리와 싸우겠지요. 그러면 나는 그들에 맞서 싸울 겁니다. 하지만 우리와 같지 않다면, 그들의 행운을 빌어 주어야죠. 그들이 레스터에 오지 않는 한, 레스터는 정말로 나쁜 곳은 아니에요, 그렇죠? 인생은 우리가 만들어 가는 것이에요. 결국에는 꽃밭에서 끝을 맞이하겠지만요. 나는 나머지 세계에서 일어나는 그 모든 일에 관심이 없어요. 부자는 화성에 갈 수 있을 테고, 만약 그곳에 미생물이 있다면, 그것도 좋겠죠. 나는 평생 동안 이곳에서 살았고, 이곳에서 살아가는 삶이 괜찮다면 그걸로 충분해요. 레스터의 문제는 화성인이 아니에요. 그 밖의 다른 것도 받아들일 여력이 없고, 특히 일자리가 충분치 않아요.」

사색과 실험을 할 수 있는 특권을 누리는 우리 과학자는 이런 상황처럼 부자 대 빈자의 틀에서 외계 생명체나 순수 과학 분야의 질문을 던지는 사람을 만나면 약간 억울하다는 기분이 든다. 우리의 고상한 관심사와 일상을 살아가는 평범한 사람들의 관심사 사이에는 이러한 간극이 존재한다.

외계인의 방문이 가능하다고 여겼던 지난 수백 년 동안 사람들이 이와 같은 경제적, 정치적 불안에 시달리지 않았다는 사실이 재미있다. 아리스토텔레스Aristoteles는 지구가 특별한 곳이고, 우리와 같은 생명체는 나머지 우주의 어디에도 존재할 수 없다고 강력하게 주장했지만, 앞장에서 보았듯이, 정반대의 생각을 한 사람들도 있었다. 오랫동안 많은 사람들은 심지어 종교적 교리를 수용하면서도 신이 결코 게으르지 않다고 믿었다. 그들은 자연은 진공을 싫어한다고 말했으며, 신의 현명한 방식에 따라 사용 가능한 공간을 최대한 활용하기 위해 전체 우주가 지적 생명체로 가득 차 있을 것이라고 믿었다. 그리고 수백 년 동안 우주에 생명체가 넘쳐난다는 생각이 당연시되었지만, 흥미롭게도 외계인이 지구를 방문해 우리의 일자리를 빼앗아 갈 수 있다고 생각한 사람은 거의 없었다. 나는 그 이유가 궁금한데, 우리가 다른 행성으로 여행하는 공학 기술을 전혀 몰랐기 때문이 아닐까 생각한다. 우리에게 그런 묘기를 실행에 옮길 기술적 기반이 없다면, 외계인이 그렇게 할 수 있는 방법도 상상하기 어렵다. 그 바탕에는 우리 모두가 각자의 행성에 갇혀 살아가면서 곳곳에 생명체가 사는 우주를 바라보긴 하지만, 다른 행성 섬을 방문할 수는 없다는 기본 전제가 깔려 있었다. 외계 지능 생명체가 지구를 방문하는 사건의 실현 가능성과 세부 사항은 우리의 과학적 전망에서 아예 배제돼 있었고, 그래서 그들의 이주는 전혀 걱정할 문제가 아니라는 결론으로 이어졌다.

외계 생명체에 대한 우리의 생각에는 미지의 사건에 대한 두려움과 〈타자〉에 대한 불안감이 섞여 있는 경우가 많다. 19세기에 마침내 행성 간 여행 가능성을 상상하게 되었을 때, 거기서 큰 변화를 감지한 사람들이 새로 발견된 이 기회에 재빨리 편승했다. 그렇게 해서 H. G. 웰스가 상상한 화성인 기계의 침공으로 두 세계 사이의 첫 번째 전쟁이 시작되었다. 웰스가 상상한 파괴 장면은 어쩌면 본능적일 수도 있는, 이방인에 대한 광범위한 공포를 이용한 것이었다. 이런 점에서 레스터의 택시 기사가 외계인이 영국을 멸망시킬 가능성보다 일자리를 빼앗을 가능성을 더 염려한 것은 개인적으로 아주 놀라운 일이었다.

레스터 주민이 우려하는 것이 무엇이건, 아직까지 외계인은 발견되지 않았다. 외계인에 열광하던 이전 세대와 달리 이제 우리는 지구와 비슷한 세계가 많이 존재할 수 있다는 사실을 알고 있는데도 불구하고 그렇다. 지난 30년 사이에 다른 별 주위에서 궤도를 도는 행성이 많이 발견되면서 이 분야에서는 급격한 발전이 일어났다. 외계 행성들 중 일부는 생명체가 살 수 있는 곳으로 드러났다. 대부분은 지구와 전혀 닮지 않아 생명체가 살기에 적합하지 않다. 개중에는 거대 기체 행성인 목성보다 10배나 큰 것도 있다. 어떤 외계 행성은 별에 바짝 붙어 며칠마다 한 번씩 궤도를 돌면서 그 뜨거운 빛을 고스란히 받고 있다.

어떤 행성은 지구와 비슷하게 암석으로 이루어져 있지만, 깊은 바다로 뒤덮여 있을 가능성이 높다. 그리고 필시 지구와 비슷한 세계도 있을 것이다.

만약 외계 행성에 지능 생명체가 산다고 하더라도, 아직 우리는 그들이 보낸 신호를 전혀 듣지 못했다. 외계인의 침묵에 관한 수수께끼는 큰 관심을 끈다. 이 기묘한 침묵은 흔히 페르미역설이라고 부르는데, 물리학자 엔리코 페르미Enrico Fermi의 이름에서 딴 것이다. 이 광대한 우주에는 지구보다 더 오래된 것을 포함해 그토록 많은 행성이 존재하는데도 왜 지적 외계인의 증거가 발견되지 않을까? 페르미 역설만 전문적으로 다룬 책도 몇권 있다. 수많은 과학자가 외계인이 발견되지 않는 이유를 설명하려고 나섰다. 어쩌면 그들은 우리를 관찰하고 있지만, 간섭하고 싶지 않을 수도 있다. 어쩌면 외계인은 이미 이곳에 왔지만, 우리가 그들을 알아보지 못할 수도 있다. 어쩌면 그들은 저 밖의 세계에 존재하지만, 그 먼 거리를 건너 여행할 능력이 없을지도 모른다. 또한 생명체가 희귀하고, 은하계를 여행할 만큼 뛰어난 지성이 진화하는 세계가 너무 드물어서 우리은하의 나머지 지역에는 생명체가 아예 존재하지 않을 가능성도 있다.

택시가 레스터 교외 지역을 달릴 때, 나는 창밖을 내다보다가 어린 시절의 기억이 잠깐 떠올랐다. 『우주 전쟁』에 나오는 화성인 기계가 집들 위로 우뚝 서 있고, 죽음의 광선이 희생자를 찾아 이리저리 뻗어 나가던 장면이. 그런데 지금은 외계인 침공의 중심지인 레스터에서 촉수가 달리고 꼴깍거리는 소리를 내는 외계인이 지구에 정착하려는 사악한 계획을 세웠지만, 그 계획은 영국 고용 지원 기관인 취업 센터 지부 입구를 봉쇄한 성난 택시 기사들의 끈덕진 저항에 가로막혀 좌절되고 만다. 음, 뭐 그러지 말란 법이 있는가?

　「외계인이 레스터에 올까 봐 염려할 필요는 없을 것 같아요.」내가 상대를 안심시키는 어조로 말했다.「만약 그들이 이곳에 오더라도, 아주 비밀리에 움직일 겁니다. 그리고 특별히 레스터에 관심이 있을 이유도 없어요. 적어도 자신들의 관심을 숨기려고 애쓸 겁니다. 그리고 만약 그들이 저 밖의 먼 우주에 있어서 이곳까지 오는 데 어려움이 있다면, 내년에 아주 우연한 행운이 겹쳐 이곳에 도착해 자리를 잡는 일이 일어나지 않는 한, 그들이 당장 무슨 문제를 일으킬 가능성은 희박하다고 봐도 무방합니다.」그리고 잠깐 말을 멈추었다가 이렇게 덧붙였다.「만약 외계인이 우주 전체에서 아주 희귀하다면, 우리는 자신의 고립과 격리를 더 걱정해야 할 겁니다. 나는 외계인 침공이 아니라 우주에서 외롭게 존재하는 것이 레스터의 운명이 될 가능성이 더 높다고 봐요.」

　택시 기사의 염려를 기우로 만들 훨씬 단순한 이유도 있다. 만약 외계인이 지구에 도착해 그 존재가 알려진다 하더라도, 그들은 과연 우리의 일자리를 탐낼까? 그럴 일은 전혀 없을 것 같다. 광대한 성간 공간을 여행할 능력을 가진 존재가 우리에게 손을 벌릴 일이 있을까? 그들은 번 돈으로 무엇을 하려고 할까? 식품을 사려고 할까? 그들은 출발할 때 필시 보급 물자를 챙겨 왔을 것이다. 설령 그들이 굶주렸다 하더라도, 우리의 생물권이 그들에게 필요한 것을 제공할지는 확실치 않다. 대다수 사람들은 외국 음식을 처음 접할 때 약간의 적응이 필요하다. 외계의 생물을 덥석 삼키는 것은 현명한 결정이 아니다. 만약 외계인의 생화학 작용이 우리와 다르다면, 우리가 먹는 식품 중 대다수는 그들에게 아무 도움이 되지 않을 것이다. 식량 외에 외계인은 우주선 수리나 동력 공급에 도움이 필요할 수도 있다. 하지만 그렇다고 해서 그러한 필요를 해결하기 위해 일자리를 구하려고 줄을 서지는 않을 것이다. 그냥 필요한 것을 요구하거나 빼앗아 갈 것이다.

따라서 나는 이미 그들이 우리 사이에 섞여 있지 않는 한, 택시 기사가 레스터에서 일자리를 빼앗길까 봐 염려할 필요가 없다는 쪽에 기꺼이 내기를 걸 수 있다. 물론 그들은 우리 사이에 섞여 있지 않다. 외계인 납치나 UFO 목격을 비롯해 외계인 방문의 결과라고 주장하는 현상들의 가장 큰 문제점은 증거의 질이 처참할 정도로 낮다는 점이다. 많은 책과 텔레비전 프로그램이 일화나 흐릿한 영상을 바탕으로 만들어졌지만, 이런 주장들 중 믿어야 할 만큼 확실한 근거가 있는 것은 하나도 없다. UFO 사냥이 시작된 지 수십 년이 지났지만, 동료 심사를 거치는 과학 학술지를 통과할 만큼 확실한 데이터를 제시한 사례는 아직까지 하나도 없었다. 아무리 낙관적인 사람이라도, 이러한 현실에서 뭔가를 깨달아야 한다. 그런데도 외계인이 이미 지구를 방문해 우리 사회와 상호 작용을 했으며, 〈정부〉가 그 사실을 숨기고 있다고 주장하는 사람들이 있다. 정부가 굉장한 일을 할 수는 있지만, 그리고 정부가 비밀로 숨기는 것이 많다는 사실을 우리도 잘 알지만, 외계인과 그들의 우주선을 수십 년 동안 계속 숨기는 것은 아주 힘든 일이며, 정부가 감당하기 어려운 일이다. 관료들이 할 수 있는 일에는 한계가 있다.

외계인 침략자에 대한 두려움은 이제 어느 정도 줄어들었지만, 더 작은 생명체에 대해 염려할 필요가 있을까? 택시 기사가 내 말에 긍정의 뜻으로 고개를 끄덕이길래, 나는 대화의 방향을 바꿔 미생물학을 약간 소개했다. 나는 그의 긍정적인 몸짓 언어를 세균에 대한 대화를 나눌 준비가 되었다는 뜻으로 해석했다.

「사람만 한 외계인의 위협이 없더라도, 작은 생명체, 즉 미생물이 우리 사회를 파멸시킬 수 있다는 것은 누구나 알아요」라고 내가 말했다.

「맞아요.」택시 기사가 끼어들었다. 「병원 내 감염과 새로운 질병이 지금 큰 문제가 되고 있지요.」

「외계에서 오는 질병을 염려해야 할까요?」내가 물었다. 「그러니까 지적 외계인 대신에 미생물이 우리 사회를 파멸시킬 가능성을 염려해야 할까요?」

「저는 분명히 그래야 한다고 말하겠습니다.」그는 확신에 찬 어조로 대답했다. 「우리는 그것들이 이곳에 오는 것을 원하지 않으며, 그것들과 안전한 거리를 유지해야 한다고 생각합니다. 나는 미생물도 지적 외계인만큼이나 염려합니다.」

흑사병을 일으킨 페스트균과 더 최근에는 코로나바이러스와 그 밖의 병원체가 일으킨 재앙은 우리의 기술적 성과가 35억 년 이상 지구를 지배해 온 작은 생명체의 위협으로부터 우리를 반드시 지켜 주진 못한다는 사실을 일깨워 준다. 지구에 함께 사는 가장 작은 생명체(여러 측면에서 우리와 진화적으로 친척 관계에 있는 생명체)조차 그토록 믿을 수 없다면, 지구에 도착한 외계 생명체가 택시를 몰고 일자리를 찾는 지적 존재가 아니라 미생물이라면, 우리 앞에는 어떤 운명이 기다리고 있을까? 화성인 침공에 그만 종지부를 찍어야 했을 때, H. G. 웰스가 선택한 수단은 미생물이었는데, 화성인이 병균에 감염돼 쓰러지자 그와 함께 거대한 살육 기계도 쓰러졌다. 외계 미생물이 우리에게도 동일한 결과를 초래하지 않는다고 과연 확신할 수 있을까?

독자 여러분은 내 추측이 너무 지나치다고 생각할지 모르겠다. 하지만 일자리를 구하는 지적 외계인과 달리 외계 미생물은 실제로 우주 기관의 큰 관심 대상이다. 진지한 사람들은 우주 공간을 떠돌아다니는 암석에서 채취한 표본에 우연히 미생물이 포함돼 지구가 오염될 가능성을 염려한다. 이 활발한 활동 분야는 〈행성 보호〉라는 매력적인 이름으로 운영되고 있다. NASA에는 행성 보호관이라는 직책이 있고, 유럽 우주국에는 행성 보호 워킹 그룹이 있다.

행성 보호관의 원래 목표이자 지금도 주요 관심사로 설정된 목표는 우리가 다른 행성을 오염시킬 위험을 방지하는 것이었다. 이것은 외계인의 안녕을 위해서가 아니라 과학적 엄밀성과 연구의 효율을 위한 것이다. 수십억 달러를 쏟아부어 화성에서 생명체를 찾았는데, 그것이 지구에서 묻어간 생명체로 밝혀진다면 얼마나 허망하겠는가! 우주선에 묻어간 미생물이 생명체 탐지 장비에 들어간다면(혹은 행성 표면으로 흘러 나갔다가 다른 사람의 탐지 장비에 들어가게 된다면), 엄청난 시간과 비용이 낭비될 것이다. 행성 보호는 이런 종류의 위험을 최소화하기 위해 구상되었다. 오늘날 행성 보호는 국제 우주 연구 위원회가 관장하고 있다. 이 위원회는 법률을 만들지는 않지만, 우주 기관들이 공동의 합의하에 준수해야 할 규정을 마련한다.

미생물이 다른 세계로 침입하지 못하도록 하는 것은 쉬운 일이 아니다. 1970년대에 NASA는 화성 바이킹 착륙선을 보낼 때 생명체 탐지 장비에 방해가 되는 미생물이 묻어가는 것을 확실히 차단하기 위해 바이킹 착륙선을 칠면조를 요리하듯이 섭씨 111도에서 40시간 동안 가열했다. 오늘날에는 우주선에 더 정교한 전자 장비들이 많이 실리면서 오염을 방지하기가 더욱 어려워졌지만, 창의적인 과학자들은 다양한 방법을 사용해 미생물을 제거한다. 저온 플라스마 기술이나 유독한 과산화수소를 사용해 미생물을 죽이고 표면을 깨끗이 하여 우주선의 〈생물 하중〉을 최소화함으로써 다른 세계의 〈순오염 forward-contamination〉을 최소화할 수 있다.

최근 몇 년 사이에 순오염에 대한 우려는 윤리적 측면에서 더 커졌다. 과학자들은 실험의 질을 극대화할 뿐만 아니라, 외계 생물권을 위험에 빠뜨릴 가능성을 최소화하기 위해 노력하고 있다. 태양계에는 지구 외에 다른 생물권이 알려져 있지 않지만, 현 시점에서는 외계 생물권의 존재 가능성을 완전히 배제할 수 없다. 따라서 우리는 태양계 곳곳에 지구의 생명체를 퍼뜨리지 않도록 최선의 조치를 취하면서 신중하게 행동해야 한다. 우주 기관의 실수로 한 행성 전체의 생태계를 파괴한다면, 그것은 큰 실례일 뿐만 아니라 매우 부끄러운 짓으로 간주될 것이다.

레스터의 택시 기사가 염려한 것은 역방향의 오염이다. 행성 보호 분야에서는 이것을 〈역오염backward contamination〉이라고 부르는데, 외계 생명체가 통제 불능 상태로 지구에 유입되는 것을 가리킨다. NASA는 아폴로 계획 때부터 이 문제를 고민했는데, 우주 비행사들이 가져오는 암석 표본에 외계 미생물이 포함될 가능성이 있었기 때문이다. 지금은 먼 천체를 방문하여 표면에서 표본을 채취해 지구로 가져오는 임무를 로봇이 대신하고 있다. 이런 연구의 핵심 목표는 암석 내부나 위 또는 근처에 생명체가 존재한 적이 있는지 여부를 알아내는 것이므로, 미생물이나 그 증거가 발견된다면 큰 흥분을 자아낼 것이다. 현재 과학자들은 화성에 한때 생명체가 살았는지 조사하기 위해 화성의 표본을 채취해 지구로 가져오는 방법을 궁리하고 있다. 앞으로 수십 년 동안 소행성과 혜성에서 더 많은 표본이 채취되어 지구로 올 예정이다. 그리고 이전에 기울인 노력의 결과물이 이미 금고에 보관되어 있는데, 그중에는 월면차와 우주 비행사가 수집한 월석 표본과 여러 우주 기관이 수집해 지구로 가져온 혜성과 소행성의 암석도 포함돼 있다.

우리가 표본을 채취한 곳 중에서 생명체가 살고 있는 곳은 단 한 군데도 없으므로, 연구자들과 우주 기관들은 지구가 위험한 미생물에 노출되었을 가능성을 염려하지 않는 경향이 있다. 그나마 남아 있는 불안감은 사전 예방 원칙 때문인데, 표본에 생명체가 섞여 있을 가능성은 극히 희박하지만, 외계 미생물이 지구 생물권에 들어오면 파멸적 결과가 발생할 수 있기 때문에 조심하지 않으면 안 된다. 따라서 우주 기관들이 외계에서 채취한 표본을 다룰 때 완전 무균 시설을 사용하고, 표본을 밀봉 상태로 운반하면서 어떤 것도 외부로 유출되지 않도록 극도로 신경 쓰는 것은 지극히 당연한 조치이다. 만약 연구자가 그 표본을 연구하길 원한다면, 그 목적을 위해 설계된 시설에서 연구해야 한다.

하지만 도대체 어떤 위험이 있을까? 우리는 정말로 염려해야 할 필요가 있을까? 아마도 그렇진 않을 것이다. 인류는 지구상에 나타난 이래 질병을 일으키는 세균과 바이러스와 함께 살아왔다는 사실을 기억할 필요가 있다. 이러한 병원체들은 오랜 세월 동안 우리와 함께 나란히 발전하면서 진화했고, 우리의 면역계는 변화하는 병원체의 설계에 보조를 맞춰 대응하면서 그 공격을 약화시키는 방향으로 진화했다. 우리 몸은 매일 음식 섭취와 호흡을 통해 들어오는 수많은 이질 입자를 추적하고 파괴하도록 설계된 정교한 기계이다. 아주 특별한 세균이나 바이러스만이 우리의 면역계를 우회해 해를 끼칠 수 있다. 감기 바이러스는 매년 새로운 변이가 나타나 새로운 기침과 증상을 동반하는데, 이것은 우리 몸과 바이러스(어떻게 해서든지 우리보다 앞서가려는) 사이에 끝없는 싸움이 펼쳐진다는 것을 보여 주는 증거이다. 인간 면역계 요새는 수백만 년에 걸친 진화의 산물이다. 이것은 우리에게 좋은 일인데, 만약 그동안 맞닥뜨린 모든 바이러스나 세균이 우리 몸에 쉽게 자리를 잡았더라면, 우리의 수명은 매우 짧아졌을 것이기 때문이다. 우리의 생화학은 끊임없는 공격자들에게 매우 잘 대응하기 때문에, 먼 행성에서 이곳까지 온 외계 세균이나 작은 생명체를 물리칠 가능성이 높다. 우리 몸은 외래 입자를 감지하고 아마도 파괴할 것이다. 외계 표본에 섞여 들어온 외계 미생물 생명체가 팬데믹을 일으킬 가능성은 아주 낮다. 그러니 레스터 주민은 안심하고 푹 잠들어도 된다.

하지만 쉽게 무시할 수 없는 시나리오가 있다. 꽁꽁 얼어붙은 화성의 영구 동토대에서 굶주리며 살아가는 미생물을 상상해 보라. 먹을 것도 없이 그 황량한 극한 환경에서 근근이 살아가고 있다. 이제 이 미생물을 채집해 지구로 향하던 우주선이 궤도를 이탈하여 극지방에 추락했다고 상상해 보라. 우주선에서 풀려난 미생물은 북극 지방의 환경을 맞이하는데, 이곳이 춥다고 해도 화성에 비하면 안락할 정도이고, 먹을 것도 풍부하게 널려 있다. 이곳 조건은 화성보다 성장과 번식에 더 유리하다. 이제 이 미생물은 증식하면서 지구의 미생물을 살던 곳에서 몰아내고 지구 생태계에 뿌리를 내린다. 이 시나리오는 외래 질병 창궐보다 더 가능성이 높은데, 이 경우에 침입자는 숙주로 삼을 생명체가 필요하지 않기 때문이다. 대신에 외래 미생물에게는 그저 정착과 세포 분열에 유리한 환경만 있으면 된다. 하지만 이러한 종말론적 전망조차도 우리가 밤잠을 못 이루게 하지는 않을 것이다. 무엇보다도 외계 미생물을 만날 확률 자체가 매우 낮다. 하지만 논의를 위해 우리가 그런 표본을 채취했다고 가정해 보자. 그렇더라도 우주선이 지구에서 그 미생물이 번성하기에 유리한 위치에 추락하고, 그 과정에서 미생물이 죽지 않은 채 밖으로 나올 가능성은 극히 낮다.

그렇다 하더라도 사전 예방 원칙으로 되돌아가, 이런 사건의 발생 가능성이 낮다고 해서 우리가 그 발생 가능성을 최소화해야 하는 책임을 면제받는 것은 아니다. 부주의한 우주 임무 때문에 지구의 일부 생태계가 왜 파괴되었는지 택시 기사에게 설명해야 하는 상황을 원하는 사람은 아무도 없으며, 따라서 적절하고 철저한 조사가 이루어지기 전까지는 우주에서 가져온 표본을 위험한 것으로 취급해야 한다.

우리는 마침내 목적지에 도착했지만, 나는 택시 기사의 우려를 불식시키는 데 성공했는지 알기 전까지는 내 임무가 완수되었다고 만족할 수 없었다. 「이제 화성인에 대해 어떻게 생각하나요?」 내가 물었다.

「여전히 레스터에서는 환영받지 못할 겁니다. 하지만 어차피 그들이 이곳에 올 것 같진 않군요.」 그는 무뚝뚝하게 대답했다.

레스터의 택시 기사들은 화성인 침공 위협을 염려할 필요가 전혀 없으며, 그것은 여러분도 마찬가지다. 하지만 태양계에 생명체가 존재하는지, 그리고 다른 별 주위를 도는 먼 외계 행성에 외계인이 살고 있는지 여부는 여전히 흥미로운 질문으로 남아 있다. 외계 생명체가 존재한다고 하더라도, 지구에서 살아가는 사람들의 일상생활에 영향을 미치지는 않을 가능성이 높지만, 외계 생명체의 존재 여부는 우리 모두가 깊이 생각해 볼 만한 문제이다. 외계 생명체 탐사를 계속하면서 그들이 우리의 일자리를 빼앗지나 않을까 걱정할 필요는 없지만, 미지의 영역을 탐험하는 자세에 걸맞은 열린 마음과 신중한 태도로 접근할 필요가 있다.

제4장

우주 탐사보다 먼저 지구의 문제들을 해결하는 게 순서가 아닐까?

패딩턴 기차역에서 미국행 비행기를 타기 위해
히스로 공항으로 가는 택시 여행

환경 보호와 우주 탐사는 서로 별개의 일일까, 아니면 불가분의 관계에 있을까? 우주 비행사 트레이시 콜드웰 다이슨Tracy Caldwell Dyson이 국제 우주 정거장에서 지구를 바라보고 있다.

런던의 혼잡한 거리를 달리면서 나는 차창을 통해 사람들이 멈췄다 출발했다 하면서 분주하게 움직이는 모습을 지켜보았다. 그들은 차량 사이에서 이리저리 피하며 나아갔는데, 질주하는 자동차와 자전거, 오토바이에 시선을 집중하면서 자신들이 도로를 지나갈 수 있을 만큼 차량이 충분히 오래 멈춰 줄지 가늠하면서 나아갔다. 그들은 도로 반대편으로 건너가는 짧고도 단순한 이 과제에 몰입해 있었다.

택시 기사가 내 마음을 읽은 것 같았다. 「저 밖은 아주 미쳐서 돌아가는군요.」 그는 범퍼에 쇼핑백이 부딪치는 소리에 언짢은 표정을 지으며 말을 꺼냈다.

「그래요. 모두 자기 세계에 갇혀 살아가지요.」 내가 대답했다. 「해결해야 할 문제는 많은데 시간은 부족하죠.」

「여긴 무슨 일로 가나요?」 택시 기사는 인도인 억양이 강한 어투로 물었다. 젊고 기민한 그는 아마도 택시를 몬 지 얼마 안 된 것 같았다. 유행하는 버튼다운 셔츠를 입었고 차창 밖으로 한

팔을 늘어뜨리고 있었다.

　　나는 공항으로 간다고 설명했다. 몇 사람과 함께 NASA 워크숍에 초대를 받았는데, 거기서 태양계 외곽의 얼어붙은 위성들에서 생명체를 찾는 작업에 관한 강연을 하기로 돼 있었다. 우리는 지구의 얼어붙은 황무지에 사는 생명체에 대해 알려진 사실을 이야기한 뒤, 극도로 추운 다른 세계에서 생명체를 찾으려고 하는 NASA가 맞닥뜨릴 주요 과제들을 다루기로 했다. 만약 생명체가 얼어붙은 바다 깊숙한 곳에 갇혀 있다면, 어떻게 그것을 발견할 수 있을까? 그리고 생명체를 발견한다면, 어떤 방법으로 암석처럼 단단한 얼음 표본을 채취해 우주 공간을 지나 지구로 가져올 수 있을까?

　　「와우, 정말 흥미진진하군요.」 택시 기사가 끼어들었다. 「가끔 TV에서 보거든요. 그러니까 우주 탐사와 그 비슷한 것들 말이에요. 흥미를 느끼지 않을 수 없죠. 하지만 지금 이곳도 문제가 많아요. 그 문제들부터 먼저 해결해야죠.」

　　나는 또다시 창밖을 내다보았다. 이렇게 바삐 서두르고 스트레스에 시달리는 보행자들의 마음은 목성의 위성에서 얼마나 멀리 떨어져 있을까? 분명히 하늘과 땅만큼 멀리 떨어져 있을 것이다. 다른 차가 앞을 가로막자, 택시 기사가 경적을 울렸다.

　　「당신 말이 맞아요.」 내가 말했다. 「이곳 지구에도 문제가 많죠. 그건 의심의 여지가 없어요. 하지만 그렇다고 해서 우리가 우주를 꿈꾸거나 다른 곳을 방문하지 말아야 할까요? 어쩌면 우리 모두가 여기서 하는 일과 관련된 몇몇 심오한 질문의 답을 찾을 수 있을지도 모릅니다.」

택시 기사는 주저하지 않고 말했다. 「그것은 나도 생각이 같아요. 나도 동의해요. 항상 교통 상황만 생각하고 살 수는 없죠. 그리고 우주는 우리의 마음을 일상적인 고민에서 벗어나게 해주지 않나요? 우주가 우리의 문제도 일부 해결해 줄까요? 어쩌면 우주를 바라봄으로써 우리가 지구에서 겪는 고민을 해결할 수 있을지도 모르죠.」

그의 질문은 설득력이 있었다. 많은 사람들도 택시 기사가 처음 한 말과 같은 생각에 끌리는 경향이 있다. 즉, 우주 탐사보다 지구에서 우리의 문제를 해결하는 것이 우선이라고 생각한다. 심지어 어떤 사람들은 환경 파괴와 같은 지구의 문제를 해결하는 것과 우주 탐사 임무는 상충되는 노력이며, 한쪽 노력이 다른 쪽 노력에 손해를 끼친다고 생각한다. 하지만 곰곰이 생각해 보니, 택시 기사는 이 문제의 핵심을 간파한 것 같았다. 즉, 그는 우주 탐사와 지구를 돌보는 노력은 서로 도움이 된다고 생각했다.

우리가 살고 있는 행성에 관심을 가져야 한다는 사람들의 주장은 매우 타당하다. 70억 명이 넘는 인류와 그들의 대량 소비가 지구에 얼마나 큰 스트레스를 주는지 확연히 보여 주는 사례가 보도되지 않고 지나가는 날이 드물다. 지구의 지름은 겨우 1만 3000킬로미터 정도에 불과한데, 우리 모두는 이 작은 바위 덩어리 표면에 빽빽하게 들러붙어 살아간다. 처리하기 힘든 플라스틱 폐기물 더미가 높이 쌓이고, 연약한 서식지들이 빈곤해질 정도로 자원이 낭비되기까지는 지질학적으로 그리 오랜 시간이 걸리지 않았다.

우리가 숨 쉬는 대기조차도 얇고 변덕스럽고 제한적이다. 대기가 얼마나 쉽게 변하는지는 이해하기가 어려울 수 있다. 지구 대기 중 대부분은 지표면에서 겨우 10킬로미터까지의 높이에 쌓여 있다. 자동차를 타고 비교적 느린 속도인 시속 40킬로미터로 하늘을 향해 계속 올라갈 수 있다면, 약 15분 만에 가장 두꺼운 대기층 밖으로 탈출할 수 있다. 에든버러나 맨해튼을 가로질러 지나가는 것보다 짧은 시간에 말이다.

지구의 대기는 지표면 위에 부드럽게 드리워진 거미줄과 같다. 대기가 얼마나 희박한지 안다면, 우리가 배출하는 기체 때문에 대기의 조성이 달라질 수 있다는 사실을 쉽게 이해할 수 있다. 대기 중의 이산화탄소를 증가시키는 데에는 전 세계 산업의 엄청난 노력까지도 필요 없다. 그저 200년 동안의 오염만으로도 충분하다.

따라서 우주로 나가고, 우주를 연구하고, 심지어 화성이나 달에 정착촌을 건설하기 위해 많은 자원을 투입하려는 계획에 많은 사람들이 반대하는 것은 전혀 놀라운 일이 아니다. 기후 위기 시대에 우주 탐사에 돈을 쏟아붓는 행동을 과연 정당화할 수 있을까?

이런 종류의 생각은 충분히 이해할 수 있지만, 한 가지 중요한 핵심을 놓치고 있는데, 우리는 우주 탐사를 통해 지구에 대해 많은 것을 배울 수 있다는 점이다. 실제로 기후 변화를 연구하는 과학은 이웃 행성들, 특히 금성의 연구를 통해 크게 발전했다. 금성은 구름으로 뒤덮인 지옥 같은 세계로, 신비롭고 불가사의한 곳이다. 사람들은 한때 금성이 늪지로 뒤덮여 있고, 지구보다 태양에 훨씬 가까운 이곳의 따뜻한 기후에 적응한 생물들이 살고 있을 것이라고 상상했다. 하지만 추측이 과학으로 대체되자, 금성은 너무 뜨거워서 생명체가 살 수 없는 장소라는 사실이 분명히 드러났다. 지금은 표면 온도가 섭씨 450도 이상이나 되는 것으로 알려졌는데, 이런 곳에서는 어떤 생명체도 살아남을 수 없다. 그런데 이렇게 높은 온도는 단순히 금성이 태양에 더 가깝다는 것만으로는 설명이 되지 않는다. 금성이 이렇게 극단적인 온도를 갖게 된 원인은 무엇일까? 그 답은 약 60년 전에야 밝혀지기 시작했는데, 그 원인은 금성의 대기에 있다. 이산화탄소로 가득 찬 대기는 태양열을 붙들어 열이 우주 공간으로 빠져나가는 것을 막는다. 그래서 금성 표면의 온도는 액체 상태의 물이 존재할 수 없을 만큼 높이 상승했다. 금성은 대표적인 온실 세계로, 천문학자와 생물학자, 기후학자, 그리고 인류 전체에게 행성의 대기에 이산화탄소가 너무 많이 포함되면 어떤 일이 일어나는지 무료로 배울 수 있는 학습장이다.

지구에서 산업적으로 만들어 내는 이산화탄소의 양은 금성과 같은 수준으로는 증가하지 않을 테지만, 온실가스로 인해 우리 행성이 가열되는 메커니즘은 금성과 정확하게 똑같다. 우리는 자매 행성의 관찰을 통해 온실 효과가 모든 세계의 조건에 어떤 영향을 미치는지 처음으로 분명하게 보았는데, 그 결과로 행성의 온도는 태양 광선만으로 자연히 도달하는 온도보다 훨씬 높이 올라간다는 것을 알았다.

여기서 우리가 명심해야 할 교훈은 지구가 시원적인 돔 아래에 고립된 상태로 매달려 있는 작은 구가 아니라는 것이다. 우리는 광대한 태양계라는 더 큰 환경 속에 존재한다. 이 광대한 무대에서 우리의 역사가 결정되었고, 우리의 미래도 결정될 것이다. 이 광활한 영역을 탐구함으로써 우리 자신을 구하는 데 필요한 지식을 촉진할 수 있다.

우주 탐사는 지구의 파괴를 막는 방법을 가르쳐 줄 뿐만 아니라, 우주에서 발생한 위험으로부터 우리 자신을 보호하는 데에도 도움을 줄 수 있다. 택시 안에서 오간 우리의 대화는 이 주제로 옮겨 갔는데, 그것은 바로 소행성과 소행성이 우리에게 미칠 가능성이 있는 위험이었다.

우주 공간에는 태양계 생성의 격동기를 거치고 살아남은 잔해들이 떠돌아다니는데, 이 잔해들이 주기적으로 지구에 충돌한다. 암석 부스러기들이 벌떼처럼 지구 주변을 윙윙거리며 돌아다닌다. 이 암석들 중에서 지구 근접 소행성이라고 부르는 것들은 지구의 공전 궤도와 교차할 가능성이 있다. 만약 그 크기가 상당히 크다면, 지구에 파괴적인 재앙을 가져올 수 있다. 이 것은 단순히 이론적인 우려에 불과한 게 아니다. 6600만 년 전에 지구에 충돌해 오랜 공룡 시대를 종식시킨 소행성은 그저 하나의 대표적인 예에 불과하다. 그보다 훨씬 작은 소행성도 그 흔적을 남긴다. 애리조나주 플래그스태프 외곽의 사막에 가면, 지면에 푹 꺼져 있는 거대한 구덩이를 발견할 수 있다. 그것은 마치 거인이 아이스크림 국자로 모래에 폭 1킬로미터 구덩이를 파놓은 것처럼 보인다. 이것은 약 5만 년 전에 작은 암석 덩어리가 지구에 충돌한 결과로 생겨났다. 그 폭발의 충격으로 주변 수백 킬로미터 안에 있던 무수한 생물이 죽고, 나무가 쓰러지고, 그 밖의 많은 것이 산산조각 났을 것이다.

이와 같은 장소는 지구 곳곳에 널려 있지만, 눈에 잘 띄지 않는 곳이 많다. 한 곳은 남아프리카공화국의 부시벨드(총림 지대)에 있는데, 이곳은 지금 물이 가득 차 염수호로 변했고, 그 비탈면은 무성한 관목으로 뒤덮여 있다. 관찰자가 보기에는 그저 지구의 수많은 자연 경관 중 하나로 보이지만, 여기에는 우주에서 날아온 파괴자가 남긴 흔적이 기록돼 있다. 이러한 충돌 사건은 우리와 다소 거리가 먼 것처럼 보이며, 그것이 남긴 운석 구덩이는 원시 시대의 산물로 보인다. 하지만 소행성 충돌은 아직 끝나지 않았다. 부시벨드와 플래그스태프에 운석 구덩이를 남긴 것과 같은 규모의 사건은 수천 년마다 한 번씩 일어난다. 오래전에 애리조나주와 남아프리카에 떨어진 것과 같은 암석이 오늘날 도시에 떨어진다면, 순식간에 수백만 명이 죽을 수 있다.

이런 사건들을 그냥 무시하고 넘어갈 수도 있겠지만, 그렇게 한다면 어리석은 짓이 될 것이다. 이제 소행성의 위험이 공룡의 눈에 비친 섬광처럼 명백해졌으니, 떼려야 뗄 수 없는 우리와 우주 사이의 관계를 깨닫고 행동에 나서야 한다. 소행성 충돌이 얼마나 자주 일어날지, 그리고 그로 인해 인류가 어떤 위험에 맞닥뜨릴지 예측하려면, 우주 공간에 떠다니는 소행성들의 정확한 위치를 지도로 작성해야 하는데, 그러려면 망원경이 필요하다. 지상에서도 소행성을 추적할 수 있지만, 우주 망원경이 훨씬 효율적이다. 우주 망원경은 지상 망원경과 달리 대기의 왜곡 효과에 영향을 받지 않고 조용히 하늘을 감시하는 파수꾼이다. 우주 공간을 떠도는 암석의 궤적과 속도와 함께 암석의 구성 성분까지 알면 큰 도움이 되는데, 지구에 충돌할 때 얼마나 큰 피해가 발생할지 추정할 수 있기 때문이다. 즉, 그것이 대기권을 지나가면서 분해될지, 아니면 온전한 형태를 유지한 채 표면에 충돌할지 판단할 수 있다. 이러한 질문들에 대한 답을 얻기 위해 무인 탐사선을 보내 현장에서 소행성의 구성 성분을 조사하거나 그 표면에서 표본을 채취해 지구로 가져와 분석할 수 있다.

우리 문명이 천문학적으로 극적인 종말을 맞이하는 것을 피하려면, 앞에서 이야기한 것처럼 우주 탐사가 불가피하다. 우리는 악당 천체를 조사해야 하는데, 그러려면 우주 계획이 필요하다. 그리고 만약 위험한 소행성이 우리와 충돌하는 경로로 움직인다면, 파국적 결과를 피하기 위해 기발한 공학적 기술이 많이 필요하다. NASA의 DARTDouble Asteroid Redirection Test(이중 소행성 궤도 변경 시험) 임무는 바로 이를 위해 시작되었다. 2021년에 발사된 무게 500킬로그램의 DART 우주선은 더 큰 소행성인 디디모스 주위에서 궤도를 도는 작은 소행성 디모르포스에 충돌하도록 설계되었다. 이 충돌로 디모르포스가 디디모스 주위를 도는 궤도에 변화가 일어나길 기대하는데, 그렇게 해서 생겨난 미소한 섭동*을 지구에서 측정할 수 있을 것이다. 이 임무는 소행성을 원래 궤도에서 벗어나게 하는 기술의 효과를 입증할 것이다. 이 임무를 과소평가하면 안 된다. 우리 행성에서 35억 년이 넘는 진화 과정을 거친 끝에 한 종이 멸종으로부터 자신을 구하려는 목적으로 기술을 시험하는 것은 이번이 처음이다. 아득한 시간의 안개 건너편에 있는 수십억 마리의 공룡이 우리에게 얼른 그렇게 하라고 권한다.

택시 기사에게 다소 섬뜩한 이 사실들을 들려주자, 그는 큰 흥미를 느끼는 것 같았지만 불안한 기색도 감추지 않았다. 아마도 오늘 아침에 차를 몰고 출발할 때만 해도 그의 머릿속에는 소행성 충돌이란 문제가 들어 있지 않았을 것이다. 하지만 그는 이 문제를 잘 이해한 것 같았다. 그리고 한정된 자원에 우선순위를 매겨야 하는 과제에 맞닥뜨렸을 때 모두가 어려움을 겪는 일, 즉 문제의 핵심을 정확하게 파악하는 일을 잘 해냈다.

「그건 다 이해하겠어요, 하지만 런던에서 승객을 태우고 이리저리 돌아다니다 보면, 소행성에 대해 생각할 시간이 전혀 없어요. 그렇지 않나요?」옳은 말이다. 나는 다른 사람들이 열심히 일하는 한낮에 뻔뻔하게도 이런 것들을 생각하며 시간을 보낸다. 물론 그의 말이 맞다. 우리는 우주를 생각하면서 평생을 보낼 수는 없다. 쇼핑이나 집안 청소 등 그 밖에도 해야 할 일이 많

* 천체가 다른 천체의 중력에 영향을 받아 그 궤도에 약간의 변화가 일어나는 현상.

고, 그리고 직장에서 일도 해야 한다. 하지만 나는 그래도 시간을 내 우주에 대해 생각해야 한다고 믿는데, 그러면 우리가 어떤 존재인지에 대해 더 넓은 시각을 가질 수 있기 때문이다. 이것은 핵심을 추상적으로 표현한 것이지만, 우리와 나머지 우주와의 관계는 경이로움의 원천이기 때문에 적절한 표현이다. 하지만 이 관계는 우리의 미래에도 매우 실재적인 의미를 지닌다.

나는 택시 기사가 지구와 우리가 살고 있는 우주 사이의 *끊을 수 없는 연결 관계*를 이해하길 원했기 때문에, 1970년대에 환경 운동가들이 만든 표현을 끄집어냈는데, 그것은 바로 우주선 지구호Spaceship Earth라는 용어였다. 이 용어에는 간단한 진실이 담겨 있다. 지구는 초속 30킬로미터로 태양 주위를 도는 거대한 우주선이다. 한편 태양은 초속 200킬로미터로 우리은하 중심부에 있는 초거대 질량 블랙홀 주위를 돌고 있으며, 그와 함께 수많은 별과 천체들도 각자 그 주위를 돌고 있다. 우리가 만드는 우주선과 우리가 살고 있는 우주선은 큰 차이가 있다. 끝없이 태양 주위를 도는 지구호의 여행은 별다른 목적이 없는 것처럼 보이지만, 우리는 특정 임무를 달성하기 위해 우주선을 만든다. 그럼에도 불구하고, 지구는 우주선이다. 우리는 생물권이라고 부르는 엄청나게 큰 생명 유지 장치에 둘러싸여 있다. 이 생명 유지 장치는 철컥거리고 윙윙거리면서 국제 우주 정거장 거주자에게 산소를 공급하고 공기 중에서 이산화탄소 노폐물을 제거하는 장치보다 훨씬 복잡하다. 그것은 당연하다. 국제 우주 정거장은 건설하는 데 몇 년밖에 걸리지 않은 반면, 지구의 생물권은 영겁의 세월 동안 진행된 진화의 산물이기 때문이다.

환경 운동가들은 사실은 우주 공학자로, 지구의 생명 유지 장치를 연구하고 수정하면서 우리 모두에게 지구를 잘 돌보라고 간곡히 권한다. 국제 우주 정거장을 설계한 사람들은 훨씬 작은 규모의 환경 운동가인데, 그것에 의존해 우주에서 살아가는 소수의 사람들을 위해 훨씬 작은 생명 유지 장치를 개선하고 수정한다. 환경 운동가와 우주 연구자는 같은 종류의 사람인데, 둘 다 인류가 우주에서 지속 가능하고 성공적으로 살아가는 방법을 찾으려고 애쓴다. 다만 작업 대상의 규모가 서로 다를 뿐이다.

이것은 상상력의 지나친 비약처럼 보일 수 있지만, 중요한 사실이다. 지구에서 당장 해결해야 할 문제가 쌓여 있는데도 아랑곳하지 않고 우주 정복이나 화성 식민지 건설 같은 꿈을 꾸는 우주 연구자들을 시간과 돈을 낭비하는 사람들이라고 비판하는 환경 운동가들을 쉽게 만날 수 있다. 나는 환경 운동가들을 다소 무시하는 태도로 바라보는 우주 연구자도 만났다. 이들은 환경 운동가들에게는 중요한 의제가 있지만, 시선이 안쪽으로만 치우쳐 있어 우리가 우주의 무한한 변경을 탐사할 여력이 있는데도 어머니 지구의 상처에만 골몰한다고 생각한다. 대신에 우리 모두가 동일한 목표 — 우주라고 부르는 무한한 이 환경에서 성공적으로 살아가는 것 — 를 지향하고 있다는 사실만 인식한다면, 환경 보호와 우주 탐사는 인류의 미래라는 동일한 비전 아래 자연스럽게 합쳐질 것이다.

실용적인 관점에서 지속 가능한 인류의 미래를 생각한다

면, 우리는 우주가 무엇을 제공할 수 있을지 고려해야 한다. 택시가 에지웨어 로드에서 벗어나 패딩턴으로 향하는 순간, 나는 이 점을 명확하게 설명하기 위해 즐겨 사용하는 비유를 들었다. 어느 날, 쇼핑을 하러 나갔다가 운 나쁘게도 때를 잘못 만나 여름 동안 문을 닫는 가게 안에 갇혔다고 상상해 보라. 탈출구를 찾지 못해 가게 안에서 고립된 채 쪼그리고 앉아 있어야 한다. 결국 식량과 그 밖의 자원이 바닥나기 시작해 남은 것을 가지고 어떻게든 버텨 나가야 한다. 하지만 뒷문을 세게 걷어차면 큰길로 나갈 수 있는데, 왜 가게에 갇힌 채 계속 부스러기나 찾고 있어야 한단 말인가?

마찬가지로 지구도 자원이 한정돼 있다. 효율을 높이고, 낭비를 최소화하고, 생물권에 가하는 스트레스를 줄이려는 노력을 하지 말아야 한다는 이야기가 아니다. 하지만 인류의 모든 미래를 이 한 행성에만 맡기고, 필요한 모든 에너지와 물질을 영원히 공급받으려고 의존하는 것은 우주가 제공하는 무한한 풍요에 눈을 감는 것과 같다. 지구에는 쉽게 채굴할 수 있는 철광석이 수백 년분밖에 없지만, 화성과 목성 사이의 소행성대에 떠도는 소행성들에는 수백만 년이나 쓸 수 있는 철이 매장돼 있다. 첨단 기술 산업에 필요한 백금과 그 밖의 원소들은 말할 것도 없다. 휴대 전화와 컴퓨터에 들어가는 원소 물질을 채굴하려면, 지구와 그 일을 하는 노동자들, 그리고 그들의 가족과 지역 사회가 막대한 대가를 치러야 한다. 이 물질들을 다른 곳에서 얻을 수 있다면 좋지 않겠는가?

물론 지구의 원자재와 마찬가지로 지구 밖의 자원도 추출하기가 쉽지 않다. 이것은 우주 연구자와 환경 운동가가 공히 태양 에너지와 재활용, 채굴 기술에 큰 관심을 보이는 한 가지 이유이다. 지구를 돌보는 사람들과 우주로 나가려고 하는 사람들이 이 접점에서 만나는데, 양자 모두 필요한 자원에 접근하고 그것을 사용하고 재사용하는 데 더 나은 방법을 찾으려고 노력한다. 여기서도 훌륭한 인재들이 힘을 합쳐 노력함으로써 공동의 문제를 해결할 가능성이 열려 있다. 지구를 바라보건 우주를 바라보건, 효율적인 자원 사용에 관심이 있는 공학자라면, 우리가 어디에 터전을 잡건 성공적으로 번성하는 방법을 개발하는 데 도움을 줄 수 있다.

이러한 미래의 경제성이 불확실하다는 것은 틀림없는 사실이다. 공공 부문이나 민간 부문이 시간과 노력을 투자할 가치가 있는 방식으로 소행성대에서 금속을 채굴할 수 있을까? 이 질문에 확실한 답을 내놓을 수는 없지만, 이미 갈수록 많은 민간 기업이 지구 밖으로 우주선을 발사하고 있다는 사실을 감안하면, 향후 수십 년 안에 우주를 기반으로 한 사업들 중에서 경제적 가치가 있는 부문이 점점 더 늘어날 것이다. 하지만 지금 당장은 그런 세부적인 것에 너무 깊이 신경 쓸 필요가 없다. 우리는 더 넓은 시야로 우주를 바라보아야 하고, 이 작은 암석 덩어리가 70억 명 이상의 인구에 필요한 것들을 계속 공급해 줄 것이라고 바라면서 영원히 이곳에만 의존할 필요가 없다는 사실을 알아야 한다. 우주는 우리에게 밖으로 나오라고 손짓한다.

이 전망에는 어두운 면도 있다. 태양계의 풍부한 금속을 채취하여 지구로 가져오는 데 성공하더라도, 그것이 대량 소비와 환경 파괴를 더 부추기는 상황을 상상해 볼 수 있다. 이것은 결코 바람직한 결과가 아니다. 그러니 면밀한 계획을 세울 필요가 있다. 대신에 일부 산업을 우주로 내보냄으로써 오염 물질을 좁은 지구의 환경에서 제거할 수 있다. 소행성대에서 금속을 채취할 수 있다면, 제련과 그 밖의 처리 공정도 그곳에서 진행할 수 있지 않을까? 지구를 우주의 오아시스, 즉 공원과 호수, 바다, 공기가 최악의 산업으로부터 보호받는, 우리 종을 위한 이상적인 거주 장소로 만들려는 구상은 이러한 미래에 힘을 실어 줄 것이다. 유독한 기체 물질을 오염에 관대한 우주 공간으로 내보낼 수도 있을 것이다.

이 주장에 택시 기사는 열광적으로 고개를 끄덕이더니 이렇게 물었다. 「우주 연구자들은 이곳 지구에서도 다른 행성에 대해 중요한 것을 배우겠죠?」 택시는 패딩턴역으로 들어서고 있었는데, 나는 그곳에서 히스로 공항으로 가는 지하철을 탈 예정이었다. 하지만 그전에 먼저 그의 질문에 대답해야 했는데, 그래야 여러 가지 면에서 이 이야기에 마무리를 지을 수 있었기 때문이다. 우주를 이해하면 지구에서 잘 살아가는 데 도움이 되지만, 지구에서 우리가 하는 일도 나머지 우주의 문제를 해결하는 데 도움이 된다. 우주를 탐사하고 지구를 돌보는 이 공동 사업에서 우리가 배우는 것은 대부분 서로에게 이익으로 돌아간다. 이 둘은 서로 별개의 목적을 추구하는 것이 아니다.

오늘날 과학자들은 우주 탐사를 준비하기 위해 지구의 수많은 환경을 조사한다. 이른바 아날로그 환경이라고 부르는 이 환경은 다른 세계의 특성과 그곳에서 생명체를 발견할 가능성에 대해 통찰력을 제공한다. 얼어붙은 남극 대륙의 황무지에서 과학자들은 생명체가 극한의 추위와 건조한 조건에 어떻게 대처하는지 조사하고, 그 정보가 화성에 생명체가 존재할 가능성에 대해 무엇을 알려 주는지 연구한다. 캄캄한 심해에서 주기적으로 흘러나와 남극과 북극에서 극한 환경의 지형을 빚어내는 물의 행동 방식은 화성의 고대 지질 구조에 소중한 정보를 제공하는데, 화성도 한때는 호수와 빙하로 뒤덮여 있었고, 먼 태양에서 날아온 햇빛이 빙하를 녹였다. 나 자신의 과학적 관심뿐만 아니라 많은 동료들의 과학적 관심은 극한의 조건에서 살아가는 생명체를 탐구하고 싶은 욕구에서 비롯되었다.

실제로 생명체의 한계는 어디까지일까? 대다수 사람들이 절대로 휴가를 가고 싶지 않은 장소들(즉, 혹독하게 춥거나 탈 듯이 뜨겁거나 너무나도 건조하여 모든 것이 죽은 곳처럼 보이는 지구상의 장소들)에서 그 답을 구할 수 있다. 하지만 이런 곳에서도 생물들은 끈질기게 살아남아 우주의 다른 곳에서 생명체를 발견할 수 있는 극한 환경을 엿보게 해준다. 이런 종류의 연구를 하다 보면, 우리의 마음은 이상한 곳에 매력을 느낄 수 있다. 내가 울창한 숲에서 쇠퇴한 느낌을 받는다는 사실을 부인하지 않겠다. 하지만 북극에서는 작은 초록색 층이나 생명체 덩어리도 사랑스럽게 보이기 때문에, 나는 돌망치를 함부로 휘두르지 않는다. 나는 죽음과 아슬아슬하게 균형을 이루며 살아가는 이런 종류의 생명체를 볼 때에는 시선이 달라진다.

과학자들은 외계 환경의 잠재적 작용 원리를 이해하고, 그것을 바탕으로 지구를 더 잘 이해하기 위해, 매우 건조한 칠레의 아타카마 사막에서부터 배터리에 들어가는 산성 용액처럼 부식성이 강한 에스파냐의 리오틴토강에 이르기까지 수많은 환경을 조사했다. 지구의 극한 환경은 우주에서는 예외적인 것이 아니다. 지구의 일부 극한 환경과 비슷한 환경이 다른 행성이나 위성에서도 발견되었다. 이러한 공통의 환경으로부터 우리는 세계들의 역사에 대해, 그리고 생명의 보금자리로서 지구가 지닌 적합성에 인간 활동이 어떤 영향을 미치는지에 대해 뭔가를 배울 수 있다.

택시 기사는 지구와 우주 사이의 연관성을 직관적으로 이해했지만, 환경 운동가와 우주 탐험가를 구분하려는 그의 태도는 쉽게 이해할 수 있다. 우주 탐사는 전략적, 이념적 패권을 차지하기 위해 양 진영이 치열하게 경쟁한 냉전 시대에 탄생했는데, 그 경쟁에서 우주는 상대보다 유리한 위치에 설 수 있는 궁극적인 고지였다. 이 대결에서 시작된 우주 계획은 경쟁심에 불탔다. 그래서 최초로 인간을 우주로 보내기 위해, 최초로 우주 비행사 팀을 우주로 보내기 위해, 최초로 달 표면을 밟기 위해…… 치열한 경쟁이 벌어졌다. 미국과 소련이 벌인 우주 경쟁은 환경과는 아무런 관련이 없었다. 이와는 대조적으로 지구에서는 살충제의 영향에 대한 우려와 그리고 더 넓게는 환경에 대한 인식이 높아지면서 전 세계적인 각성이 일어나고 있었는데, 이것은 초강대국 간의 갈등과는 거리가 멀어 보였다. 실제로 우주에서 벌어지는 경쟁은 평화를 사랑하는 현대 환경 운동의 외침과 정반대되는 것으로 여겨졌다.

환경 보호와 우주 탐사가 항상 상극이었던 것은 아니다. 지구 탐사 활동을 펼치는 많은 기관과 단체는 우주 탐사를 다음번 개척지로 받아들였고, 우주 비행사들은 우주로 나간 경험을 지구의 연약함과 작음을 생생하게 보고 느낀 기회였다고 말했다. 하지만 더 넓은 범위에서 보면, 두 활동은 서로 따로 놀면서 서로 간의 대립을 조장하고, 우주를 탐사하기 전에 지구의 문제를 먼저 해결해야 한다는 주장을 부추겼다.

하지만 인류의 미래를 다르게 바라보는 방법도 있다. 우리가 지구를 돌보거나 우주를 탐사하거나 둘 중 하나를 선택해야 하는 갈림길에 서 있다고 생각할 필요가 없다. 이러한 이분법적 시각은 두 활동을 상호 배타적인 것으로 간주해, 양자 사이에서 제로섬 게임 같은 선택을 해야 한다고 강조한다. 하지만 사실은 양자는 서로에게 제공할 수 있는 과학적, 기술적 이점이 많다. 우주 탐사를 통해 얻은 정보는 지구를 이해하는 데 도움을 줄 수 있다. 또한 소행성 지도 작성이나 자원 개발처럼 우주에서 일어나는 많은 활동에서는 즉각적이고 실용적인 이익을 가져다줄 수 있는데, 이것은 지구와 지구에 사는 모든 생명체를 보호하는 데 도움이 된다.

우주선 지구호. 우리는 이 우주선을 타고 태양 주위를 돌고 있다. 우주를 이 세상의 문제에서 관심을 돌리게 하는 먼 곳으로 바라보는 대신에 우리는 우주에서 우리의 위치를 적극적으로 받아들여야 한다. 지구를 태양계와 다른 행성들의 구조와 운명과 함께 연결돼 있다고 바라본다면, 우리는 지구를 더 잘 돌보는 법을 배우고 우주를 우리에게 유리하게 이용하는 법을 이해함으로써 우리의 성공 확률을 높이고 우리에게 필요한 것을 공급할 수 있을 것이다. 우리는 인간과 나머지 생물권이 직면한 중대한 환경 문제의 해결을 미루어서는 안 되지만, 그와 동시에 우리의 미래를 개선하기 위해 우주 탐사에 우리의 능력을 다 쏟아부어야 한다. 환경 위기의 긴급성을 고려하면, 우주 탐사는 감당하기 힘든 사치처럼 보여 뒤로 미루어도 되는 일로 생각할 수 있다. 사실, 우주 탐사가 약속하는 미래의 가치는 당장 이곳의 긴급한 필요 때문에 작아지는 게 아니라 오히려 커지고 있다. 환경 보호와 우주 탐사는 쌍둥이처럼 연결되어 있으며, 이 둘을 통해 지구의 미래는 우주를 여행하는 문명의 보호를 받는 안식처가 될 기회를 얻을 수 있다.

나는 요금을 지불한 뒤에 택시 기사에게 고맙다는 인사를 하고 기차로 향하는 승객들 사이로 사라졌다. 지금 이들의 머릿속에 소행성이나 화성이 자리 잡고 있을 가능성은 희박하다. 하지만 내가 방금 택시 기사와 나눈 것과 같은 종류의 대화(환경 보호와 우주 탐사에서 얻을 수 있는 성공에 영감을 받아 펼쳐진 지구와 우주에 관한 대화)가 느리지만 확실하게 점점 더 보편화될 것이라고 생각한다. 우리가 별을 향해 더 멀리 나아갈수록 지구의 위태로운 미래에 대한 인식처럼 우주 정착지에 대한 생각도 대중의 의식 속에 스며들 것이다. 아마도 머지않아 택시 기사들도 환경 보호와 우주 정착지, 소행성에 대해 잡담을 나누는 것이 업무의 일부가 될 것이다.

제5장

나는 화성 여행에 나설 것인가?

런던행 열차를 타기 위해 에든버러 대학교에서
웨이벌리역으로 가는 택시 여행

이제 우주여행이 일반 대중에게 다가오고 있다. 국제 우주 정거장에 도킹하고 있는 이 스페이스X 드래건 캡슐은 민간 우주 비행사를 실어 나를 수 있다.

「기차역으로 가나요?」 택시 기사가 물었다. 「재미있는 곳으로 가시나 봐요.」 40대로 보이는 여성은 빨간색 안경을 썼고 적갈색 머리가 봉긋 솟아 있었다. 시시때때로 운전대를 툭툭 치고 안경을 매만지길 좋아했다.

「디드콧에 있는 러더퍼드 애플턴 연구소에 가는 길입니다. 우주로 내보내 진행할 실험에 대해 이야기하려고요.」 내가 설명했다.

「우주요? 우주라고 했나요?」 택시 기사는 호기심 어린 시선으로 백미러를 쳐다보았다.

「예. 아직은 구상에 불과하지만, 2년 안에 그것을 우주 정거장으로 보내는 방법을 생각하고 있어요.」

그러자 내가 자주 듣는 질문이 나왔다. 「그럼 당신도 직접 가나요?」 많은 사람들은 이 질문에 긍정적인 대답이 나올 가능성이 상당히 있다고 생각하는 것 같다. 나도 그랬으면 좋겠다.

「불행하게도 그렇지 않아요. 우주 비행사가 되려면 필요한

게 많거든요. 아마도 상업용 로켓 회사들이 충분히 값싼 우주여행 상품을 제공한다면, 나 같은 사람도 일상적으로 우주로 갈 수 있겠지만, 이번은 아니에요. 그런데 당신은 우주로 가고 싶나요?」

택시 기사는 거울을 쳐다보았는데, 뒷좌석을 바라보며 크게 뜬 눈이 거울을 가득 채우고 있었다. 그녀는 안경을 고쳐 잡더니 운전대를 또다시 툭툭 쳤다.

「전 가겠어요.」 그녀는 조금도 망설이지 않고 말했다. 「믿어도 좋아요. 제 나머지 반쪽은 그다지 내켜하지 않겠지요. 아이들은 집을 떠났으니 내게 신경 쓰지 않을 거예요. 하지만 이 얼마나 좋은 기회인가요! 물론 평생 동안 머물진 않을 거예요. 다시 돌아올 테지만, 어쨌든 가고 싶어요.」

왜 그토록 우주로 가고 싶어 하는지 궁금했다. 「모험이잖아요!」 그녀가 크게 외쳤다. 「설령 제가 최초가 아니더라도 말이에요. 상상이 가나요? 전 제 일을 좋아해요. 오해하진 마세요. 하지만 에든버러에서 매일 똑같은 일을 하면서 살아가다 보면 지겨움을 느낄 수 있지요. 우주는 다른 경험을 선사할 겁니다. 나는 기회가 닿으면 갈 거예요.」

내가 만난 사람 중에서 기회가 주어지면 기꺼이 우주여행에 나서겠다고 한 사람을 만난 것은 물론 이번이 처음이 아니었다. 사실, 나는 항상 그런 반응에 놀라고 심지어 기쁘기까지 했다. 우주로 날아가고 싶다는 열망이 있을 거라고는 전혀 기대하지 않았는데, 실제로는 우주로 가길 원하는 사람들이 의외로 많다. 여관 주인, 은행원, 상점 점원, 죄수를 비롯해 은하 여행자가 되길 바라지 않는 계층은 거의 없다.

나는 박사 학위를 마치던 무렵인 1992년에 이것을 개인적으로 직접 생생하게 경험했다. 나는 옥스퍼드의 한 펍에 앉아 화성에 대한 관심을 동료 학생들에게 열정적으로 이야기하고 있었다. 때마침 총선을 치르기 두 달 전이었는데, 함께 술을 마시던 동료들이 화성 여행을 지원하는 공약을 내걸고 출마를 해보지 않겠느냐고 제안했다. 그래서 그렇게 했다. 그들은 내 그림자 내각(예비 내각)에 합류하기로 동의했다. 다음 날, 우리는 그 당시 총리인 존 메이저John Major가 하원 의원으로 있던 헌팅던 선거구로 차를 몰고 갔다. 출마하는 데 필요한 10명의 서명을 받고 기탁금을 납부한 후, 포워드 투 마스Forward to Mars(화성으로 가자)당이 탄생했다. 내 차(미니)에 확성기를 달고 선거 유세 차량으로 개조한 뒤, 거리를 돌아다니며 사람들에게 표를 호소했다. 물론 그러려면 눈길을 끄는 구호가 필요했다. 〈이제 바꾸어야 할 때가 왔습니다. 행성을 바꾸어야 할 때가〉라는 구호는 지나가는 사람들의 얼굴에 미소를 짓게 하는 데 효과적이었기 때문에 우리는 그 구호를 밀고 나갔다. 그러고 나서 우리는 꽤 진지한 선언문을 가지고 활동했는데, 거기서 우리는 영국 정부가 화성에 기지를 건설하는 목표를 세우고 화성 탐사 노력을 확대해야 한다고 주장했다. 나는 정신없이 선거 유세를 펼치던 그 시절에 매주 토요일 오후마다 헌팅던 거리에서 화성 탐사에 관해 즉석 강연을 하고, 라디오 방송국과 병원, 교회 등 모든 곳에 들러 그 소식을 전했다.

그러고 나서 선거날 밤이 찾아왔다. 풍자적인 정치 후보로 늘 출마하는 스크리밍 로드 서치Screaming Lord Sutch와 로드 버킷헤드Lord Buckethead, 그리고 현직 의원 옆에서 떨리는 마음으로 서 있던 내게 시민의 판정 결과가 전달되었다. 내가 얻은 표는 91표였다. 나는 자연법당을 누르고 꼴찌에서 2위를 차지했지만, 아깝게도 불과 수만 표 차이로 의회에 입성하는 데 실패했다. 사실은 내가 받은 91표도 상당히 놀라운 결과였는데, 나는 헌팅던에 아는 사람이 아무도 없었기 때문이다. 아직도 누가 나를 지지했는지 전혀 모른다. 하지만 그 두 달 동안 나는 보통 사람들이 우주 탐사를 어떻게 생각하는지 많이 알게 되었다. 대중의 열정은 단지 TV 특집 프로그램을 보는 것에 그치지 않았다. 실제로 총선처럼 진지한 정치 행사에 참여해 일면식도 없는 사람 91명을 화성 탐사에 찬성하는 투표를 하도록 설득할 수 있었다는 사실은 우주여행에 대한 기대가 불러일으키는 흥분에 대해 뭔가를 말해 준다. 그래서 택시 기사에게서 그와 동일한 흥분을 본 것은 그리 놀라운 일이 아니었지만, 나는 우주여행(단지 로봇이나 제트기 파일럿을 위한 계획뿐만 아니라 나머지 사람 모두를 위한 계획으로서)에 대한 관심이 광범위하게 퍼져 있다는 사실에 계속 주목한다.

「얼마나 기다려야 할까요?」 택시 기사는 자신에게 언제 기회가 올지 궁금해했다.

내 또래의 사람들과 마찬가지로 나도 흥분을 불러일으키

던 초창기 우주 탐사 시절이 생각난다. 여덟 살 무렵에 NASA의 아폴로 계획에 관한 책을 읽었던 기억이 난다. 1970년대 중엽이 었는데, 그 당시에는 달 착륙이 아득한 과거의 사건이 아니었다. 닐 암스트롱이 한 말이 여전히 많은 사람들의 귓전에 울렸다. 이 위대한 업적을 바탕으로 결국 우리가 어디까지 나아갈 것인지 이야기하는 그 약속은 열광적인 흥분을 불러일으켰다. 암스트 롱과 버즈 올드린의 달 탐사를 자세히 설명한 그 책 뒤쪽에는 1980년대의 미래를 상상한 두 페이지가 있었다. 거기에는 화성 기지와 우리를 태우고 태양계 바깥으로 먼 여행을 떠날 우주선 그림들이 실려 있었다. 그 가능성은 먼 미래의 일처럼 보였지만, 그래도 손에 잡힐 듯 가깝게 느껴졌다. 정말로 실망스러운 이야 기를 듣고 싶은가? 여덟 살 때 나는 1980년대가 되면 내가 화성 으로 여행할 수 있을 거라고 정말로 믿었다.

　당시의 미래학자들은 우주여행이 단지 우주 비행사로서 〈적절한 자질〉을 갖춘 운 좋은 소수의 사람들뿐만 아니라 보통 사람들에게도 일상적인 일이 될 것이라고 예견했다. 프린스턴 대학교의 물리학자 제라드 오닐Gerard O'Neill은 『하이 프런티어: 인류의 우주 식민지 The High Frontier: Human Colonies in Space』(1976) 에서 환상적인 우주 정착지 설계들로 책 한 권을 가득 채웠다. 그중 하나는 거대한 원환체 모양의 우주선인데, 햇빛을 이용하 기 위해 반짝이는 거울로 둘러싸여 있고, 천천히 회전하면서 지 구와 비슷한 중력 효과를 만들어 낸다. 우주선 안에서는 1만여 명의 우주 식민지 주민이 농작물을 재배하고 집들을 돌보고 도로를 건설한다. 오닐이 제시한 이미지는 광대한 원통형 공간의 서로 반대편에서 두 마을이 마주 보고 있는 기묘한 광경인데, 그래서 다른 마을에 있는 형제들이 저 멀리 하늘에 떠 있는 것처럼 보인다.

수십 년이 지난 지금은 크게 실망하기 쉽다. 그동안 우리가 한 일이라고는 지구 바로 위에 우주 정거장을 차례로 올려놓은 것뿐인데, 우주 정거장은 지구 주위를 끝없이 빙빙 돌 뿐 어디로도 가지 않는다. 우주 정거장은 처음에는 스카이랩과 살류트가 있었고, 그다음에는 미르가, 지금은 국제 우주 정거장이 있다. 하지만 아직도 화성은 아주 먼 곳에 있는 것처럼 보이고, 달에 정착 기지를 건설하는 구상에도 아무런 진전이 없다. 하지만 실망하는 것이 당연하다 치더라도, 아폴로 우주 비행사들이 달을 방문한 이후 수십 년 동안 우리가 많은 것을 배웠다는 사실을 명심할 필요가 있다. 그동안 진전이 전혀 없었던 것은 아니다. 무엇보다도 우리는 우주 체류가 우리에게 어떤 영향을 미치는지 많은 것을 배웠는데, 이러한 지식은 보통 사람들이 우주여행에 많이 나설 때 매우 중요하다.

우주 공간은 인체에 손상을 초래하고 더 오래 머물수록 그 정도가 점점 커지는데, 저중력 상태에서는 근육이 약해지기 때문이다. 달에서 며칠 동안 암석을 채집하고 골프공을 치는 활동은 지구 궤도에서 몇 주일을 보내는 것에 비교하면 아무것도 아니다. 우주 비행사 수준의 체력이 없는 관광객을 이러한 환경으로 내모는 것은 현재로서는 상상할 수 없는 일이다. 매우 건강한 우주 비행사도 우주에 머무는 동안 몸 상태를 유지하기 위해 엄격한 체력 단련을 해야 한다. 우주 비행사는 근육 위축과 뼈 손실을 막기 위해 매일 두어 시간 동안 몸을 묶은 채 러닝머신을 뛰고 역기를 든다. 이것은 우주에 머물 때 맞닥뜨리는 또 하나의 건강 문제인데, 몸에 가해지는 힘(중력 같은 힘)이 없으면, 뼈가 얇아지고 소실된다.

그런 환경에서는 유쾌하지 못한 일이 많이 일어난다. 체액을 아래로 끌어내리는 중력이 없으면, 액체가 상체에 모이는 경향이 있어 얼굴이 부어오른다. 그리고 지속적인 방향 감각 상실도 나타난다. 위와 아래를 구분하기 어렵다. 저기 있는 저 컴퓨터? 저것은 바닥 위에 있는 것일 수도 있고, 천장에 붙어 있는 것일 수도 있는데, 어느 쪽인지는 반대편 벽에 보이는 것과 뇌가 무엇을 천장이나 바닥으로 느끼느냐에 따라 달라진다. 이러한 감각 혼란은 우리의 머리를 빙빙 돌게 만든다. 그래서 균형 감각을 잃고 구역질이 난다.

요컨대 우주에 오래 머물려면 어느 정도 연습이 필요하다. 우주 비행사들이 시도하기 전에 이미 우리는 그것이 얼마나 어려운지 감으로 알고 있었다. 하지만 지금은 우주 비행사들이 지구 궤도를 도는 우주 정거장에서 비교적 오랜 시간을 보낸 덕분에 우리는 그것을 훨씬 더 잘 이해하게 되었다. 지구에 머물면서 화성으로 갈 날을 기다리는 우리에게는 우주 정거장이 시시해 보일 수 있지만, 우주 정거장은 엄청난 지식을 제공했다. 항생제 연구에서부터 화재 확산에 관한 연구에 이르기까지 우주 정거장에서는 훌륭한 과학 연구가 많이 일어났다. 또한 우주 실험실에서 진행한 실험과 더불어 우주 비행사 자신이 일종의 마루타가 되어 소리 없이 놀라운 진전이 일어났다. 언젠가 관광객이 달에 첫발을 내딛는 날이 온다면, 그 성공에는 우주 정거장에서 배운 지식이 큰 도움을 줄 것이다.

하지만 택시 기사가 던진 질문의 답은 아직 나오지 않았다. 보통 사람이 화성에 가려면 얼마나 기다려야 할까? 그녀는 그것을 알고 싶어 안달이 난 것 같았다. 「왜 지금은 갈 수 없나요?」 그녀는 다시 눈을 크게 뜨고 거울을 바라보았다.

「글쎄요, 지연 중 상당 부분은 정치적 의지 부족에서 비롯되었다고 생각해요」라고 나는 설명했다. 「아폴로 달 탐사 같은 우주 계획은 모두 정부의 주도로 강력하게 추진되었습니다. 아시다시피 미국과 소련은 기본적으로 우주를 자국의 힘을 과시하는 장소로 생각했지요. 미국의 달 탐사 계획은, 지구 궤도에서 소련의 자신감이 점점 커져 가자 이에 대응하기 위해 나온 것입니다. 소련은 이미 최초의 개, 최초의 남성, 최초의 여성, 최초의 우주 비행사 팀을 궤도에 올려 보냈고, 이제 다음 단계는 당연히 인간을 달에 보내는 것이었죠. 만약 이 일을 미국이 먼저 해낸다면, 그동안 소련이 이룬 업적은 모두 쓸데없는 것은 아니더라도, 달에 가려는 인류의 오랜 꿈을 달성한 미국의 업적에 밀려나 부차적인 것으로 치부되고 말겠죠.」

나는 계속 말을 이어 가면서 택시 기사에게 이 경쟁적인 분위기에서는 일반 시민은 그것을 지켜보면서 열광적으로 응원하는 것밖에 할 수 있는 일이 없었다고 설명했다. 캡슐에 탑승하도록 선택받는 사람은 논리적이고, 두려움이 없고, 창의적이고, 감정이 안정적이고, 신체적으로나 지적으로 뛰어나고, 엄청난 압박 속에서도 침착성을 유지하고, 오직 임무를 성공적으로 수행하는 데에만 집중할 수 있는 사람이어야 했다. 이것은 보통 임무가 아니었으며, 정치인이나 정부 행정가도 우주 임무가 관광 산업으로 발전할 것이라고는 꿈도 꾸지 않았다.

미국인이 달에 깃발을 꽂을 무렵만 해도 이렇게 우주를 전문가만의 영역으로 보는 시각이 우세했다. 미국의 우주 왕복선이 세계 최초의 재사용 가능한 우주선으로 우주를 왔다 갔다 했지만, 관광객은 한 명도 태우지 않았다[소련도 부란(러시아어로 〈눈보라〉란 뜻)이라는 우주 왕복선이 있었지만, 단 한 차례만 비행하고 끝났다]. 우주 왕복선 임무에 참여한 〈보통〉 사람들도 있었는데, 예컨대 비극적인 챌린저호 사고 때 목숨을 잃은 고등학교 교사 크리스타 매콜리프Christa McAuliffe도 그 중 한 명이다. 하지만 매콜리프는 1만 명이 넘는 지원자 중에서 선발되어 강도 높은 훈련을 받았다. 1980년대부터 시작된 국제 협력의 산물인 국제 우주 정거장은 1998년부터 건설이 시작되었고, 정부가 지원하는 우주 비행사들이 그곳에 머물며 관리와 실험을 하고 있다. 그것은 지금도 마찬가지다.

하지만 여기서부터 희망적인 이야기가 시작된다. 「2001년에 여기에 정말로 큰 변화가 일어났습니다」라고 나는 설명했다. 「왜냐하면, 그때 처음으로 나머지 모든 사람에게 희망의 빛이 비치기 시작했기 때문입니다.」 내가 말하고자 한 사건은 데니스 티토Dennis Tito가 8일 동안 국제 우주 정거장을 방문한 여행이다. 티토는 뉴욕 대학교에서 우주 항행학과 항공학 학위를 받은 뒤에 캘리포니아주에 있는 NASA의 제트 추진 연구소에서 일했다. 하지만 우주 과학자에서 투자 은행가로 변신한 뒤, 수학 지식을 시장의 위험을 분석하는 데 활용하여 10억 달러의 돈을 벌었다. 그 많은 돈을 가지고 티토는 민간인을 위한 우주여행 상품을 개발하고 있던 회사인 미르코프와 접촉했는데, 미르코프는 러시아의 미르 우주 정거장을 방문할 관광객을 모집하고 있었다. NASA는 티토의 계획이 그다지 달가울 리가 없었다. 그 당시 NASA의 책임자였던 댄 골딘Dan Goldin은 우주 관광은 부적절하다고 생각했다. 하지만 2001년 4월, 티토는 다른 회사인 스페이스어드벤처스의 도움을 받아 마침내 우주로 날아갔다.

티토의 우주여행도 우주 관광의 문을 활짝 열진 못했다. 2000만 달러라는 거액의 여행 비용 때문에 우주 관광은 아직 이륙할 준비가 되지 않았다. 또한 항공학을 전공한 배경을 감안하면, 티토가 우주선과 아무 관련이 없는 사람이라고 말할 수도 없었다. 그럼에도 불구하고. 이것은 하나의 전환점이 되었는데, 우주여행을 대하는 사람들의 심리가 바뀌었기 때문이다. 티토의 여행 때문에 우주 비행사의 가치가 떨어진 것은 아니다. NASA의 엘리트 집단은 여전히 엘리트로 남아 있었다. 하지만 60세 노인이 일주일 이상 지구 궤도를 돌 수 있다면, 우주는 전투기 파일럿들만의 전유물이 아닐지도 몰랐다. 티토는 비록 대다수 사람들이 접근할 수는 없더라도, 우주 관광이 가능하다는 것을 보여 주었다. 수년간의 훈련도 없이 일반인이 우주로 날아가 며칠 동안 머물며 실험을 돕고 무사히 귀환할 수 있다는 것을 알려 주었다.

물론 실용적이고 조직적인 관점에서 볼 때, 이것은 우리가 일상적인 것으로 상상할 수 있는 종류의 우주 관광이 아니었다. 우주 관광은 소규모로 운영하는 부티크 사업에 가까웠는데, 대규모로 확장하기에는 규모가 너무 작고 여전히 정부 계획에 의존해야 했다. 티토가 처음에 목적지로 계획했던 미르 우주 정거장은 러시아 정부가 운영했으며, 그가 타고 간 우주선 소유즈도 마찬가지였다. 티토의 우주선은 국제 우주 정거장에 도킹했는데, 이 역시 여러 국가가 공동으로 운영하는 시설이었다. 그리고 티토는 NASA에서 약간의 훈련을 받았다.

「모든 걸 정부가 좌지우지하는 게 문제란 거죠?」택시 기사가 물었다. 그리고 오른손 손가락으로 하늘을 가리키며 말했다. 「정부는 내게 우주로 가는 탑승권을 팔려고 하지 않아요.」

그녀는 현재 이 상황을 바꾸려고 노력하는 몇몇 부유한 기업가들과 동일한 결론에 도달했다. 세상에 필요한 것은 우주로 가는 진정한 민간 택시이다. 나는 택시 기사에게 티토가 우주로 간 그다음 해에 스페이스X를 설립한 억만장자 일론 머스크Elon Musk 이야기를 들려주었다. 2008년에 이 회사는 최초의 민간 로켓을 지구 궤도로 올려 보냈다. NASA는 이 회사의 성과에 깊은 인상을 받아 우주로 화물을 보내는 일을 맡겼다(물론 비용을 지불하면서). 민간 회사인 스페이스X는 드래건 우주선을 이용해 국제 우주 정거장으로 보급품을 실어 나르는 임무를 지금까지 20회 이상 수행했다. 사람이 탑승할 수 있는 또 다른 등급 우주선은 우주 비행사를 우주 정거장으로 실어 나른다.

그리고 2021년에 「드래건의 탑승자는 정부에서 선발한 우주 비행사에서 여러분 같은 진짜 민간인 관광객으로 바뀌었습니다」라고 나는 말했다. 그러자 택시 기사는 문자 그대로 자리에서 펄쩍 뛰어올랐다. 인스피레이션4라는 이름이 붙은 이 임무는 최초의 진정한 민간인 우주 비행사가 지구 궤도를 도는 것이었다. 「어떤 면에서 여러분 같은 보통 사람들에게 기회의 문을 열어 준 셈이죠」라고 내가 말했다. 「더 많은 민간 기업이 우주에 진출할수록 기술의 신뢰성과 안전성이 높아져서 유료 관광객의 우주여행을 정당화하기가 더 쉬워지지요.」

「그렇다면 저도 그 꿈을 이루는 데 가까워지고 있는 거군요?」 택시 기사가 물었다. 나는 「물론이지요. 우리 모두가 가까워지고 있어요」라고 대답했다.

스페이스X는 민간 부문 우주 활동의 선봉에 서 있지만, 이 분야에 뛰어든 것은 스페이스X뿐만이 아니다. 우주 산업은 빠르게 성장하고 있다. 아마존의 창업자로 유명한 제프 베이조스 Jeff Bezos는 자신의 부를 사용해 블루 오리진이라는 회사를 세웠는데, 이 회사는 로켓을 궤도에 올려놓을 뿐만 아니라, 더 멀리 달까지 보내겠다는 목표를 내걸고 출발했다. 지금까지 블루 오리진은 관광객을 태우고 준궤도 비행을 짧은 시간 동안 할 수 있는 우주선 뉴셰퍼드로 괄목할 만한 성공을 거두었다. 승객들은 지구 대기권을 벗어난 이 우주선에서 몇 분 동안 무중량 상태를 경험하고, 캄캄한 우주 공간에서 비할 데 없이 아름다운 지구의 풍경을 구경한다. 그러다가 잠시 후 캡슐이 하강하여 사막에 부드럽게 연착륙한다. 이 여행의 탑승권은 10만 달러가 넘지만, 티토가 지불한 2000만 달러에 비하면 엄청나게 싼 가격이다.

엔터테인먼트와 항공업 부문의 거물인 리처드 브랜슨 Richard Branson도 우주 비행에 도전장을 던졌다. 그의 회사 버진 갤럭틱은 여러 종류의 우주선을 제작하고 비행에 투입했다. 최초의 민간 우주선인 버진 갤럭틱의 스페이스십원은 2004년에 우주에 진입했다. 이 우주선은 통찰력이 뛰어난 공학자 버트 루턴 Burt Rutan이 설계했다. 그 뒤를 이어 개량된 스페이스십투가 나왔지만, 2014년에 첫 번째 버전의 이 우주선이 비행 중에 공중 분해되면서 큰 좌절을 겪었다. 이 사고는 착륙 전에 우주선을 감속하는 데 쓰이는 페더 장치가 너무 일찍 작동하는 바람에 일어났고, 부조종사 마이클 올즈베리 Michael Alsbury가 목숨을 잃었다. 하지만 두 번째 버전의 스페이스십투는 성공했다. 브랜슨이 직접 임무에 참여하여 우주 공간의 가장자리까지 올라가는 여행을 한 시간 동안 했다. 그것은 비록 달까지 간 것은 아니었지만, 우주를 향해 힘차게 나아가는 과정의 일부였다. 나는 택시 기사를 시험해 보기로 했다. 「그러니까 단돈 10만 달러로 몇 분 동안 우주를 체험할 수 있어요.」 나는 그녀가 어떻게 반응하는지 보려고 무심하게 말했다. 그랬더니 예상치 못한 대답이 나왔다. 「농담하는 거예요? 겨우 몇 분 동안의 여행은 원치 않아요. 난 화성에 가고 싶다고요.」 그녀가 품고 있던 필생의 꿈을 내가 과소평가한 것 같은 상황이 되고 말았다. 나는 깜짝 놀라면서도 유쾌했다.

오늘날 민간 기업들은 지구 궤도를 넘어 더 멀리 나아갈 계획을 세우고 있다. 스페이스X는 이미 그렇게 하고 있으며, 화성에 사람과 물자를 실어 나르는 프로토타입 로켓을 보유하고 있다. 다른 기업들도 로봇을 사용하거나 인간이 직접 가는 달 탐사 여행을 계획하고 있다. 어느 기업이 성공할지 예측하기는 쉽지 않은데, 모든 민간 부문 사업이 그렇듯이, 많은 기업이 나타났다가 사라져 간다. 투자자들의 관심도 확 솟았다가 사그라들기도 한다. 하지만 우리는 어떤 상품이 성공하느냐에 신경 쓸 필요가 없다. 중요한 것은 우주 공간의 접근성이 갈수록 높아진다는 사실이다. 우주여행에 필요한 기술의 비용이 크게 내려가 곧 일반 개인에게도 우주여행의 기회가 열릴 것이다. 더 많은 기업이 우주 개척 부문에서 경쟁하면서 혁신적인 엔진을 테스트하고, 새로운 캡슐을 투입하고, 새로운 재료를 시험하고 있다. 이러한 기업들의 시도는 우주여행 방법에 대한 지식을 쌓는 데 기여하고 있다. 세대에 상관없이 위험은 여전히 도사리고 있지만, 택시 기사가 안전하게 우주여행을 할 수 있는 날이 점점 가까워지고 있다. 비록 그 시기는 상당히 늦어지겠지만, 화성 여행도 모험을 즐기는 여행객들에게 선택지가 될 날이 다가오고 있다.

많은 기업은 우주로 가는 데에만 초점을 맞추고 있지만, 우주로 나갔을 때 정착할 만한 곳이 어디일까 생각하는 민간 기업도 있다. 스페이스X에 대한 아이디어가 나오기도 전에 괴짜이자 열정적인 부동산업계 거물 로버트 비글로Robert Bigelow는 자기 나름의 우주 계획을 추진하겠다는 어린 시절의 꿈을 실현하기 위해 비글로 에어로스페이스를 설립했다. 비글로 에어로스페이스는 1999년부터 우주에 집을 짓기 시작했는데, 2016년에는 비글로 팽창형 활동 모듈Bigelow Expandable Activity Module, BEAM을 쏘아 올려 국제 우주 정거장 측면에 결합시켰다. 공기를 주입해 팽창시킬 수 있는 이 거대한 흰색의 공기 주입식 포드는 대형 마시멜로처럼 생겼다. 국제 우주 정거장에 결합시킨 뒤에 팽창시킴으로써 우주 비행사와 관광객이 일하고 놀 수 있는 프로토타입 주택을 설치했다. 비글로 팽창형 활동 모듈은 비글로가 이전부터 러시아 로켓으로 쏘아 올려 실시한 시험들의 연장선상에서 나온 성공적인 결과물이었다.

우주 주택은 미래의 우주 탐사에 필수적이다. 부동산은 불을 뿜어내는 로켓보다 덜 매력적이지만(어쨌든 대다수 사람들에게는), 어딘가에서 휴가를 보내려면 머물 곳이 있어야 한다. 친구가 아무 시설도 없고 적막한 무인도로 가는 항공권을 선물한다면, 여러분은 과연 고마워하겠는가?

이 모든 활동은 우주 경제를 구축하기 위한 것이다. 다시 말하지만, 갈수록 더 많은 기업이 개척자의 뒤를 따를 것이다. 기능성은 뛰어나지만 크고 거추장스러운 NASA의 우주복을 입고 달 표면을 걷고 싶은가? 아닐 것이다. 여러분은 밝은 색상의 세련된 우주복을 원할 것이고, 빛을 반사하는 헬멧이 얼굴을 가리는 사진을 원치 않을 것이다. 이미 이러한 욕구를 충족시키기위해 노력하는 기업들이 있다. 새로운 산업이 더 많이 생겨날 것이며, 얼굴 가리개 색상부터 우주에서 먹는 음식에 이르기까지온갖 사소한 품목을 놓고 상업 시장에서 공정한 경쟁이 벌어질것이다. 규모의 경제와 기술 개선에 박차를 가한 기업들의 노력덕분에 비용이 크게 낮아져 이제 우주여행은 다른 대륙으로 떠나는 휴가처럼 현실에서 즐길 수 있는 일상이 될 것이다.

하지만 나는 택시 기사에게 미래에 대해 장밋빛 전망만 제시하지는 않았다. 「아시다시피 이런 일은 아직 일상적인 것이아니에요. 약간의 위험도 따르고, 달과 화성에 도착하더라도,사방에 암석만 널린 풍경을 보게 될 것입니다」라고 설명했다.

아직은 모든 것이 만족할 만한 상황은 아니다. 달과 화성이혹독하고 위험한 환경이라는 사실은 변함이 없다. 태양에서 뿜어져 나오는 플레어의 복사는 순식간에 목숨을 앗아 갈 수 있으며, 달에서 보내는 휴가는 지구에서 보내는 휴가와 달리 공짜 산소가 포함돼 있지 않다. 달의 진공 환경과 이산화탄소가 풍부한화성의 대기는 여러분을 순식간에 질식시킬 것이다. 이곳들은마음대로 밖으로 나가 석양을 즐길 수 있는 장소가 아니다. 그리고 실제로 관광객이 즐길 수 있는 것도 제한적이다. 이곳들에는야생 생물이 전혀 없다. 달에는 회색 화산암이 지평선까지 죽 널려 있고, 화성에도 같은 풍경이 펼쳐지지만 붉은색 풍경이라는점만 다르다. 사람들이 과연 이런 장소에 매력을 느낄까? 어쩌면 전혀 다른 세계를 경험하고 싶은 욕구에 이끌릴 수도 있다. 혹은 익숙한 것이더라도 새로운 방식으로 경험하는 것에 매력을 느낄 수도 있다. 달의 앞면에 서서 하늘을 바라보면, 지구가 머리 위에 두둥실 떠 있는 모습을 볼 수 있다. 아름다운 색조로 빛나는 그 모습을 본다면, 여러분의 시각이 돌이킬 수 없게 바뀔지도 모른다. 아폴로 우주 비행사들이 무한히 펼쳐진 캄캄한 하늘에 떠 있는 이 연약한 구슬을 처음 보았을 때 넋을 잃었던 것처럼 말이다.

택시 기사는 화성 여행에 특별한 동기가 필요하지 않았다. 「아, 그냥 갈 거예요. 그냥 화성을 보러 가는 거라고요. 실제로 가서 그곳이 어떤 곳인지 알고 싶어요!」 그러면서 다시 하늘을 향해 손짓을 하며 마치 화성을 찾는 듯이 하늘을 훑어보았다. 어쩌면 여러분도 이 택시 기사와 같은 생각일지 모른다. 아니면 버킷 리스트에 지구상의 모든 대륙을 방문하겠다는 목표를 적어놓은 여행자일 수도 있다. 그렇다면 화성인들 왜 못 가겠는가? 이것은 화성에 가야 할 이유로 충분하다.

달 여행이 일상적인 일이 되기까지는 시간이 좀 걸릴 것이고, 화성 여행은 더 오랜 시간이 걸릴 것이다. 사실, 화성에서 시간을 보내는 것은 달에서 휴가를 보내는 것보다 덜 어려울 수 있다. 화성에는 적어도 대기가 있고, 여러 면에서 달보다 환경이 덜 혹독하기 때문이다. 하지만 화성은 훨씬 먼 곳에 있다. 달 여행은 주말 휴일을 좀 연장해서 다녀올 수 있지만, 화성 여행은 1년 이상이 걸리는데, 이것은 다니던 직장을 그만두어야 할 만큼 긴 시간이다.

돌이켜 보면, 아폴로 계획이 성공하고 나서 10년 뒤쯤에는 화성에서 휴가를 보낼 수 있으리라는 환상을 품었던 것은 순진한 생각이었다. 극복해야 할 문제가 여전히 많이 남아 있었다. 2014년에 마이클 올즈베리Michael Alsbury가 사망한 사건은 아직도 그런 난관이 많이 남아 있음을 상기시킨다. 우주는 쉬운 곳이 아니다. 우주는 가혹한 변경이며, 희생자가 발생할 때마다 우리는 우주여행이 꿈의 재료이긴 하지만 원하기만 하면 다 이루어지는 것이 아니라는 사실을 떠올린다. 마치 싸구려 여행사가 배낭 여행객을 의심스러운 버스에 태워 보내는 것처럼 관광객과 유료 승객을 무턱대고 우주로 보낼 수는 없다. 정비가 제대로 되지 않은 버스는 고장이 나더라도, 여행객은 발이 묶여 하루를 망치는 데 그친다. 하지만 하자가 있는 우주선을 타면 목숨을 잃을 수 있다.

그럼에도 불구하고, 우리는 이 도전에 조심스럽게 다가가되, 이미 많은 도전을 극복한 경험에서 어느 정도 자신감을 가져야 한다. 2002년, 머스크가 민간 로켓을 만들겠다고 발표했을 때, 사람들은 그의 말을 믿으려 하지 않았다. 유인 우주선을 설계하고 제작한 뒤 로켓에 실어 우주로 발사하고 우주 정거장과 도킹하는 것은 복잡하고 비용이 많이 드는 방대한 규모의 계획이어서 그동안은 정부의 전유물이었다. 아무리 열정적인 기업가라도 해낼 수 없는 일로 여겨졌다. 많은 비평가는 스페이스X를 무리한 계획이라고 생각했다. 하지만 이 회사를 비롯해 몇몇 기업은 민간 부문이 추진하는 우주여행이 가능할 뿐만 아니라 민간 부문이 큰 혁신에 기여할 수 있다는 것을 보여 주었다. 즉, 정부 소속이 아닌 민간 부문의 공학자도 충분한 결단력과 상상력으로 새롭고 더 나은 것을 만들 수 있다는 것을 보여 주었다. 새로운 해결책 덕분에 1968년의 영화「2001: 스페이스 오디세이2001: A Space Odyssey」에 등장하는 것과 비슷하게 생긴 드래건 캡슐을 비롯해 멋진 우주선들이 탄생했다. 이것들은 무거운 하중과 사람을 싣고 안전하게 운항할 수 있는 제대로 된 우주선이다. 머스크는 심지어 2018년에 테슬라 스포츠카를 우주로 보내기까지 했는데, 경박해 보이는 이 행동(마케팅 전략이었겠지만)은 기술적 능력을 과시한 것이기도 하다. 이 자동차는 지금 태양 주위의 궤도를 돌고 있는데, 이것은 민간 기업도 지구 밖의 광활한 우주로 나아갈 수 있다는 자신감을 상징적으로 보여 준다.

지금 당장은 대다수 사람들이 우주로 향해 나아가는 인류의 모험을 그저 지켜보는 구경꾼으로 남아 있지만, 그렇다고 실망해야 할 이유는 없다. 아폴로 시대를 목격한 뒤 인류가 아직도 화성에 가지 못했다는 사실에 실망했다면, 오늘날 상업적 관광과 우주 운송 부문의 활동에서 얼마나 큰 진전이 일어났는지 생각해 보라. 과거 그 어느 때보다 더 많은 사람들이 우주에 더 쉽게 접근할 수 있도록 중요한 발전이 많이 일어났다는 사실을 깨닫는다면 실망감을 달랠 수 있을 것이다. 달에서 바라보는 지구의 모습이 우주 비행사들의 추억이나 책에만 등장하는 날이 되는 것도 머지않았다.

택시 기사가 정말로 화성에 가 그곳에서 하늘을 올려다보면서 평소의 버릇처럼 지구를 향해 손짓을 하게 될지 누가 알겠는가? 하지만 우주 관광을 꿈만 꾸던 단계에서 충분한 근거를 바탕으로 가까운 미래의 가능성을 생각하는 단계로 옮겨갔다는 사실만 해도 충분히 축하할 만한 일이다. 비록 자신이 모는 택시는 에든버러의 거리를 돌아다니더라도, 택시 기사는 과거 그 어느 때보다 화성에 더 가까이 다가가 있다.

제6장

우주 탐사에 아직 영광이 남아 있는가?

극한 환경에 사는 생명체에 관한 강연을 하기 위해
워릭 대학교로 가는 택시 여행

메릴린 플린Marilynn Flynn이 그린 「올림푸스산 등정」(2002)은 탐사 팀이 태양
계에서 가장 높은 산인 화성의 올림푸스산 정상에 오른 장면을 상상한 것이
다. 현실 세계에서 이 영웅적인 업적을 이룰 사람은 누구일까?

나는 항상 워릭을 매우 좋아했다. 길게 뻗어 있는 중세풍 중심가는 고풍스러워 보이면서도 견고한 성 덕분에 튼튼한데, 성 중 일부 구조는 정복왕 윌리엄 1세 시대에 세워져 오늘날까지 남아 있다.

「사람들은 저런 곳을 짓지 않아요.」 왼쪽으로 성이 나타나자, 택시 기사가 이렇게 말했다. 〈더 이상〉이라는 말은 덧붙일 필요가 없었다. 나는 성벽과 탑을 바라보았다. 빅토리아 시대의 화려함이 절정에 달했을 때에도 영국에서 이 성의 단순한 아름다움과 기하학적 웅장함에 필적할 만한 건축물을 지으려는 시도는 거의 없었다.

「그건 사실이에요.」 내가 맞장구를 쳤다. 「우리는 뭐든 빨리 짓지요. 순간을 위해서요. 하지만 절대로 저 멋진 장소처럼 오래 지속되지는 않지요.」 어쩌면 우리는 그런 건축물에 대한 취향을 완전히 잃어버린 것이 아닐까 하는 생각이 들었다. 「우리가 저런 건축물을 다시 지을 수 있다고 생각하나요?」 내가 물었다. 「아니면 저런 건축물은 그저 그 시대의 산물일까요? 그것도 아니면 우리에게 그런 동기가 없는 걸까요?」

「제 생각엔 우리가 낭만을 잃은 것 같아요.」택시 기사가 대답했다. 「어떤 건물은 현대식 성처럼 생겼지만, 우리는 더 이상 영광을 추구하지 않죠.」

「옛날의 탐험 시대처럼 그러진 않죠.」내가 맞장구쳤다.

택시 기사는 우울한 분위기가 감돌 정도로 생각에 잠긴 것처럼 보였다. 예순다섯 정도로 보였고, 갈색 트위드 캡에 초록색 점퍼를 입었다. 이따금 무언가를 찾는 듯 지평선을 주의 깊게 훑어보았다. 그는 지금까지 살아온 인생극장에 지친 듯이, 심지어 실망한 듯이 때때로 한숨을 내쉬었다. 내가 언급한 탐험 시대의 영광도 깊은 생각에 잠기게 하는 요인이었을 것이다. 누가 욕조를 타고 영국 해협을 건넜다는 식의 모호한 위업이 발표될 때마다 이런 종류의 갈망을 주위에서 들을 수 있다.

「네, 그것도 그렇죠.」그는 모자를 조금 기울여 다시 쓰느라 잠시 말을 멈추었다. 「글쎄요, 우리는 최초의 위대한 기록은 다 세운 것 같지 않나요? 우리는 가장 높은 산에도 올라갔잖아요.」

「이런 말이 좀 이상하게 들리겠지만, 우리가 지구를 완전히 떠나면 어떨까요? 어쩌면 다른 행성으로 이주해야 할 필요가 있을지도 모르죠.」

가끔 내가 도를 지나쳤다는 걸 알아챌 때가 있다. 나는 동료들과 우주에 관한 대화를 나누는 데 익숙하기 때문에 다른 사람과 대화할 때에도 말을 여과하지 않고 그대로 내뱉는 경우가 많다. 하지만 모든 사람들이 그런 대화에 익숙한 것은 아니다. 택시 기사는 웃음과 함께 자애롭고 어리둥절한 표정으로 거울을 바라보면서 「아, 당신도 그 괴짜 중 한 명이군요, 그렇죠?」라고 외쳤다. 내 질문을 뭉개고 넘어간 그의 반응에 나는 영광에 대한 우리의 감각이 정말로 사라졌구나 하는 생각이 더욱 굳어졌다. 대다수 사람들은 지구의 경계 밖에서 추구할 만한 것이 전혀 없다. 어쩌면 이것이 인간의 마음이 작동하는 방식일지도 모른다. 미래에 우리가 화성과 달에 정착하면, 탐험가들이 서식지 주변에서 가만히 있지 못해 들썩이면서 또 다른 모험을 갈망할까? 새로운 에너지와 정신을 새로운 변경으로 분출하면서 지금 잠들어 있는 영웅적 행동에 대한 감각이 되살아날까?

에베레스트산 정상을 밟을 차례를 기다리며 줄지어 서 있는 산악인들의 긴 행렬을 보면, 지구에 최초의 기회가 수많이 남아 있던 눈부신 탐험 시대부터 지금까지 우리가 참으로 많은 진전을 이루었구나 하는 인상을 받을 수 있다. 1953년에 에드먼드 힐러리Edmund Hillary와 텐징 노르가이Tenzing Norgay가 최초로 세상에서 가장 높은 산 정상에 섰을 때, 셰르파들이 에베레스트산 베이스캠프에서 쓰레기를 줍거나 여전히 자연의 거친 조건에 맞서야 하는 등반가들의 시신을 수습하느라 많은 시간을 보내는 날이 올 것이라는 생각이 떠올랐을까? 아마도 에베레스트산에 쌓인 쓰레기가 환경 문제가 되리라고는 상상도 하지 못했을 것이다.

심지어 꽁꽁 얼어붙은 극지방의 황야에서도 모험은 그 가치가 크게 떨어졌다. 오늘날 모험이라고 하면, 예컨대 오토바이를 타고 최초로 남극 대륙 횡단에 성공하는 것이 될 수도 있다. 탐험가들은 첨단 장비의 도움 없이 남극 대륙을 횡단했다는 누군가의 주장이 정당한지를 놓고 논쟁을 벌이는데, 그 경로 중 일부가 과학 계획을 추진하는 과정에서 평탄하게 만들어져 그 위로 스키를 타고 지나가기가 편해졌다는 이유 때문이다. 물론 여전히 위험은 상존한다. 화이트아웃, 계획 부족 또는 예기치 못한 의료 상황으로 인해 대담한 행동에 불과하던 모험이 치명적 위험이 따르는 모험으로 바뀔 수도 있다. 하지만 이전에 일어난 모든 사건과 다른 사람들이 남긴 모든 인프라를 고려한다면, 과거의 찬란한 영광은 사라졌다. 가장 외딴 곳도 이미 많은 사람들이 지나갔고, 순수한 사람들은 남극 탐험의 영웅시대는 끝났다고 한탄한다.

하지만 영웅주의가 19세기와 20세기의 위대한 탐험가들이 추구했던 것과 같은 종류의 업적에만 국한된다고 믿는다면 잘못이다. 지난 역사를 돌아보면, 인류의 시야가 넓어짐에 따라 그때마다 영웅시대가 새로 생겨났다. 수십만 년 전 아프리카의 계곡에 모여 살던 인류에겐 골짜기 너머를 바라보면서 미지의 세계로 떠난 최초의 사람이 영웅이었을 것이다. 아시아를 횡단해 배를 타고 바다를 건너 폴리네시아에 정착한 무리는 아마도 그들의 친족 사이에서 영웅이었을 것이다. 하지만 이런 이야기들은 너무 오래전의 일이라 지금은 아무도 기억하지 않는다. 우리는 그 시대 사람들이 그랬던 것처럼 이 영웅들의 업적을 높이

평가하지 않는다.

　영웅적 행동이 영웅시대보다 앞섰던 것처럼, 우리에게는 아직 웅장한 업적의 길, 즉 최초의 업적을 달성할 수 있는 시대가 끝나지 않았다. 더 큰 도전들이 우리에게 손짓한다. 택시 기사는 내 정신 상태를 의심했지만, 그도 여기서 쉽게 벗어날 수 없다.

　「그러니까 화성처럼 다른 행성에서 암스트롱의 달 착륙이나 힐러리와 텐징의 에베레스트산 등정에 버금가는 최초의 업적을 이룰 수 있다면, 당신은 거기에 도전하겠습니까?」 내가 물었다.

　「음, 음, 그래요. 당연히 그래야지요」라고 그가 대답했다. 그는 여전히 이 대화에서 의미 있는 결론을 얻을 수 있을 것이라고 확신하지 못했다. 그날의 택시 여행은 짧았고, 그의 마음을 바꾸고 화성의 등반 모험으로 그를 매료시키기에는 시간이 부족했다. 하지만 독자 여러분의 관심은 끌었으니, 여러분을 설득해 보려고 한다.

　잠시 시간을 내 어떤 극지 탐험가나 산악인도 해내지 못한 일을 한다고 상상해 보라. 즉, 지구를 벗어나 새로운 모험에 도전하는 것이다. 영웅시대 개념을 지구의 경계에서 벗어나 태양계의 바깥쪽 경계까지 확장해 보라. 그러면 과거의 탐험가들이 상상할 수 있었던 것만큼 인상적인 새 변경이 눈앞에 펼쳐질 것이다.

　산 정상에 섰을 때 익숙한 하늘의 옅은 파란색 수증기 대신에 우주 공간이 보일 정도로 거대한 산을 상상해 보라. 주변의 어둠 속에서는 별들이 반짝이고, 멀리 지평선에는 얇은 대기권이 행성의 곡선을 에워싸고 있다. 지금 여러분은 용암이 쌓여 생긴 순상 화산인 화성의 올림푸스산 정상에 서 있다. 화성 표면에서 에베레스트산보다 2.5배나 높은 21킬로미터 높이까지 우뚝 솟아 있는 이 거대한 산의 정상은 태양계에서 가장 높은 봉우리이다. 그 정상에 서는 사람은 뭔가 특별한 업적을 이룬 것이다. 힐러리조차 경외감을 느낄 것이다.

하지만 새로운 영광을 단순히 과거의 영광과 같은 종류의 영광으로 취급하는 것은 잘못이다. 올림푸스산은 에베레스트산과 매우 다르며, 그것을 정복하는 것 역시 다른 종류의 업적이 될 것이다. 예를 들면, 에베레스트산 등반가들은 높은 고도를 오를 때 흔히 산소통에 의존하지만, 산소통 없이 정상에 오르는 사람들도 있다. 하지만 화성의 대기는 희박하고 산소가 거의 없기 때문에, 올림푸스산을 오르는 사람들은 산기슭에서 출발할 때부터 정상에 오를 때까지 계속 우주복을 착용해야 한다. 유일하게 휴식을 취할 수 있는 순간은 여압 텐트에 들어갈 때뿐인데, 그 안에서는 산소가 충분히 공급되어 우주복 없이 몇 시간 동안 휴식을 취할 수 있다.

도전자는 깎아지른 듯한 절벽이 최대 6킬로미터 높이까지 우뚝 솟아 고리 모양으로 빙 두르고 있는 지점에서 등반을 시작할 수도 있다. 우주복에 둘러싸인 채 보급품을 잔뜩 짊어지고서 이러한 수직 절벽을 오르는 것은 불가능할 수 있는데, 화성의 중력이 지구의 8분의 3에 불과해 보급품 무게가 가벼워진다고 하더라도 그렇다. 따라서 도전자는 대신에 산기슭이 덜 험하고 완만한 경사면이 이어지는 북동쪽 사면에서 등반을 시도할 수 있다.

이것은 올림푸스산 등정이 에베레스트산 등정보다 덜 힘들 수 있는 한 가지 이유이다. 울퉁불퉁한 바위가 도처에 널리긴 했지만 기울기가 5도 정도에 불과한 용암 지대를 계속 걸어서 정상까지 갈 수 있다. 빙하나 예측 불가의 눈사태나 크레바스도 없다. 하지만 이러한 경사면이 300킬로미터나 뻗어 있다. 삐죽삐죽한 화산암들이 널린 지형에서 몇 날 며칠을 힘겹게 걸어가야 하는데, 예리한 모서리에 우주복이 찢길 수 있는 일도 많다. 어쩌면 이 위험 때문에 지루함에 고통받던 정신이 번쩍 들 수도 있다.

정상에 있는 전리품은 한때 용암호(용암이 부글거리며 솟구치던 화구의 흔적)였던 60×90킬로미터의 거대한 타원형 칼데라이다. 칼데라 가장자리에서 탐험가들은 길이 수천 킬로미터, 깊이 수 킬로미터에 이르러, 그랜드 캐니언조차 그 안에 집어넣으면 보이지 않게 사라질 만큼 거대한 계곡인 매리너 계곡*을 바라보면서 숨이 턱 멎는 듯한 감명을 받을 것이다. 올림푸스산 정상에서 바라보면, 화성의 흐릿한 주황색 하늘이 그 아래로 펼쳐져 있고 여기저기 희미한 구름이 떠다닐 것이다.

정상에 이른 모험가들은 더 넓은 범위에서 영웅시대를 복

* 화성 궤도 탐사선 매리너 9호에서 그 이름을 딴 것으로, 라틴어로 발레스 마리네리스Valles Marineris라고도 부름.

원할 것이다. 하지만 에베레스트산을 등반한 산악인처럼 기념품으로 돌 한두 개만 주위 들고 돌아가지는 않을 것이다. 올림푸스산의 광대한 칼데라에서는 할 일이 아주 많은데, 화성이 더 활동적이었던 시절, 그래서 움푹 파이고 푹 꺼진 이 함몰 지형이 열과 물 때문에 생명이 살 수 있는 환경이었던 시절의 역사를 알려 주는 단서가 많다. 올림푸스산을 처음 등반한 사람들은 현명하게도 용암 표본과 화산 깊은 곳에서 표면까지 순환한 수계(水系)의 광물 잔해를 채집할 것이다. 이 표본에는 자매 행성의 과거 역사에 대한 단서뿐만 아니라, 지구는 바다와 생명이 번성한 반면 화성은 오랫동안 얼어붙은 상태로 남게 된 이유를 알려 주는 단서가 담겨 있다.

화성은 최초의 인간 탐험가들에게는 새로운 세계이지만, 지구와 비슷한 특징도 있다. 지구와 마찬가지로 화성의 양극에는 얼음으로 뒤덮인 극관(極冠)이 있다. 화성의 극관은 물이 언 얼음으로 이루어져 있고, 계절에 따라 그 위에 이산화탄소 눈으로 덮인 층이 쌓인다. 극관 부근에 서거나 그 위로 날아가면, 빨간색과 주황색 줄무늬가 얼음을 가로지르며 잔물결처럼 길게 뻗어 있는 모습을 볼 수 있다. 이것들은 과거에 먼지가 폭풍우에 날려 눈 속에 갇혀서 생긴 층들이다. 이러한 잔물결 무늬는 화성에서 일어난 기후 변화를 알려 주는 지리학적 타임캡슐로, 태양계 전체의 최근 역사를 들여다볼 수 있는 창까지 제공한다.

극관을 촬영한 위성 사진을 보면, 그곳을 횡단하고 싶다는 생각에 사로잡히게 된다. 물론 화성의 북극이나 남극에 탐사선을 착륙시켜 얼음에 구멍을 뚫고 표본을 채취한 후 귀환할 수는 있다. 하지만 그것은 우리가 진정으로 원하는 것이 아니다. 이것은 과거의 탐험 시대에 지구에서 진행된 탐험과는 확연한 차이가 있다. 오늘날 우리는 인간이 실제로 화성에 가기도 전에 지구에 있는 안락의자에 편안히 앉아 화성의 북극과 남극을 볼 수 있다. 온라인에서 검색하기만 하면, 화성 주위의 궤도를 도는 인공위성이 촬영한 정교하고 자세한 이미지를 볼 수 있다. 반면에 로알 아문센Roald Amundsen, 로버트 팰컨 스콧Robert Falcon Scott 선장, 어니스트 새클턴Ernest Shackleton은 상상력을 최대한 발휘해야 했는데, 그들이 방문한 장소는 이전에 본 사람이 아무도 없었기 때문이다. 그들과 일반 대중은 지구 극지 황무지의 매우 인상적이면서 끔찍한 고립무원 상태를 그저 상상 속에서 그려 볼 수밖에 없었다.

하지만 화성에서 무엇이 우리를 기다리고 있는지 안다고 해서 극지 탐험가들이 그곳에 쉽게 갈 수 있는 것은 아니다. 차량에 의존하지 않고 화성의 북극 횡단에 나선 용감한 탐험대는 북극 가장자리에서 얼음을 파고들며 널따랗게 뻗어 있는 계곡인 카스마 보레알레Chasma Boreale 부근에서 출발할 수 있다. 거기서부터 얼음을 지나가는 1000킬로미터 이상의 여정을 거쳐야 한다. 올림푸스산 등정에 나선 동료들처럼 이들 역시 우주복을 입은 채 긴 도보 여행에 나서야 하는데, 우주복은 보급품과 함께 끌고 가는 여압 텐트 안에서만 벗을 수 있다. 여압 텐트는 끌고 가기엔 무겁지만 아주 편리하다. 헬멧을 쓰고 우주복을 입은 채 잠을 자는 것은 고역이다.

　매일 아침 태양이 하얀 지평선 위로 떠오를 때마다 출발에 나서는 이들은 발밑에 쌓인 눈이 뽀드득거리는 소리를 들을 수 없다. 이곳의 온도는 섭씨 영하 100도 밑으로 내려가 눈이 콘크리트처럼 단단하다. 지구에서 사용하는 것과 같은 종류의 스키나 썰매를 사용하더라도 여정을 단축할 수 없다. 스키나 썰매를 사용하려고 하면, 얼마 안 가 산산이 부서지고 말 것이다. 대신에 탐험가들은 보온 부츠를 신고, 바퀴나 트레드 혹은 가열된 활주부 위에 올려진 컨테이너를 끌고 가야 한다. 화성의 대기는 매우 희박하기 때문에, 얼음을 따뜻하게 데우면 슬러시처럼 물컹해지지 않고 순식간에 기화한다. 활주부에서 나온 열이 얇은 공기층의 쿠션을 만들기 때문에, 탐험가들은 별로 힘들이지 않고 보급품을 운반할 수 있다.

　이런 식으로 이들은 약 80일 동안 걸어가야 할 것이다. 걸으면서 우주복을 통해 음식과 물을 섭취해야 한다. 아마도 음식은 액체 형태일 것이고, 화물 컨테이너에 실린 맛있고 영양가 높은 수프 통에 연결된 관을 통해 공급될 것이다. 필요한 산소를 모두 가져갈 수도 있고, 화성의 대기를 이용해 산소를 만드는 장비를 가져갈 수도 있다. 필요한 물을 모두 가져가는 것은 그다지 현명한 선택이 아닌데, 사방에 얼음이 널려 있기 때문이다. 가열된 막대로 잘라낸 얼음 덩어리를 데우고 압력을 높인 뒤, 먼지와 염분을 제거하기 위해 여과와 소독 과정을 거치면 신선한 식수를 얻을 수 있다.

화성 극지방의 지형은 거의 변화가 없다. 대개 지평선까지 흰색의 풍경이 쭉 뻗어 있고, 가끔 빨간색과 주황색으로 먼지가 쌓인 곳과 구덩이가 여기저기 널려 있는데, 구덩이는 얼음이 햇빛을 받아 불규칙하게 증발하면서 생긴다. 하지만 능숙한 지상 내비게이션과 인공위성의 도움으로 탐험가들은 지리적 북극점을 찾아낼 것이다. 스콧과 그의 대원들이 마지막 순간에 겪었던 것처럼 온 세상을 하얗게 뒤덮는 눈보라가 몰아쳐 오도 가도 못하는 상황에 처하는 일은 일어나지 않을 것이다. 바람이 탐험가들의 얼굴 가리개에 부딪치면서 희미한 휘파람 소리를 내겠지만, 자부심에 찬 표정으로 화성의 황량한 풍경을 바라보며 미소 짓는 탐험가들의 얼굴에 와서 부딪치는 것은 그것이 다일 것이다.

　바로 이날, 지구에서 수백만 킬로미터 떨어진 곳에서 우주에는 중요하지 않지만 인류에게는 지속적인 중요성을 지닌 사건이 일어났다. 이곳에서 인류에게 최초의 사건에 해당하는 영웅적인 업적이 이루어진 것이다. 그러한 여행은 상징적인 것인데, 바로 이 점이 아주 중요하다. 인간이 화성의 극지를 트레킹할 때쯤이면, 로켓을 극점에 정확하게 착륙시킬 수도 있을 것이다. 최초로 극지를 트레킹하는 탐험자들은 그곳에서 이전에 로켓을 이용한 여행의 흔적(이미 오래전에 지표면에서 얼어붙었고 그 옆에는 눈이 수북이 쌓인 기상 관측 장비나 보급품 상자)을 발견할지도 모른다. 하지만 그것에는 신경 쓸 필요가 없다. 이것은 도전에 맞서 용감하게 나아가는 인간의 이야기이다. 뭐든지 깎아내리려고 하는 사람들이야 뭐라고 하건 간에, 많은 세대는 그들의 탐험 이야기와 그 탐험이 열어젖힌 새로운 장에 영감을 얻을 것이다. 이 모험가들이 극지 횡단의 후반부 여정을 마치고 로켓에 올라 귀환할 때, 화성의 진화와 기후, 생명체 서식 가능성에 대해 새로운 통찰을 가져다줄 표본(시추 코어, 먼지, 물 등)을 많이 가져올지도 모른다.

지구의 역사에 비추어볼 때, 극지 횡단은 세계 일주라는 더 큰 목표를 향해 나아가는 서막일 수 있다. 세계 일주는 탐험가들의 금메달에 해당한다. 영웅시대보다 훨씬 이전부터 탐험가들은 여러 가지 방법으로 지구를 일주하면서 더 큰 업적을 달성했다. 포르투갈 탐험가 페르디난드 마젤란Ferdinand Magellan과 에스파냐인 동료 후안 세바스티안 엘카노Juan Sebastián Elcano가 지휘한 빅토리아호는 1519년부터 1522년까지 대서양과 태평양, 인도양을 차례로 항해하면서 영국으로 돌아왔다. 지구의 양극을 지나는 세계 일주 여행은 1979년에 가서야 영국 탐험가 래널프 피엔스Ranulph Fiennes가 이끄는 팀이 도전에 나서 성공을 거두었다. 그들의 트랜스글로브 탐험대는 영국에서 남쪽으로 출발해 남극 대륙을 지난 뒤, 거기서 북쪽으로 향해 북극점을 지나고 다시 남쪽으로 향해 영국으로 돌아와 세계 일주를 완성했다.

화성에서도 마젤란과 엘카노의 세계 일주 방식을 모방해 적도를 따라 화성 일주를 할 수 있다. 그러려면 끝없이 사막만 뻗어 있는 지형을 따라 2만 1000킬로미터를 지나가야 한다(이것은 직선거리이며, 실제로는 지형에 불규칙한 곳이 많아 이보다 훨씬 더 긴 여행이 될 것이다). 이것은 각각의 크레이터와 모래 언덕, 바위, 둔덕을 건너는 데에만 며칠씩 걸려 아주 오랜 시간이 걸리는 탐험이 될 것이다. 하지만 극도의 단조로움과 사람과 차량이 맞닥뜨릴 큰 위험을 감안하면 그것은 탐험의 승리로 기록될 것이다. 이 굉장한 탐험이 끝나고 후세에 전해질 이야기는 인류를 흥분시킬 것이다.

피엔스의 세계 일주에 해당하는 화성 일주 여행은 어떨까? 나는 오랫동안 그 전망에 큰 흥미를 느꼈다. 내가 상상하는 그 화성 일주 탐험은 북극의 얼음을 횡단해 북극 주변의 모래 언덕에 도착하는 것으로 시작한다. 거기서 탐험대는 사막과 크레이터를 지나 남극의 얼음 가장자리에 도착하는데, 거기서 두 번째 극지 횡단을 시작하기 전에 잠시 멈춰서서 그 순간을 기념한다. 후반부 여정에서는 탐험대가 출발점으로 돌아오면서 올림푸스 산 정상에 오른다. 출발점으로 의기양양하게 돌아왔을 때, 이들은 사막 지역을 1만 9000킬로미터, 얼음 지역을 1400킬로미터 이상, 태양계에서 가장 높은 산 위로 700킬로미터를 지나왔다. 만약 정말로 인정받을 만한 최초의 기록을 원한다면, 바로 여기에 그것이 있다. 이것은 가장 긴 세계 일주 여행은 아니지만(지구 둘레가 화성 둘레보다 약 2배나 길다), 그 과정에 따르는 어려움을 고려하면 이 탐험은 어떤 것에도 뒤지지 않는다. 화성 일주 탐험대는 여압 우주복이나 거주지에 늘 갇혀 지내는 상황과 극한의 온도, 기계를 파괴하는 암석과 먼지로 뒤덮여 끝없이 펼쳐진 풍경을 오랫동안 견뎌내야 한다. 나는 여러분에게 도전을 권하고 싶다.

저 멀리 밖을 내다보는 모험가에게는 그 밖에도 많은 가능성이 기다리고 있다. 달을 일주하거나 천왕성의 위성인 미란다의 얼음 절벽을 오를 수도 있다. 심지어 언젠가는 메탄과 질소 눈이 쌓인 명왕성을 일주할 수도 있다.

모든 세대의 인류에게 과거에 일어난 행동은 그대로 재현하기가 어려운 것처럼 보인다. 마젤란이 이룬 업적을 곰곰이 생각해 보면, 그가 자신의 선원들과 함께 이룬 그 일의 엄청난 규모에 압도되어 무기력한 상태에 빠지기 쉽다. 하지만 20세기에 들어 소수의 탐험가들은 선조들이 이룬 것과 어깨를 나란히 할 만한 위업을 이룰 수 있다고 생각했고, 그래서 양극을 지나 지구를 일주하는 목표를 세웠다. 각 세대의 비결은 한계를 재설정하고, 인류의 능력과 가능성을 재정의하는 데 있다. 마젤란은 양극을 지나는 세계 일주는 생각도 하지 못했을 텐데, 그 당시 양극지역은 미지의 세계로 남아 있었기 때문이다. 그곳의 탐험은 가능성조차 없었다. 하지만 새로운 지식과 기술의 발전으로 그것을 상상할 수 있는 사람들에게 마젤란의 위업에 맞먹는 도전 기회가 열렸다.

오늘날의 어린이들은 더 나은 도구와 기술 덕분에 우주 탐험이 더 쉬워지는 세상에 태어난다. 스콧과 아문센, 힐러리의 시대를 동경하며 돌아보는 대신에 경계를 다시 설정해야 한다. 이제 우리는 올림푸스산 사진을 갖고 있으며, 화성의 극관을 횡단하는 탐험을 계획할 수 있다. 심지어 화성의 양극을 지나 일주하는 탐험에 대해서도 자세히 기술할 수 있다. 아직은 이러한 탐험을 실제로 할 수는 없지만, 수십 년 뒤에는 가능할지도 모른다. 긴 시간의 흐름에서 보면 수십 년은 아무것도 아니다. 우리 앞에는 웅장하고 영웅적인 탐험 시대가 기다리고 있으며, 그것은 지구에서 시도할 수 있는 그 어떤 탐험보다 더 위대한 도전들을 제공할 것이다.

수백 년 뒤, 우리는 지구의 탐험가들과 그들의 이야기와 용기를 존경할 것이다. 하지만 역사책은 태양계에서 가장 험난한 곳을 탐험한 사람들의 업적과 그들이 직면했던 치명적인 위험도 이야기하면서 독자들을 즐겁게 해줄 것이다. 예컨대 올림푸스산 정상에 오른 나일스 브랜드루, 육로로 화성의 북극점을 최초로 횡단한 에밀리 호킨스, 최초로 화성 일주에 성공한 우 위어란 팀 이야기를 들려줄 것이다. 이들은 과연 누구일까? 이들의 진짜 이름은 무엇일까? 언젠가 후세대는 우리를 새로운 차원의 대담한 탐험으로 이끌고, 아프리카의 계곡을 떠난 첫 번째 탐험 이후 수많은 사람들의 가슴에 불을 지폈던 탐험 정신을 계속 이어 간 탐험가들이 누구인지 알게 될 것이다.

제7장

화성은 우리의 행성 B가 될 수 있을까?

샌프란시스코 공항에서 캘리포니아주
마운틴 뷰로 가는 택시 여행

건조한 지형이 장관을 이룬 화성 표면의 모습. 거대한 매리너 계곡계가 표면을 가로지르며 죽 뻗어 있다.

나는 플로리다주 올랜도에서 비행기를 타고 날아왔는데, 올랜도에서는 가까이에 있는 케네디 우주 센터에서 국제 우주 정거장으로 실험 장치를 올려 보내는 장면을 참관했다. 그리고 지금은 지상 실험을 하기 위해 캘리포니아주로 왔다. 지상 실험은 우주에서 하는 실험과 정확하게 똑같은 것으로, 이를 통해 저중력과 지구 중력에서 실시한 실험 결과를 비교할 수 있다. 이 실험은 10년 동안 진행돼 왔고, 이제 드디어 그 결과를 보게 되어 우리는 몹시 흥분해 있었다.

이 실험을 하는 목적은 미생물을 이용한 금속 〈생물 채광biomining〉의 효율성을 시험하는 것이었다. 이곳 지구에서 미생물은 수십억 년 동안 암석을 분해해 왔기 때문에 이 작업에 아주 능숙하다. 과학자들은 또한 통제된 조건에서 이 과정을 시험하면서 미생물을 사용해 암석에서 구리와 금을 추출했다. 이 방법은 사이안화물처럼 유독한 화학 물질을 암석에 붓는 것(유용한 원소를 추출하는 한 가지 방법)보다 환경적으로 훨씬 안전하다.

우리 연구팀은 다른 중력 조건에서도 같은 과정을 사용할 수 있는지 알고 싶었는데, 언젠가 우주 암석이나 소행성에서 희토류와 그 밖의 귀중한 광물을 생물 채광할 날이 올 것이라고 기대했기 때문이다. 그래서 우리는 무중량 상태에서, 그리고 회전 장치를 사용해 화성의 중력을 모방한 상태에서 그 과정을 시험했다. 두 달 뒤에 우리의 작은 실험은 성공적인 결과를 얻었는데, 이로써 저중력에서 생물 채광을 사용할 수 있음을 최초로 입증했다.

하지만 나는 지금 당장은 호텔로 가야 했다. 택시에 올라탔을 때, 라디오에서 뉴스가 흘러나왔는데, 세계 동향에 관한 속보였다. 택시 기사는 처음에는 침묵했지만, 택시가 101번 고속도로로 진입해 마운틴 뷰를 향해 속도를 내자, 라디오에서 내게로 주의를 돌렸다.

「세상에는 참 문제가 많죠, 그렇지 않나요?」 택시 기사는 쾌활한 30대 여성으로, 팔을 위아래로 흔들며 부드러운 캘리포니아주 북부 억양으로 말했다. 밝은 주황색과 빨간색이 섞인 티셔츠를 입었고, 헝클어진 적갈색 머리카락이 어깨까지 늘어져 있었다. 눈동자 색만으로도 즉각 알아볼 수 있는 유형의 사람으로, 마치 관심을 가져 주길 원하는 어린아이처럼 커다란 눈으로 상대방을 집요하게 응시하며 대답을 기다리는 유형이었다. 눈동자는 짙은 갈색이었다.

나는 그 말에 동의했다. 전 세계적으로 많은 문제가 연이어 발생하고, 더 암울한 시기에는 모든 것이 소용돌이에 휘말려 와르르 무너져 내릴 것 같은 생각이 든다. 「석유에서 핵무기에 이르기까지 모든 것에서 많은 이견과 갈등이 있는 것은 사실이지요.」내가 대답했다. 그리고 막연한 희망을 담아 이렇게 덧붙였다.「그렇긴 하지만, 세상에는 좋은 일도 많아요.」

「그렇다면 문제를 해결해야죠, 그렇지 않나요? 달리 갈 데도 없잖아요.」

나한테 이런 말은 어린아이에게 건네는 사탕과도 같다. 「갈 수 있는 행성이 달리 없다는 말인가요?」내가 물었다.

「네, 이곳이 우리에게 최고의 장소지요. 다들 지구를 탈출하기 위해 달에 가자는 이야길 하지만, 여기서 우리의 문제를 해결해야 합니다.」

택시 기사는 우주 탐사에 대해 사람들이 흔히 제기하는 비판을 언급했다. 지구에서 우선적으로 처리해야 할 일이 많다는 주장뿐만 아니라, 우주로 가고 싶어 하는 사람들은 우리가 지구를 망치고 있기 때문에 지구를 탈출하려는 동기를 느낀다고 비판했다. 그들은 환경 악화와 인구 증가 문제의 명백한 해결책이 그냥 지구를 떠나는 것이라고 생각한다. 즉, 다른 곳으로 가서 새 보금자리를 찾으면 된다고 생각한다. 행성 B로 떠나자는 것이다.

나는 이런 이야기를 자주 듣지만, 도대체 그 출처가 어디인지 알 수 없다. 아마도 일부 텔레비전 프로그램과 책, 기타 매체가 의도적이건 아니건, 우리가 지구를 엉망으로 만들고 있기 때문에 우주의 다른 곳으로 가 정착해야 한다고 사람들을 설득했을 것이다. 아니면 이러한 오해는 특정 개인이나 매체 탓이 아니라, 우주 탐험가가 되고자 하는 사람들의 열정적 태도가 부추긴 측면도 있다. 달과 화성과 그 너머에 식민지를 건설해야 한다고 열정적으로 계속 이야기하면, 그것을 듣는 사람들은 이런저런 의심을 하게 된다. 그 기원이 무엇이건, 우리가 달리 갈 곳이 없다는 불만은 가장 터무니없는 불만인데, 나는 그 이유를 설명하고자 한다.

현실을 직시할 필요가 있다. 이곳 지구에서 우리가 해결해야 할 문제들이 분명히 있다. 어떤 지역에 어떤 문제들이 있는지는 쉽게 알 수 있지만, 여기서 내가 말하는 〈우리〉는 인류 전체를 의미한다. 우리에게는 70억 명이 넘는 인구가 있고, 심각한 환경 문제와 다양한 형태로 분출되는 정치적 갈등이 존재한다. 따라서 일부 사람들이 다른 행성에 정착하는 것을 좋은 대안으로 생각하는 것은 당연한 일인데, 상황이 너무 악화되어 지구가 적어도 인간 거주자들에게 절망적인 장소로 변할 경우에는 특히 그렇다.

표면적으로는 여기에 특정 논리가 판을 치는 것처럼 보인다. 우리에게 행성 B가 필요하다는 견해는 냉정하지만 합리적인 것으로 보이며, 우주 정착을 기대하는 일부 사람들이 내세우는 논거의 일부임이 분명하다. 지질학적 역사도 이 주장을 뒷받침하는 것처럼 보인다. 특히 언젠가 공룡을 멸종시킨 것과 같은 재앙이 다시 발생할 것이기 때문에 행성 B를 찾아야 한다고 주장하는 사람들이 있다.

그 멸종 사건 이야기는 그 자체로도 흥미롭지만, 더 깊이 파고들수록 더 걱정스러운 이야기로 다가온다. 6600만 년 전에 한 소행성이 지구와 충돌하면서 엄청난 양의 먼지와 그을음이 대기 중으로 솟아올랐고, 그 바람에 지구는 캄캄한 어둠에 잠기면서 이른바 충돌 겨울이라는 추운 시기가 오랫동안 계속되었다. 이 재앙은 1억 6500만 년 동안 지구를 지배한 공룡 시대를 끝냈을 뿐만 아니라, 모든 동물종 중 약 75퍼센트를 멸종시켰는데, 후자는 그다지 자주 거론되지 않는다. 이 재앙의 원인이 우주에서 날아온 소행성이라는 증거는 1980년대에 버클리의 지질학자 월터 앨버레즈Walter Alvarez와 그 동료들이 처음 파냈다(문자 그대로). 앨버레즈는 대멸종이 일어난 백악기 말기의 암석을 조사하고 있었다. 그런데 놀랍게도 암석에 희귀 원소인 이리듐이 비정상적으로 많이 포함돼 있었다. 이 원소는 지구의 깊은 내부와 소행성에 가장 높은 농도로 들어 있다. 그동안 지구에서 일어난 화산 분화로는 그만큼 높은 농도의 이리듐이 지표면으로 올라올 수 없었기 때문에, 앨버레즈는 이것이 대격변을 초래한 소행성 충돌의 증거라고 추측했다.

　　이 이론을 뒷받침하는 증거는 또 있다. 예를 들면, 다른 연구자들은 같은 시기에 생성된 작은 구형의 유리구슬들을 발견했는데, 이것은 소행성 충돌 때 엄청난 양의 용융암이 튀어 나가면서 지구 곳곳으로 흩어진 잔해이다. 또한 그 시기에 오늘날의 북아메리카에 해당하는 대륙에 거대한 쓰나미가 몰려와 쌓인 퇴적물이 발견되었는데, 이것은 지름 10킬로미터의 소행성이 고속으로 충돌하면서 거대한 쓰나미가 발생했다는 증거이다.

지질학적 경계 지점에 위치한 작은 암석 파편들에도 선이 남아 있는데, 이것은 10킬로미터의 물체가 지구에 충돌했을 때 지면을 통해 전달된 엄청난 충격파의 압력으로 생겨났을 가능성이 있다. 그런 사건에서 방출되는 에너지는 어마어마하다. 수십억 개의 핵무기를 한꺼번에 폭발시켜야만 이 재앙과 맞먹을 만한 위력의 에너지를 낼 수 있다. 이것은 결코 과장이 아니다. 순식간에 지구 표면 전체가 돌이킬 수 없이 영영 바뀌었다.

　앞에서 말했듯이, 이러한 충돌 사건들은 시간적으로 서로 멀찌감치 떨어져 있고 심지어 그 성격도 원시적인 것으로 보일 수 있지만, 지구는 엄연히 우주 환경의 일부이며, 시간만 충분히 주어진다면 그 같은 충돌 사건은 단지 가능할 뿐만 아니라 틀림없이 일어난다. 얼마나 긴 시간이 필요할까? 달과 태양계의 다른 암석 세계에 남아 있는 크레이터의 수를 세어보면, 충돌이 얼마나 흔하게 일어나는지 감을 잡을 수 있다. 그 수를 바탕으로 추정하면, 멸종을 초래하는 소행성 같은 천체의 충돌은 1억 년에 한 번꼴로 일어난다. 1억 년이라면 마음을 놓아도 될 것 같지만, 그 이면에는 결코 안심할 수 없는 사실이 두 가지 숨어 있다. 첫째, 이것은 6600만 년 전에 큰 충돌이 일어났으니, 다음번의 충돌은 3400만 년 뒤에야 일어난다는 뜻이 아니다. 1억 년에 한 번이라는 수치는 평균적인 빈도일 뿐, 다음 사건이 언제 일어날지는 아무도 모른다. 만약 내일 소행성 충돌이 일어나 지구가 멸망하고 수억 년의 침묵(우리 중에서 살아남아 그 평온한 시기를 즐길 사람은 아무도 없겠지만)이 이어지더라도 이 수치는 여전히 유효하다. 둘째, 멸종을 초래할 정도의 규모가 아니더라도 큰 피해를 초래하는 소행성 충돌이 일어날 수 있다. 1908년에 시베리아의 퉁구스카 상공에서 소행성이 폭발하면서 약 2000제곱킬로미터에 이르는 숲이 파괴되었다. 만약 이 사건이 대도시 상공에서 일어났더라면, 수백만 명이 사망했을 것이다. 이러한 충돌은 평균적으로 1000년마다 한 번씩 일어난다. 이것 역시 어디까지나 평균이므로, 다음번의 퉁구스카급 충돌은 당장 내일 일어날 수도 있다.

　이 우울한 이야기에서 그래도 한 줄기 밝은 빛이 있다면, 제4장에서 설명했듯이 이러한 물체들의 위치를 지도로 작성하고 그 경로를 바꿀 수 있다는 점이다. 한 가지 방법은 운동 에너지를 이용하는 것으로, 충돌체를 보내 소행성에 충돌시키는 것이다. NASA의 DART 임무가 바로 이런 일을 위한 것이다. 똑똑한 공학자들은 소행성 한쪽의 물질을 레이저로 태움으로써 소행성의 경로를 지구에서 벗어나게 하는 방법도 생각해 냈다. 거기서 분출되는 증기가 소행성의 궤도를 교란시켜 소행성을 지구 충돌 경로에서 벗어나게 할 수 있다(문제의 소행성을 충분히 일찍 발견한다면).

　공룡의 절멸과 대멸종 사건의 가능성을 우리가 잘 알고 있고, 소행성의 위치를 지도로 작성하고 소행성의 경로를 바꾸는 잠재적 기술이 있다면, 왜 러시안 룰렛에 우리의 운명을 맡기고 가만히 앉아 있어야 한단 말인가? 왜 종말이 닥칠 때까지 가만히 기다리고 있어야 할까? 이것은 좋은 질문이다. 그렇게 손 놓고 가만히 있으면, 공룡들은 우리의 무관심에 깜짝 놀랄 것이고, 나 역시 그렇다. 가까이 있는 우주 기관을 찾아가 왜 소행성 충돌의 위협을 더 심각하게 여기지 않는지 물어보라.

물론 우리가 아무리 열심히 노력하더라도, 성공하지 못할 가능성은 있다. 아무리 뛰어난 기술도 충돌 경로로 다가오는 소행성을 탐지하거나 비켜가게 하는 데 실패할 수 있다. 그리고 혜성 이야기는 아직 꺼내지도 않았다. 혜성은 그 궤도가 태양계의 아주 먼 곳까지 뻗어 있어 모든 혜성의 위치와 궤도를 지도로 작성할 수 없고, 또 혜성은 소행성보다 훨씬 빠르게 이동하기 때문에, 우리가 알아채기도 전에 사전 경고도 없이 날아와 우리의 파티를 끝낼 수 있다.

행성 B가 필요한 이유가 바로 여기에 있다. 우리는 우주에서 날아오는 미사일로부터 지구를 철통같이 막는 데 필요한 일을 할 능력이나 그럴 의지가 없을 수도 있지만, 다른 행성에 인류의 독립적인 갈래, 즉 우리 형제자매들이 자급자족하면서 살아가는 식민지를 건설함으로써 우리 종의 장기 생존 확률을 높일 수 있다. 그래서 설령 푸르고 연약한 지구에 무슨 일이 일어나더라도, 그들은 살아남을 것이다. 물론 그곳 역시 소행성이나 혜성이 충돌해 동일한 러시안 룰렛 게임의 운명을 맞이할 수도 있다. 하지만 전체 문명의 생존 확률은 훨씬 높아질 것이다. 예를 들어 지구와 화성 두 곳에서 인류가 살아간다면, 태양계 전체를 파멸시키는 재앙이 일어나지 않는 한, 우리 종은 멸종에서 보호받을 수 있다.

〈다행성 거주 종〉으로 살아가는 인류는 다른 재앙에도 상대적으로 더 안전할 것이다. 여러 행성에 거주하는 이 보험은 초화산 분화로 인한 멸종에서 우리를 구해 줄 수 있다. 초화산은 인류 역사상 목격된 그 어떤 화산보다 훨씬 큰 규모의 화산 분화로, 대기를 유독한 기체로 가득 채우고 바다와 육지의 모든 생물을 질식시킬 것이다. 이것은 터무니없는 이야기가 아니다. 우리의 관심은 온통 공룡에 쏠려 있지만, 페름기 말에 일어난 대멸종 사건은 규모가 훨씬 컸는데, 2억 5000만 년 전에 지구상에 살고 있던 모든 동물 중 약 98퍼센트가 한꺼번에 죽었다. 유력한 증거에 따르면, 대륙 규모의 화산 분화가 직접적 원인이거나 적어도 중요한 부수적 원인으로 보인다.

그리고 지구 내부의 맹렬한 불길은 멈춘 것처럼 보이지 않는다. 옐로스톤 국립 공원(부글부글 끓어오르는 온천과 간헐천이 곳곳에 산재하고, 광물과 미생물이 섞여 물이 노란색, 갈색, 분홍색, 주황색 등의 다채로운 색을 띠고 있는)은 지표면 아래의 거대한 마그마 기둥이 표면으로 노출된 곳이다. 불안하게 부글거리는 옐로스톤의 마그마 저수지는 약 200만 년 전에 격렬하게 분화했다가 약 120만 년 전과 64만 년 전에 다시 분화했다. 200만 년 전의 분화는 매우 격렬했고 지름 80킬로미터의 분화구를 남겼다. 이런 괴물 화산이 오늘날 다시 깨어나면 어떤 일이 벌어질까? 다량의 화산 가스와 입자가 뿜어져 나와 지구 전체를 냉각시킬 것이다. 정확한 영향은 예측하기 어렵다. 공룡을 멸종시킨 충돌 겨울 규모의 재앙이 닥칠 수도 있다. 그런 대규모 분화는 적어도 세계 경제를 마비시킬 것이다.

여기서 나는 다행성 거주 보험에 가입하지 않더라도, 충돌 겨울이나 페름기 말 대멸종에 준하는 사건의 재발로 인류가 실제로 멸종할지는 확실치 않다는 점을 지적하고 싶다. 우리는 공룡보다 훨씬 영리하므로(때로는 의심이 들기도 하지만), 재앙에 대처하여 멸종을 막는 방법을 고안할 수 있다. 6600만 년 전에 처음의 충돌과 그 여파로 일어난 충격파와 화재, 홍수 등에서 살아남은 생물들은 궁지에 몰렸고, 살아남기 의해 의존할 것은 운밖에 없었다. 대다수 생물은 운이 다했다. 거기서 살아남은 동물들 ― 땅을 파고, 뿌리를 먹고, 메마른 생물권에서 근근이 살아갈 수 있었던 작은 땃쥐 같은 포유류 ― 이 진화해 사람이 되었다. 그들과 함께 악어류와 조류 공룡(즉, 새)도 살아남았다(나는 백악기 말에 공룡이 전부 다 멸종한 것이 아니라 대부분이 멸종했다는 사실을 사람들이 잘 모른다고 생각한다. 나머지 공룡들은 살아남아 오늘날 지구상에 존재하는 1만 8,000여 종의 조류로 살아가고 있다. 나는 치킨 샌드위치를 공룡 샌드위치라고 부르면, 우리의 삶이 훨씬 재미있지 않을까 하는 생각을 늘 해왔다. 하지만 이야기가 딴 길로 샜다).

우리는 조상 도마뱀과 달리 독창성을 사용해 살아남을 수 있다. 화산 분출물이나 소행성 충돌의 먼지로 대기가 오염된다면 심각한 문제가 생기겠지만, 인류는 이전에도 극한의 환경을 이겨낸 적이 있다. 예를 들면, 캐나다 북단에 사는 이누이트는 수천 년 동안 북극의 겨울을 견뎌내며 살아왔다. 아마도 따뜻한 온실에서 식물을 재배하고 동굴에서 충분히 많은 동물을 기르면서 소수의 인류가 살아남을 수 있을 것이다. 그들은 비참하고 야만적인 삶을 살아가지만, 적어도 계속 앞으로 나아갈 것이다. 어쩌면 그렇게 규모가 크게 줄어든 사회는 우리가 달이나 화성에 건설할 수 있는 전초 기지보다 훨씬 커서, 결국 궁핍하고 크게 쪼그라들긴 했어도 지구 자체가 행성 B가 될 수도 있다. 천천히 하지만 결연히 작은 인간 집단들이 다시 출발을 시작하여, 태평양과 아시아, 유럽으로 퍼져 나간 선조들의 대륙 횡단 이동을 되풀이할 수 있다. 어쩌면 생존자나 그 후손들이 서로 손을 잡고 인류의 두 번째 번성, 즉 충돌 이후의 문명을 이끄는 주역이 될 것이다.

하지만 이 모든 것은 아주 큰 위험을 수반한다. 충돌이나 화산 분화를 컴퓨터로 시뮬레이션할 수 있다고 하더라도, 우리 사회가 거기서 살아남을지 정확하게 예측하긴 어렵다. 이러한 재앙으로 인한 사회적, 물리적 재편은 우리를 혼란스럽고 예측할 수 없는 결과로 휘몰아 갈 가능성이 높다. 어쩌면 우리 종은 멸종 직전의 상황에서 아슬아슬하게 줄타기를 하듯이 삶을 이어갈 것이고, 그런 상태에서 여기저기서 일어나는 작은 교란이나 예측 불가능한 돌발 사건은 생존과 멸종의 운명을 결정할 수 있다. 우리의 모든 기술과 노하우에도 불구하고, 지구를 기반으로 한 문명의 미래는 공룡의 운명이 그랬던 것처럼 주사위 던지기의 결과로 결정될 수 있다.

그러니 처음의 보험 계획으로 다시 돌아가기로 하자. 이것은 얼마나 효과적일까? 처음에 다른 곳에 정착할 수 있는 사람은 소수에 불과할 것이다. 아마도 수십 명 혹은 수백 명 정도에 그칠 것이다. 하지만 아주 후하게 봐주어 설령 화성에 수백만 명이 거주하는 도시를 건설한다 하더라도, 70억 명이 넘는 지구의 인구에 비하면 여전히 새 발의 피에 불과하다. 그리고 솔직히 말해서, 화성에서 100만 명이 살아가더라도, 지구에서 70억 명이 넘는 사람이 죽는다면 그것은 매우 절망스러운 결과가 될 것이다.

하지만 다른 행성에 우리 문명의 한 갈래를 정착시킬 기술적 능력을 우리가 보유할 가능성에 대해 잠깐 생각해 보자. 지금당장은 그런 능력이 없지만, 우리가 진정으로 이 아이디어에 과감한 투자를 한다면, 불과 10년 안에 그러한 기술을 손에 넣게될 것이다. 지구에 닥칠 행성 규모의 재난에서 살아남을 수 있는방법이 우리 손 안에 있다. 이 기회를 놓치지 말고 붙잡아 지구에서 유래한 최초의 다행성 거주 종이 되는 게 좋지 않겠는가? 나는 이것이 우리의 능력에 합당한 목표라고 생각한다.

하지만 그 목표를 추구하면서 택시 기사가 빠졌던 함정에 빠지지 않으려면, 훌륭한 통찰력을 발휘해야 한다. 이 함정에 빠지면, 우리는 보험을 탈출구로 착각한다. 둘은 절대로 같은 것이 아니다. 보험은 재난이 닥쳤을 때 효력이 발생하지만, 탈출은 우리가 재난을 스스로 초래했을 때 선택할 수 있는 마지막 수단이다.

이런 식으로 한번 생각해 보라. 실제로 자신의 보험을 사용할 기회가 오길 원하는 사람은 아무도 없는데, 단지 보험금을 청구할 때 변호사와 손해 사정인이 빡빡하게 굴어서 그런 게 아니다. 더 중요한 것은 보험에 가입하고 나서 보험이 보장하는 그 재난을 겪길 원하는 사람이 아무도 없다는 사실이다. 우리의 지구 보험도 마찬가지다. 다른 행성에 정착한다는 생각에 아무리 흥분이 끓어오른다 하더라도, 제정신인 사람이라면 다른 행성을 지구보다 선호하진 않을 것이다. 태양계의 나머지 천체들은 거주 환경이 지구보다 훨씬 열악하다. 달에서 살아가는 생활의 불편한 점을 일일이 열거할 필요가 있을까? 강한 복사, 액체 상태의 물 부족, 지평선까지 죽 뻗어 있는 황량한 회색 풍경. 생명체도 전혀 없고, 소리도 없으며, 온도는 어는점과 끓는점 사이를 오르내린다. 상대적으로 온화한 화성이 답이라고 생각하는가? 태양계에서 지구와 가장 비슷하다는 이 행성조차 평균 온도는 섭씨 영하 60도이고, 대기는 희박하고 이산화탄소가 주성분이어서 질식사하기에 딱 좋으며, 토양은 유독하고, 위험한 복사가 쏟아지고, 먼지로 뒤덮인 채 끝없이 뻗어 있는 빨간색과 주황색과 갈색의 화산 지형 풍경을 누그러뜨릴 생명체의 징후는 눈을 씻고 찾아도 보이지 않는다.

　　요점은 지구의 환경은 최대한 망가진 상태에서도 달이나 화성보다 사람이 살아가기에 더 좋다는 것이다. 달이나 화성을 지구에 재앙이 닥쳤을 때 탈출할 수 있는 안전한 제2의 고향으로 생각한다면, 그것은 아주 잘못된 판단이다.

　　지구가 우리를 부양할 자연적 능력이 있는 한, 다행성 거주 계획은 어디까지나 최후의 수단으로 생각해야 한다. 지구 밖의 태양계에 인류의 식민지를 세우려고 노력해야 하는 이유는 자원에서 에너지에 이르기까지 우주의 모든 혜택을 지구로 가져오기 위해서이다. 그리고 그 과정에서 우리는 공룡이 할 수 없었던 방식으로 대재앙에 대비해 보험을 들게 될 것이다. 하지만 대재앙이 일어나지 않는 한, 예측 가능한 미래에 우리가 살 수 있는 최고의 행성은 여전히 지구라는 사실은 의심의 여지가 없다.

미시간주 주민이 1월의 플로리다주 해변의 콘도를 바비큐 파티를 즐길 수 있는 곳으로 여기듯이, 다른 행성에서 추위를 피할 수 있는 제2의 고향을 찾으려고 하는 데에는 훨씬 어두운 문제가 숨어 있다. 이러한 시각은 은연중에 지구를 멸시하는 태도를 조장한다. 화성이 우리를 기다리고 있다면, 지구가 필요할까? 나는 우주 계획을 지지하는 많은 사람들이 정말로 이런 견해를 갖고 있다고는 생각하지 않는다. 다행성 거주 인류 사회를 건설하려는 사람들조차 일반적으로 이러한 열망을 그저 하나의 대안으로 간주할 뿐, 부주의한 소비자들이 모든 자원을 거덜낸 지구에서 탈출하기 위한 의도적인 계획으로 생각하지 않는다. 하지만 택시 기사의 발언이 시사하듯이, 보통 사람들은 행성 보험의 목적을 제대로 이해하지 못하고 있다. 나는 택시 기사가 그렇게 생각한다고 해서 비난하고 싶은 마음은 없다. 보통 사람들이 우주 탐험가가 단순히 보험에 들기 위해서가 아니라 첫 번째 고향에서 아예 이주하길 원한다고 믿더라도 충분히 이해할 수 있다.

만약 이러한 견해를 가지고 있다면, 다시 한 번 보험의 예를 생각해 보자. 설령 보험금을 타거나 보험료를 지불하고 싶지 않더라도, 그리고 단지 보험이 재정적 손실을 완화해 줄 것이라는 이유로 집이나 자동차, 고급 악기, 할머니 유품에 불을 지르지 않더라도, 여러분은 어떤 종류의 보험에 가입하고 있을 것이다. 마찬가지로 지구를 돌보는 것과 우리 종의 생존을 위한 보험에 가입하는 것은 아무 모순이 없다. 우리가 아무리 오염을 억제하고 기후 변화와 해수면 상승에 대비해 사회를 강화하고, 세계 평화를 유지하기 위해 어떤 노력을 기울인다 하더라도, 그리고 우주에서는 피할 수 없는 현실인 천체 물리학적 폭력으로부터 이 행성을 보호하기 위해 아무리 노력한다 하더라도, 우리의 잘못이 없는데도 정교하게 균형 잡힌 지구의 계가 한순간에 무너지면서 인류가 멸망할 가능성이 상존한다.

우리는 다행성 거주 보험에서 보험금을 지급받지 못할 수도 있다. 가장 낙관적인 설계로도 페름기 말에 일어난 것과 같은 대멸종으로부터 문명을 구하지 못할 수 있는데, 지구가 서서히 거주 가능한 상태로 회복될 때까지 화성 식민지가 충분히 오래 살아남지 못할 수 있기 때문이다. 그럼에도 불구하고, 우리에게 그럴 능력이 있다면, 여러 행성에 거주하는 미래를 적어도 시도는 해보는 것이 좋지 않겠는가? 나는 우주 정착을 위한 이 동기에 충분히 일리가 있다고 생각한다.

따라서 화성이 행성 B가 될 수 있다. 하지만 행성 B는 해변의 콘도가 아니다. 행성 B는 인류의 미래에 대한 가장 부정적인 예후, 즉 멸종에 대비한 위험 회피 수단이다. 행성 B는 고향에 남은 친구들이 배수로에서 얼음을 제거하는 동안 일광욕을 즐기는 곳이 아니다. 지구가 대재앙을 겪은 후 회복되는 동안 우리가 생존을 이어 갈 수 있는 장소이다. 그리고 행성 B의 건설은 우리의 에덴동산을 돌보는 노력을 병행하면서 추진하지 않으면 아무 의미가 없는데, 태양계에는 지구와 비슷한 거주 장소는 어디에도 없기 때문이다.

제8장

유령은 존재하는가?

중국으로 과학 여행을 다녀온 후
에든버러 공항에서 탑승한 택시 여행

1899년에 제작된 이 사진은 이중 노출로 촬영한 것이다. 하지만 유령을 찾으려면, 굳이 교묘한 사진술까지 동원할 필요가 없다. 이것은 양자 물리학이 알려 주는 교훈이다.

날씨에 관한 대화가 우주와 우리 존재의 본질에 관해 깊은 생각을 촉발하는 경우는 드물다. 오늘의 대화는 베이징에서 출발한 장거리 비행의 결과로 시차증과 피로가 겹친 상태에서 시작되었다. 아마도 피로에 찌든 내 뇌는 뭔가 집중할 게 필요했을 텐데, 마침 택시 기사가 한동안 내 마음을 사로잡았던 문제를 상기시키는 말을 하자, 즉각 그것을 덥석 물었다. 그것은 세계가 실제로 무엇으로 만들어졌는지 물리적으로 정확하게 이해하는 것이었다.

에든버러 공항에서 빠져나와 시내로 향하는 자동차 전용 우회로로 진입할 때, 택시 기사가 먼저 대화를 시작했다. 그는 50대로 보였고, 높은 모피 칼라가 달린 두꺼운 갈색 재킷을 걸치고 있었다. 둥근 안경에 벗겨져 가는 머리, 꼿꼿한 자세, 거만한 기운이 약간 풍기는 어조는 박식한 교장 선생님을 연상시켰다.

그는 「요즘은 정말 이상한 날씨가 계속되네요」라고 말했다. 나는 여기에 딱히 할 말이 없었는데, 베이징에서 생물학과 우주 탐사에 관한 강연을 하고 대화를 나누느라 2주일 동안 여행을 떠났다가 돌아왔기 때문이다. 나는 베이징 대학교 동료들에게서 초대를 받았다. 과학 세미나 사이에 나는 베이징 천문관에서 우주 탐험을 꿈꾸는 열정적인 중국의 젊은 세대들을 대상으로 강연할 기회를 얻었다. 12월의 추위는 쌀쌀했지만 상쾌했다. 나는 택시 기사에게 무슨 말인지 잘 모르겠다고 추가 설명을 요구했다.

「그러니까 날씨가 겉보기와는 다를 수 있다는 거지요」라고 그는 설명했다. 「절대로 알 수 없어요. 저 구름 보이죠? 낮게 깔린 저 회색 구름은 금방이라도 눈이 내릴 것처럼 보이지만, 곧 구름이 걷히고 따뜻하고 화창한 날씨가 펼쳐지죠. 하지만 어제는 비가 내렸어요. TV에서 일기 예보를 볼 수 있지만, 실제로 날씨가 어떨지는 알 수 없어요. 그리고 나처럼 운전을 하며 돌아다니다 보면 무슨 일이 일어날지 알 수 없어요. 모든 것은 겉으로 보이는 모습과는 달라요.」

모든 것은 겉으로 보이는 모습과 다르다. 이 말은 비교적 해롭지 않고 논란의 여지가 없는 말이다. 하지만 그 속에는 수천 년 동안 서로 부딪치며 이견을 보인 생각들이 자리 잡고 있다. 우리가 보는 것은 실재할까? 머리에 박힌 작은 구체 두 개를 통해 바라보고, 거기로 쏟아져 들어오는 정보를 뇌가 처리할 때, 우리는 사물을 있는 그대로 보는 것일까? 현실이라는 구조물 전체가 거대한 착각은 아닐까? 옛날 철학자들은 이 문제를 깊이 탐구하려는 경향이 있었다. 더 최근에는 과학자와 시나리오 작가, 그리고 상상력이 풍부한 각계각층 사람들이 우리가 외계인이 프로그래밍한 컴퓨터 시뮬레이션 속에서 살고 있는 것은 아닐까 하는 의문을 제기했다.

어떤 면에서는 과학자들이 우주에 대해 밝혀낸 진실이 우리가 외계인의 컴퓨터 게임 속 캐릭터라는 주장보다 훨씬 기이하다. 예를 들어 내가 유령을 믿을 뿐만 아니라 유령이 존재한다는 사실을 안다고 말하면, 여러분은 어떻게 생각할까? 아마도 틀림없이 흥미를 느낄 테고, 만약 여러분이 과학자라면 내가 어리석은 생각에 빠진 것에 경악할지도 모른다. 하지만 유령은 존재한다. 내가 말하는 유령은 죽은 조상의 혼령이나 다른 초자연적 존재가 아니다. 나는 여러분을 포함한 주변의 모든 것에 대해 말하고 있다. 이 이상한 주장을 이해하려면, 우리가 주변 세계를 어떻게 지각하는지 알 필요가 있다.

플라톤Plato은 우리를 동굴 속에서 사는 사람들에 비유한 것으로 유명하다. 그 사람들은 뭔가가 동굴 입구를 지나갈 때 동굴 벽에 비친 그림자만 볼 수 있는데, 이 그림자는 실제 세계의 복잡성을 암시하는 흔적에 불과하다. 하지만 과학의 방법과 도구는 우리를 동굴에서 해방시켰다. 탐구의 자유를 얻은 플라톤의 혈거인은 물리적 실재가 어떻게 구성되어 있는지 어느 정도 이해하게 되었다. 물론 그 이해는 항상 제한적이기는 하지만, 우리는 플라톤이 의심한 것처럼 완전한 무지 상태에 얽매여 있지는 않다. 우리가 발견한 것은 플라톤이 상상할 수 있었던 것보다 훨씬 기이하다. 만약 우리가 타임머신을 타고 고대 아테네로 돌아가 이 모든 것을 이야기한다면, 위대한 철학자는 현실의 지각에 관한 자신의 비유가 매우 정확했다는 사실에 깜짝 놀랄 테지만, 우주의 기본 구조가 너무나도 기이한 것으로 밝혀졌다는 사실에도 놀랄 것이다.

아마 여러분에게도 그렇겠지만 옛날 사람들에게 세계는 안심해도 좋을 정도로 매우 확실한 곳으로 보였다. 이 책을 집어들 때, 여러분은 예측 가능한 확신을 가지고 손가락으로 책을 꽉 쥔다. 책장이나 탁자에서 책을 들어 올려 눈앞으로 가져올 때, 책이 손의 움직임을 따라 움직이리라는 사실을 안다. 책을 펼쳤을 때, 여러분의 시선은 종이를 관통하는 대신에 단단한 종이에 인쇄된 검은색 글자에 머문다. 그리고 그 종이들은 직사각형 물질 덩어리로 단단하게 뭉쳐져 있다.

옛날 사람들 역시 일상적으로 동일한 경험을 했고, 그런 경험을 바탕으로 추론한 끝에 세계에 대해 중요한 결론에 도달했는데, 그것은 만물이 작은 물질 덩어리로 이루어져 있다는 것이었다. 그들은 책에서부터 말, 의자에 이르기까지 모든 것은 이렇게 작은 물질 덩어리들이 결합해 만들어졌다고 생각했다. 고대 그리스인은(그리고 이 문제에 관한 한 나머지 모든 사람들도) 생물이 단순한 의자나 책 같은 사물과는 다르다는 사실을 이해했고, 이러한 구분을 통해 사람과 나머지 모든 생물은 미천한 의자나 책과는 다른 위치에 설 수 있었다. 하지만 그 구분이 어떤 것이었건 간에 여러분과 나, 그리고 소파 같은 사물은 모두 똑같이 견고한 속성을 지니고 있는데, 이것들은 모두 동일한 물리적 재료로 만들어졌기 때문이다.

그 기본 재료를 가장 그럴듯하게 기술한 사람은 철학자 데모크리토스였는데, 그는 우주 만물이 더 이상 쪼갤 수 없는 입자로 이루어져 있다는 이론을 세웠다. 데모크리토스의 개념은 매우 매력적이어서 수천 년 뒤까지도 여전히 영향력을 떨쳤다. 19세기로 막 접어들 무렵에 영국 맨체스터에서 주로 활동한 화학자 존 돌턴John Dalton은 물리적 실재가 작고 단단한 구형의 공으로 이루어져 있다는 모형을 내놓았다. 돌턴은 이 작은 공을 아톰atom(원자)이라고 불렀는데, 〈쪼갤 수 없는〉이란 뜻의 그리스어 아토모스atomos에서 따온 이름이다. 각각의 원소는 같은 종류의 원자들로 이루어져 있으며, 소금 같은 화합물은 서로 종류가 다른 작고 단단한 원자들이 결합해 만들어진다고 보았다. 돌턴은 자신의 이론에 더 현대적인 화학적 색채를 가미하긴 했지만, 기본 개념은 데모크리토스의 발자취를 면밀히 뒤따라간 것이었다. 두 사람 다 자신이 더 이상 쪼갤 수 없는 우주의 최종 입자를 발견했다고 생각했다.

100년이 지난 뒤, 전자의 발견으로 원자 모형이 극적으로 변했지만, 일상적으로 경험하는 사물의 단단한 속성에 대한 지각은 그대로 유지되었다. 1897년에 영국 과학자 J. J. 톰슨J. J. Thomson은 음극선관을 가지고 실험을 하고 있었다. 음극선관은 훗날 수십 년 동안 텔레비전 화면과 컴퓨터 모니터의 핵심 부품으로 쓰이게 된다. 음전하를 띤 전극에 전류를 흘려 보낼 때 방출된 입자가 자기장과 전기장의 영향을 받으면 그 운동에 어떤 변화가 생기는지 연구한 끝에 톰슨은 음극선관에서 방출되는 입자가 원자보다 훨씬 작으며, 따라서 원자의 파편 또는 일부라는 사실을 발견했다. 더욱 놀라운 사실은 입자가 방출되는 전극의 재료를 바꾸어도 입자의 행동에는 아무런 차이가 없었는데, 이것은 이 입자가 보편적인 성질을 가지고 있다는 증거였다. 톰슨은 모든 원소에 공통적으로 들어 있는 아원자 입자를 우연히 발견한 것이었는데, 원자가 더 이상 쪼갤 수 없는 덩어리가 아니라는 사실과 원소가 고유한 원자로만 이루어져 있지 않다는 사실을 모두 증명했다. 그뿐만이 아니라, 순식간에 나타났다 사라지는 전자의 특성은 원자가 확고하게 단단한 존재가 아니라는 것을 시사했다. 즉, 원자의 구성 성분에는 찰나적이고 모호한 속성을 지닌 무언가가 있는 것 같았다.

이 직관은 옳았지만, 그래도 우리가 일상적으로 경험하는 사물의 단단한 속성에 대한 지각을 몰아내지는 못했다. 따라서 이 길 잃은 작은 파편들(즉, 전자)은 그것들을 억제하는 양전하 구름에 단단히 박혀 있다고 상상되었다. 원자 모형은 단순하고 단단한 구에서 건포도가 박혀 있는 〈크리스마스 푸딩〉(균일하지도 않고 더 이상 쪼갤 수 없는 것도 아닌, 스펀지 같은 디저트)으로 변했다. 이제 원자는 양전하를 띤 덩어리에 음전하를 띤 건포도가 곳곳에 박혀 있는 모습으로 되었고, 전체적으로는 양전하와 음전하가 상쇄되어 전기적으로 중성이었다. 하지만 여기서 〈전체〉는 중요한 단어이다. 원자가 더 이상 쪼갤 수 없는 존재가 아니더라도, 원자는 여전히 단단했는데, 모든 부분이 서로 단단하게 들러붙어 있기 때문이다.

그럴 수밖에 없었다. 결국 우리 주변의 물체는 단단하며, 우리도 마찬가지다. 손을 앞으로 죽 뻗어 보면, 가장 명백한 속성 두 가지를 알 수 있다. 첫째, 물체를 손에 통과시키기가 쉽지 않다. 정말로 최대의 노력을 기울이면 통과시킬 수 있겠지만, 그러면 결국 병원에 가야 할 것이다. 따라서 우리는 분명히 단단한 진짜 고체 물질이다. 둘째, 손 뒤편에 있는 풍경을 볼 수 없다. 한쪽에서 강한 손전등을 비추면, 반투명한 살갗을 통해 반대편의 빛이 희미하게 비칠 수 있지만, 희미하고 어두운 그 빛은 우리가 단단한 물질로 이루어졌다는 확신을 더 강화시킨다.

수천 년 동안 굳건하게 유지된 이 확신은 톰슨의 연구 때문에 약화되기 시작했지만, 실제로 완전히 무너지기까지는 한 세대가 더 걸렸다. 톰슨의 제자였던 물리학자 어니스트 러더퍼드Ernest Rutherford는 금 조각으로 실험을 하면서 원자의 비밀을 밝혀내려고 했다. 러더퍼드는 진공 속에서 얇은 금박을 매달아 놓고 그것을 향해 알파 입자(앞서 자신이 발견한 방사선의 한 종류) 빔을 발사했다. 그 실험에는 알파 입자를 측정할 수 있는 장비를 개발한 한스 가이거Hans Geiger와 가이거의 제자 어니스트 마스든Ernest Marsden도 함께 참여했다.

이 알파 입자(실제로는 양성자 2개와 중성자 2개로 이루어진 헬륨의 핵으로, 전자가 없어 양전하를 띤다)들이 금박에 계속 충돌했다. 그러는 동안 가이거와 마스든은 장비를 사용해 금박을 관통한 입자의 수를 세었다. 그리고 놀라운 사실을 발견했다. 대다수 알파 입자는 금박을 곧장 통과했지만, 극소수 알파 입자는 통과하지 못했다. 대신에 이 입자들은 큰 각도로 표적에서 벗어나 날아가거나 알파 입자를 발사하는 방출원이 있는 쪽으로 되돌아왔다. 이러한 관찰 사실을 설명할 수 있는 방법은 알파 입자를 밀어내는 힘을 지닌 뭔가가 있다는 것뿐이었다. 그것은 양전하를 띠고 있는 게 분명했는데, 같은 전하 사이에는 서로 밀어내는 반발력이 작용하기 때문이다. 그런데 왜 알파 입자(양전하를 띤 헬륨 핵) 중 극소수만 방향이 바뀌고, 대다수는 그냥 금박을 통과해 곧장 지나갈까? 어떻게 알파 입자가 단단한 금을 뚫고 지나갈까?

최선의 설명은 금이 사실은 단단한 물질이 아니라고 보는 것이었다. 금을 이루는 원자에는 양전하를 띤 구성 요소인 원자핵이 있지만, 원자핵은 원자 전체의 크기에 비하면 너무 작아서 알파 입자는 원자핵과 상호 작용을 거의 하지 않았다. 러더퍼드는 계산을 통해 원자핵의 크기가 원자의 약 1만분의 1이라는 사실을 발견했는데, 이것은 그곳을 지나가는 알파 입자의 관점에서는 원자 부피의 99퍼센트 이상이 텅 빈 공간으로 보인다는 뜻이었다. 다시 말해서, 원자는 크리스마스 푸딩과 같은 모습이 전혀 아니었다. 즉, 양전하를 띤 푸딩 사이에 음전하를 띤 전자가 건포도처럼 점점이 박혀 있는 게 아니라, 양전하를 띤 중심 핵 주변은 대부분 텅 빈 공간이고, 몇몇 전자가 그 주위를 윙윙거리며 돌아다니고 있었다.

1911년에 발표된 러더퍼드의 새로운 원자 모형은 혁명적인 것이었지만, 이전의 일부 믿음이 그대로 남아 있었다. 특히 러더퍼드는 원자핵이나 전자 자체의 견고성을 의심할 이유가 전혀 없었다. 같은 시기에 덴마크에서 연구하던 닐스 보어Niels Bohr는 전자에 대한 지식을 확장하고 있었는데, 그 연구 방법 역시 견고성에 대한 종래의 개념을 신뢰하는 것처럼 보였다. 보어는 전자가 띄엄띄엄 떨어진 특정 크기의 에너지만 가질 수 있다는 사실을 발견했다. 예컨대 1단위 또는 10단위의 에너지만 가질 수 있고, 그 중간에 있는 에너지는 가질 수 없다는 뜻이었다. 이것은 마치 전력 질주하거나 천천히 걸을 수만 있을 뿐, 그 중간 속도로는 이동할 수 없다는 말과 같다. 이 발견은 매우 난해하게 들릴 수 있지만, 엄청난 결과를 낳았는데, 원자를 새롭게 바라보는 관점을 구체화하는 데 크게 기여했다. 보어의 발견은 또한 러더퍼드의 원자핵 주위를 돌아다니는 전자의 위치가 무작위적이지 않다고 시사했다. 전자는 원자핵에서 특정 거리만큼 떨어진 곳에서 그 주위를 돌아다니는데, 그 거리는 전자가 가진 에너지 준위에 따라 결정된다.

이러한 원자 이미지는 행성들이 태양 주위의 궤도를 도는 방식과 완벽하게 일치하며, 가장 큰 규모의 물리학과 가장 작은 규모의 물리학이 아름답게 공명하는 것처럼 보였다. 인간의 마음은 우리의 지식에 우아함과 구조를 제공하는 이런 종류의 일치를 좋아하는데, 이 경우에는 우주 규모에서 원자 규모까지 자연계 전체를 관통하는 일관된 설계를 시사했다. 그렇다면 이것은 바로 우리 주변의 모든 것과 거의 동일한 방식으로 원자를 만지고 보고 이해할 수 있다는 증거였다.

하지만 과학자들이 깨달았듯이, 자연은 우리의 깔끔한 이야기 따위에는 신경 쓰지 않는다. 전자의 에너지 준위가 불연속적이라는 보어의 생각은 옳았지만, 다른 실험들을 통해 그 작은 입자들의 궤도는 그렇게 깔끔하지 않다는 사실(즉, 원자는 축소된 태양계가 아니라는 사실)이 드러났다. 실제로 전자는 엄밀한 궤도를 가지고 있지 않을 뿐만 아니라, 전자 자체도 단단하지 않았다.

이 놀라운 발견을 한 사람은 프랑스 물리학자 루이 드 브로이Louis de Broglie인데, 그는 전자가 이중 성격을 가지고 있음을 보여 주었다. 전자는 때로는 작은 고체 공처럼 행동하고, 때로는 연못의 수면 위로 퍼져 가는 파동처럼 행동한다. 이것은 물질에 대한 일반적 견해를 뒤흔들었는데, 우리는 파동과 입자를 같은 것으로 인식하지 않기 때문이다.

그렇더라도 물체가 때로는 입자처럼 행동하고 때로는 파동처럼 행동한다고 믿을 수는 있었다. 물도 충분히 높은 온도에서는 액체 상태로, 충분히 낮은 온도에서는 단단한 고체 상태로 존재하지 않는가? 하지만 얼마 후 과학자들이 전자가 어떤 때에는 입자로, 다른 때에는 파동으로 존재하는 게 아니라는 사실을 발견하면서 더 이상한 일이 일어났다. 사실, 전자는 입자와 파동의 성질을 동시에 가지고 있으며, 실험의 종류에 따라 이 두 가지 성질 중 어느 한쪽이 나타난다.

이렇게 해서 원자를 양자론의 시각으로 바라보는 과학이 탄생했는데, 그 복잡한 내용을 밝혀내는 데에는 독일 물리학자 베르너 하이젠베르크Werner Heisenberg와 에르빈 슈뢰딩거Erwin Schrödinger가 큰 역할을 했다. 양자론이 이야기하는 중요한 사실 중 하나(고체의 단단한 속성을 믿던 사람들에게는 정말로 끔찍한 것이지만)는 전자가 어느 순간에 어디에 있는지 정확하게 알 수 없다는 것이었다. 전자를 쿡 찌르거나 밀었을 때(예컨대 빛을 쬐어), 전자는 그 순간에 실험 장비 안의 어느 지점에 멈춰 있는 것처럼 보이는데, 마치 의자나 테이블처럼 어느 한 장소에 있는 것처럼 보인다. 하지만 이것은 실험이 인위적으로 만들어 낸 결과로 밝혀졌다. 실제로는 전자가 핵 주위의 모든 장소에 퍼져 있으며, 우리가 말할 수 있는 것은 전자가 어느 순간에 어느 장소에 있을 확률이 얼마라는 것뿐이다. 이것은 마치 내가 어디에 있느냐는 질문을 받았을 때, 에든버러 공항에 있을 확률이 50%이고, 사무실에 있을 확률이 50%라고 대답하는 것과 같다. 우리가 경험하는 사물의 규모에서는 이러한 진술은 정신 건강을 의심받는 상황을 초래할 것이다. 하지만 양자 세계에서는 지극히 정상적인 현상이다. 전자는 잘 정의된 궤도를 따라 움직이는 것이 아니라, 핵 주위에서 유령 같은 확률장으로 존재한다. 전자를 찾으려고 시도하면, 그 위치를 정확하게 알아낼 수 있지만, 그렇지 않을 때에는 전자는 특정 장소에 존재하지 않는다. 대신에 각각의 장소에 존재할 수 있는 확률만 가지고서 모든 장소에 존재한다.

이 관점에 함축된 의미를 간과하기 쉬운데, 실제로 대다수 사람들이 거의 항상 간과한다. 하지만 깊이 생각해 보면, 양자론은 우리가 이해하는 물질 개념에 큰 수정을 요구한다는 사실을 깨닫게 된다. 다음 상황을 생각해 보라. 버스 정류장에 서 있거나 슈퍼마켓에서 걸어 나오는 사람은 원자로 이루어져 있는데, 그 사람의 부피는 대부분 유령 같은 전자 확률장으로 이루어져 있다. 물론 일부 사이비 과학자들처럼 양자 세계의 이 기묘한 측면을 일상적인 규모에서 일어나는 사건과 혼동해서는 안 된다. 카페에 앉아 있는 친구는 다른 장소들에 흩어져 있는 게 아니라 실제로 우리 눈앞에 앉아 있다. 하지만 친구를 이루는, 모든 원자핵 주위를 도는 전자는 그 위치를 정확하게 파악할 수 없다. 친구를 이루는 물질적 형태는 주로 흐릿한 전자 확률장이다. 다시 말해서, 친구의 부피는 대부분 유령이다. 친구는 정말로 유령이고, 여러분 역시 유령이다.

이것이 우리의 일상 경험과 상충되는 이유는 무엇일까? 우리 몸에서 익숙한 두 가지 특징을 다시 살펴보자. 첫째, 물체가 손을 통과하기는 쉽지 않다. 우리가 확률장이 퍼져 있는 존재라는 사실에도 불구하고, 원자들이 서로 매우 가까워지면 그 사이에 엄청나게 강한 반발력이 작용한다. 원자 속의 전자들도 다른 원자 속의 전자들과 같은 전하를 띠고 있어 서로를 밀어내고, 양전하를 띤 양성자들도 서로를 밀어내므로, 물체는 서로를 통과하지 못하고 단단한 고체의 형태를 띠게 된다. 병원에 입원할 정도로 아주 강하게 밀더라도, 우리는 고체의 단단함을 극복하지 못하고, 그저 한 고체를 여러 개로 쪼개는 데 그친다.

단단함에 대한 착각은 우리가 아는 또 다른 특성 때문에 더욱 커지는데, 그것은 바로 고체와 그 외 여러 액체에서 보이는 불투명성이다. 조명 아래에서 손을 바라볼 때 우리가 보는 것은 손에서 쏟아져 나오는 수조 개의 작은 입자, 즉 광자이다. 이 광자들은 램프에서 출발했을 수 있지만, 손을 이루는 원자에 부딪치면 반사되어 결국(실제로는 매우 빠르게) 눈으로 들어가고, 거기서 계속 나아가 시신경에 도달한다. 이 과정 자체는 양자 세계의 토끼굴과 같은데, 광자는 원자에 부딪치면서 단순히 당구대 위의 당구공처럼 튀어나가는 것이 아니기 때문이다. 광자는 원자 속의 전자에 흡수되었다가 다시 방출된다. 그렇게 미소한 규모에서 빛이 반사되는 과정의 자세한 내용은 양자 물리학자만 알면 된다. 우리의 관점에서 중요한 것은 이러한 원자의 습성, 즉 광자를 다시 뱉어 내는 습성이 물질을 단단한 고체처럼 보이게 한다는 것이다.

우리는 유령 같은 물질의 반발력과 빛 입자(광자)에 대한 물질의 반응에 현혹되어 물질로 이루어진 사물이 본질적으로 연속적이라고 확신한다. 이 신기루 효과가 너무나 강력한 나머지 우리는 다른 방식으로는 세계를 경험할 수 없다. 하지만 스스로 깨달음을 통해 달리 생각하는 법을 배울 수 있다. 카페에 앉아 있는 친구의 겉모습 이면을 들여다보라. 광자들과 원자들의 반발력 베일을 꿰뚫고 친구를 유령 같은 존재로 바라보라. 즉, 영묘한 확률장으로 둘러싸인, 보이지 않는 작은 원자핵 수조 개로 이루어진 유령이라고 상상해 보라. 상상력을 총동원하여 이렇게 보려는 시도를 서너 번 해보면, 세계는 다시는 이전과 같은 모습으로 보이지 않을 것이다. 심지어 사과조차 이전과 같은 모습으로 보이지 않을 것이다.

에드워드 퍼셀Edward Purcell이 핵자기 공명 현상을 발견한 공로로 1952년에 노벨 물리학상을 수상할 때 한 강연이 그런 경험을 생생하게 전달한다. 핵자기 공명 현상은 오늘날 여러 용도 중에서도 의료 진단 목적으로 세균의 분자 구조와 인체 내부를 조사하는 데 쓰인다. 퍼셀은 노벨상 수상 연설에서 자신이 발견한 공명을 언급하면서 〈이 미묘한 움직임이 우리 주변의 모든 일상 물체에 존재하며, 그것을 보려고 하는 사람에게만 그 모습을 드러낸다는 사실을 알았을 때 느꼈던 경이로움과 기쁨을 아직도 간직하고 있습니다.〉라고 말했다. 〈불과 7년 전에 처음 실험을 하던 겨울에 새로운 눈으로 흰 눈을 바라본 기억이 납니다. 눈은 문간에 쌓여 있었는데, 그것은 지구 자기장 속에서 조용히 세차 운동을 하는 양성자가 수북이 쌓인 것이었습니다. 잠시나마 세계를 풍요롭고 기묘한 것으로 바라보는 경험은 많은 발견에 따르는 개인적 보상입니다.〉

물론 세상을 이렇게 바라본다고 해서 반드시 대단한 발견을 하는 것은 아니다. 주변을 완전히 새로운 방식으로 바라보는 최초의 사람이 되는 것은 대단한 일이긴 하다. 하지만 추운 겨울 아침에 쌓인 눈 더미를 보면서 그것을 잠깐 동안 빙빙 돌고 선회하는 작은 원자 입자들로 바라보는 것은 누구라도 할 수 있다.

퍼셀이 우리에게 그렇게 하도록 가르쳤을지 모르지만, 이렇게 바라보는 능력은 퍼셀만의 전유물이 아니다. 그 능력은 과학적 노력의 결실이다. 그 자양분으로 우리는 플라톤의 동굴에서 밖으로 나와 사물의 실제 모습을 볼 수 있다. 우리가 세계에 대해 알아낸 것이 우리의 지각을 무너뜨릴 수 있지만, 항상 그런 것은 아니다. 적어도 그것은 우리가 경험하는 것을 설명해 준다. 깨달음을 얻는 순간, 우리는 그동안 거짓된 삶을 살아온 것이 아니라, 단순해 보이는 것이 사실은 복잡한 이면의 실재를 농축해 연극으로 표현한 광경이라는 사실을 알게 된다. 우리는 모든 나날을 이 극장에서 보낸다.

내가 2500년이 지난 지금도 플라톤의 동굴 비유를 놀랍다고 생각하는 이유는 이 때문이다. 그는 동굴 벽에 드리워진 그림자가 속임수나 착각이 아니라는 사실을 알았다. 그림자는 실제 현상이지만, 그 뒤에는 지나가는 사람들, 그들이 지나가면서 가리는 빛, 동굴 벽으로 비치는 나머지 빛 등 일련의 다른 실재가 존재한다. 우리가 지각하는 그림자는 지각할 수 없는 것들이 만들어 낸 결과물인데, 그것들은 접근이 불가능한데도 불구하고 엄연히 우리 세계의 일부이다. 어떤 의미에서 우리는 동굴에서 나와 지나가는 사람들을 보았지만, 이제 우리는 그들조차 또 다른 종류의 그림자인 시각적 착각이라는 사실을 알게 되었다. 즉, 광자들의 반사와 원자의 반발력이 빚어낸 그림자로, 이 모든 것은 우리 마음속에 다른 이미지를 만들어 낸다. 하지만 과학의 도구와 방법의 도움으로 우리는 이 새로운 왜곡 현상을 분석하고 우리의 유령 같은 형태를 있는 그대로 볼 수 있게 되었다. 하지만 이것에 만족해서는 안 된다. 우리 자신에 대한 이러한 견해 뒤에 또 어떤 우주의 실체가 숨어 있는지 계속 의문을 품어야 한다.

여러분이 생각해 보았으면 하는 또 다른 관점이 있다. 이것이 다음 단계의 기묘한 생각으로 보일 수도 있지만, 시간이 있다면 한번 시도해 보라고 권하고 싶다. 여러분은 지구에 지능 생명체가 존재한다는 사실이 얼마나 경이로운지 생각해 본 적이 있을 것이다. 우리는 주변을 둘러보면서 우주의 기원을 생각하고, 우주의 다른 곳에 존재할지도 모를 생명체에 대해 궁금해한다. 한참 동안 이 생각을 하다 보면, 이것이 실제로 그럴 가능성이 높은 아주 굉장한 생각이라는 사실을 깨닫게 된다. 이제 이 생각과 앞에서 내가 여러분에게 깊이 생각해 보라고 권한 생각을 합쳐 보라.

99퍼센트 이상이 텅 비어 있고 일련의 전자 확률장으로 이루어진 물질 구름들에 대해 잠깐 생각해 보라. 이 물질 구름들은 행성 위에 흩어져 있는데, 행성 자체도 광대한 전자 확률 구름의 바다에 흩어져 있는 양성자와 중성자의 집합체에 불과하다. 이 유령 같은 전자 구름들은 서로 의사소통을 하며, 진공 상태의 우주 공간 저 너머에도 상호 작용하고 소통하는 다른 전자 확률장이 존재하는지 궁금해한다. 이 유령 같은 구름들은 확률장들 사이에 교환되는 에너지를 사용해 자신들이 존재하는 우주의 본질을 계산하고 시각화하고 예측한다. 이런 일이 가능하다는 사실은 얼마나 놀라운가! 생물보다는 확률장에 가까운 존재가 무언가를 알 수 있다는 사실이 얼마나 경이로운가! 이 확률 구름들은 입자 가속기(아원자 입자를 충돌시켜 연구하는 데 사용되는)와 거대한 전파 망원경(우주의 먼 곳에서 날아온 광자를 모으는)의 형태를 한 다른 전자 확률들을 결합한다. 살아 있는 세계와 전체 우주는 입자들과 그 확률들의 계략과 상호 작용에 불과하다.

실재의 미묘한 본질에 매우 의식적으로(즉, 일상 업무를 할 때에도 머릿속에 자주 떠오를 정도로 아주 구체적으로) 처음 맞닥뜨렸을 때, 나는 영원히 지속되는 경이로운 느낌에 휩싸였다. 그 느낌은 결코 사라지지 않았다. 나는 지금도 길을 걸어가면서 동료 보행자들을 있는 그대로의 모습으로 상상하는 걸 즐긴다. 즉, 각자 자기 일에 분주한 유령들, 거의 텅 비어 있는 동료 확률 구름들로 바라본다. 내가 전자 구름을 예쁘다고 생각하거나 상대의 미소에서 양자 확률 함수를 본다면, 제정신이 아닌 것일까? 그저 공허한 확률 함수들의 집단이 화를 내는 것을 보면서 즐기려고 전자 구름을 화내게 한다면 재미있지 않을까? 하지만 나는 그런 행동을 자제하려고 애쓰는데, 확률 집단들 사이의 부조리한 에티켓도 충분히 즐길 수 있기 때문이다. 아원자 입자들로 이루어진 존재가 서로를 친절하게 대한다는 생각은 그 자체로 충분히 즐길 만한 우스꽝스러움이 있다. 전반적으로 나는 여러분 자신의 텅 빈 공간과 확률 함수들의 집합이 다른 집합에 뭔가를 느끼도록 하는 것이 가치 있다는 결론을 내렸는데, 그러지 않는다면 실재를 감당하기 어려울 수 있기 때문이다.

　외계 생명체를 발견하겠다는 흥분에 사로잡혀 거기에 정신이 팔리기 쉬우며, 지구 밖의 생명체와 접촉하는 것은 분명히 과학적으로 중요하다. 하지만 우리 자신을 들여다봄으로써 생명과 우주에 대해 알아낼 수 있는 것을 결코 과소평가해서는 안 된다. 물리학은 우리 자신의 유령 같은 모습을 드러냄으로써 우리가 과학 작가들이 상상한 그 어떤 외계 생명체보다 더 기이한 존재라는 것을 보여 주었다. 내면을 들여다보면, 우리 속에 숨어 있는 외계인을 발견할 수 있다.

제9장

우리는 외계인 동물원의
전시 동물인가?

스윈던 기차역에서 폴라리스 하우스에 있는
영국 우주국으로 가는 택시 여행

외계인은 어떤 동기를 갖고 있을까? 만약 아직 우리가 지적 외계인을 만나지 않았다면, 그것은 외계인이 사파리 공원을 방문하는 관광객처럼 우리에게 간섭하지 않고 그저 관찰만 하기 때문일 수 있다.

나는 스윈던을 잘 몰랐다. 영국의 과학 연구 위원회들이 모여 있는 본거지라는 사실은 알았지만, 장소 자체에 대해서는 잘 알지 못했다. 뒷좌석에 올라탄 뒤, 택시가 속도를 높이며 로터리를 지나 다리 밑으로 지나갈 때, 나는 택시 기사에게 물어봐야겠다고 생각했다.

「스윈던. 스윈던에 대해 어떻게 생각하나요?」

택시 기사는 피식 웃으면서 자리에서 몸을 옮겼다.

「나는 이곳이 좋아요.」 그녀는 이곳에 대한 자부심을 드러내려는 듯 녹색 가죽 재킷의 깃을 세우고, 자세를 바로 하면서 검은색 파마 머리를 매만졌다. 옷을 잘 차려입었는데, 1980년대풍의 분위기를 풍겼다. 나는 아마도 그녀가 그 시대에 스윈던 비슷한 곳에서 10대 시절을 보냈을 거라고 추측했다.

나는 그 의견에 반박할 이유가 없었다. 날씨는 우중충하고 전혀 매력적이지 않았지만, 도시는 충분히 쾌적했다. 펍 밖에서 몇 사람이 어슬렁거리고 있었고, 큰 식품 시장 가장자리에 사람들이 모여 있었다. 한 10대 소녀가 천막 문 옆에 서서 소시지 롤을 우적우적 씹고 있었고, 그 옆의 친구는 머리를 땋고 있었다.

나는 연구비 지원 제안서를 검토하는 위원회를 주재하러 가는 중이었는데, 내 마음은 잠시 후에 검토해야 할 많은 문서에 온통 쏠려 있었다. 이것은 과학자로서 마땅히 해야 하는 공동의 일 중 하나인데, 다른 사람들도 내가 연구비를 지원받기 위해 제출한 제안서를 검토하느라 시간과 노력을 들이기 때문이다. 하지만 그다지 신이 나는 일은 아니었기 때문에 내 기분은 가볍지 않았다.

「오늘 뭔가 재미있는 일이 있나 봐요?」택시 기사의 질문이 상념에 빠져 있던 나를 깨웠다.

「영국 우주국에서 연구비 지원 제안서를 검토해야 해요. 그다지 신나는 일이라곤 말할 수 없지만, 어쨌든 해야 하는 일이고, 사실대로 말하자면, 사람들이 하고 있는 그 모든 일을 읽는 것은 꽤 흥미진진해요. 화성에서 생명체를 찾고, 화성의 대기를 연구하기 위한 장비를 만드는 것과 같은 일들이죠. 우주 탐사에 필요한 일들을 검토하는 위원회죠.」

「제겐 꽤 신나는 일로 들리는데요.」택시 기사가 반대 의견을 제시했다. 「그런 일을 경시해서는 안 되죠.」나는 그것이 틀린 말이 아니라는 생각이 들었다. 「하지만 화성인은요, 당신들이 화성인을 발견하지 않았으면 좋겠어요」라고 그녀가 덧붙였다.

「그건 왜죠? 화성에서 생명체를 발견하면 정말 굉장한 일이 아닌가요?」

「나는 〈우주 전쟁〉을 봤어요. 우리 모두는 우리에게 어떤 일이 일어나는지 알고 있어요. 때로는 너무 많은 것을 바라서는 안 돼요. 위험할 수 있으니까요.」

외계인은 실제로 나쁜 의도를 갖고 있을 수 있으며, 대중문화는 분명히 외계인을 이런 식으로 표현한다. 외계인을 다룬 영화는 거의 다 외계인이 인상적인 우주선을 타고 나타나며 수상한 의도를 가지고 있다고 묘사한다. 1996년에 상영된 한 영화는 외계인의 공격에 지구가 멸망 직전에 이르렀을 때, 미국 전투기들이 출격해 이를 저지하면서 색다른 독립 기념일을 맞이하는 이야기를 다루었다. 1979년, 리들리 스콧Ridley Scott은 불운한 희생자의 뱃속에 새끼를 낳는 초효율적 포식자를 다룬 영화「에일리언Alien」을 내놓았다. 〈그 애한테서 떨어져, 이 망할 년아!〉 시고니 위버Sigourney Weaver는 아이를 공격하는 외계인을 향해 이렇게 외친다. 이것은 내가 외계인을 만났을 때 쓸 수 있는 종류의 언어는 아니지만, 어쨌든 영화에서는 그렇게 말한다. 그러니 외계인 접촉을 위험하다고 여기는 택시 기사를 만난 것은 놀라운 일이 아니다.

학계에서도 접촉의 위험성을 지적하는 의견들이 있다. 진지한 과학자들은 우리의 존재를 알리는 전파 메시지를 우주로 보내 외계인의 방문을 자극하는 것이 과연 현명한 일인지 의문을 표시한다. 〈안녕하세요, 우리는 이곳 지구에 살고 있습니다.〉라는 메시지는 번역 과정에서 사라지고, 대신에 〈우리 행성은 우리처럼 복잡한 지능 생명체가 살기에 적합합니다. 아마도 지구는 당신들이 식민지로 삼기에 아주 좋은 장소일 것입니다!〉로 해석된다면 어떻게 될까? 외계인에게 메시지를 보내는 행위에 관한 국제 규약, 즉 합의된 절차가 있어야 할까?

이러한 우려는 과장된 것처럼 보일 수 있다. 도대체 외계인이 존재할 가능성이 얼마나 될까? 설령 외계인이 존재한다고 하더라도, 정말로 잘못된 메시지 때문에 우리가 종말을 맞이할 것이라고 믿어야 할까? 그뿐만이 아니다. 우리는 이미 1920년대부터 우주에 라디오 메시지를 내보냈기 때문에, 지금 뭔가 조치를 취하기에는 때가 늦었을지도 모른다. 우리가 외계인과 의도적으로 교신을 시도한 것은 아니지만, 우리가 전송한 전파가 그것을 전혀 들으려는 의도가 없었던 귀에 도달할 수 있다. 이렇게 전송한 신호는 우주로 퍼져 나가면서 점점 약해지는데, 역제곱 법칙에 따라 거리가 두 배로 늘어나면 그 세기가 2분의 1이 아니라 4분의 1로 줄어들면서 결국 지지직거리는 소리로 변한다. 그럼에도 불구하고, 외계인이 충분히 강력한 수신기를 가지고 있다면, 100광년 떨어진 곳에서도 인류가 최초로 내보낸 라디오 방송을 들을 수 있을 것이다. 약 83광년 거리에 있는 별인 게자리 제타2 주위의 궤도를 도는 어느 행성에 외계인이 살고 있다면, 1936년 베를린 올림픽 때 아돌프 히틀러가 한 연설을 지금 듣고 있을지도 모른다. 개인적으로는 그들이 그것을 듣고 큰 감흥을 받지 않았으면 한다.

의도치 않게 우리가 악의적인 외계인 종족을 자극할 가능성을 너무 염려하기 전에, 우리가 염려해야 할 외계인이 존재하는지부터 알아야 할 것이다. 「외계인이 위험할 가능성에 대한 염려는 충분히 이해합니다. 그런데 그전에 외계인이 우주 저 어딘가에 존재한다고 생각하나요?」내가 물었다.

「오, 나는 그들이 틀림없이 있다고 생각해요. 분명히 있을 거예요, 그렇죠? 별이 너무 많잖아요. 그러니 분명 있을 거예요. 우리만 존재한다고 생각하는 것은 정신 나간 생각이죠.」

20세기의 위대한 물리학자이자 최초의 핵분열 원자로를 만든 엔리코 페르미도 같은 생각을 했다. 페르미는 짧고 함축적인 질문을 즉흥적으로 생각해 내는 재주로 유명했는데, 그 질문은 쉽게 답할 수 없는 것이었지만 지성인들의 호기심을 자극했다. 그가 던진 가장 유명한 질문 중 하나는 〈그 모든 외계인은 어디에 있는가?〉였다. 이 질문을 곱씹어 보면, 우리가 지금까지 외계인을 만나지 못했다는 사실이 기묘해 보인다. 지난 100여 년 사이에 우리 문명은 말과 수레와 작별하고, 달 위를 걷는 우주여행 종족으로 변했다. 우리가 100년 만에 그렇게 할 수 있다면, 100만 년의 시간이 있었던 외계인 종족은 무슨 일을 할 수 있겠는가? 페르미는 우리은하에 다른 문명이 존재한다면, 그중 일부는 분명히 우리보다 더 오래되었을 테고, 따라서 기술적으로 훨씬 발전했을 것이라고 생각했다. 시간이 충분히 주어진다면, 일부 외계인은 성간 여행에 성공할 수 있을 것이다. 그렇다면 왜 외계인 접촉이 흔한 현상이 아닐까? 외계인이 일상적으로 에든버러에 착륙하여 현지인과 잡담을 나누고, 해기스(양의 내장으로 만든 순대 비슷한 스코틀랜드 음식)를 맛보고, 차가운 아이언 브루(스코틀랜드의 유명한 탄산음료)을 마시지 않을까?

생각을 자극하는 이 질문은 〈페르미 역설〉로 알려졌지만, 이것은 잘못 붙인 이름인데, 이 질문은 아무런 논리적 모순이 없기 때문이다. 단지 우주 저 밖에 우리와 대화를 나눌 능력을 지닌 외계인이 전혀 없어서 그럴 수 있다. 이 질문은 페르미의 수수께끼라고 부르는 게 더 적절했을 것이다. 하지만 그것을 뭐라고 부르건, 악의적인 계획을 가진 외계인을 염려하기 전에 우리는 페르미 역설을 먼저 해결해야 한다.

택시 기사는 페르미가 던진 이 난제에 대해 한 가지 어두운 답에 다가가고 있었다. 우주에 리들리 스콧이 그린 에일리언과 비슷한 사악한 생명체가 돌아다니고 있다고 상상해 보라. 이 에일리언은 우리은하를 돌아다니며 잡아먹고 파괴하고 지배할 다른 생명체를 찾고 있다. 늑대가 노리고 있는데도 멋모르고 지나치게 만용을 부리는 멧돼지처럼, 가장 큰 소리로 자신의 존재를 알리는 문명일수록 에일리언의 불쾌한 방문을 맞이할 가능성이 높다. 이 시나리오에서 얻을 수 있는 교훈이 두 가지 있다. 첫째, 침묵은 곧 생존이므로, 우리가 더 큰 소리를 지를 능력이 없는 것이 다행일 수 있다. 둘째, 진화적 측면에서 침묵을 선택한 문명이 약탈적인 외계인의 침략을 피할 수 있다면, 저 밖에 우리와 비슷한 지능 생명체들이 존재하더라도, 자신의 신호를 내보내려 하지 않을 것이기 때문에 그들의 신호를 듣지 못할 것이다. 외계인이 타임스 스퀘어에 착륙하지 않은 이유는 바로 이 때문일지 모른다. 조용히 지내는 종족은 위험에 처하지 않지만, 우주를 돌아다니는 종족은 공격을 받게 되고, 접촉을 시도하려는 노력 때문에 결국 파멸을 맞이한다.

하지만 이러한 생각을 얼마나 진지하게 받아들여야 할까? 한편으로는 외계인이 약탈자 종족이라는 개념이 전혀 타당성이 없는 것은 아니다. 어쨌든 우리 인간도 분명히 공격적이지 않은가? 우리는 지구상의 모든 도시를 파괴하기에 충분한 핵무기를 보유하고 있다. 누군가 외계인의 적대적 행동에 놀랄 권리가 있다면, 그것은 우리가 아니다. 하지만 끔찍한 우주 살인마를 불러들일까 봐 두려워 외계 생명체가 침묵을 지키는 쪽으로 진화했다는 개념은 의심해야 할 이유가 있다. 갈등을 유발하는 우리 자신의 경향에도 불구하고(그리고 이러한 행동에 다윈주의적 경쟁이 영향을 미쳤을 가능성에도 불구하고), 미쳐 날뛰는 최상위 포식자 외계인 개념은 그다지 그럴듯해 보이지 않는다. 그들이 그러려는 동기는 무엇일까? 무분별하게 파괴 행위를 자행하면서 은하계를 돌아다니는 것은 아무 의미가 없어 보인다. 매우 파괴적인 존재가 될 수 있는 인간조차도 우리에게 직접적인 위협이 되지 않는 한, 다른 외계인 종족을 마구 살육하려고 성간우주로 원정대를 보내지는 않을 것이다. 설령 강한 동기(예컨대 제2의 고향으로 여기는 행성에서 외계인 종족을 쫓아내야 하는 것과 같은)가 있다고 해도, 우리가 살고자 하는 장소의 생물권을 훼손하지 않고 외계인을 제거하는 것이 얼마나 어려운지 감안해 다시 한 번 생각할 것이다. 페르미 역설에 대한 설명으로 접촉의 위험성을 완전히 무시할 수는 없지만, 그럼에도 불구하고 한 종을 은하계 전체를 파괴하는 악당으로 만드는 생물학적 충동이 과연 어떤 것인지 현실적으로 상상하기 어렵다.

외계인 침략 시나리오에서 더 그럴듯한 반전은 그들이 우리에게 도달하기 전에 스스로를 파괴할 가능성이다. 우리도 그러한 파멸적 실수를 저지를 가능성이 있으니, 다른 외계인도 그러지 말란 법이 있는가? 기술적으로 성간 여행을 할 만큼 충분히 발전한 문명은 자신을 파멸시킬 수 있는 문명이기도 하다. 실제로 우주로 나가는 데 필요한 기술(로켓)은 행성을 가로질러 폭탄을 보내는 데 사용되는 기술이기도 하다. 따라서 우주로 퍼져 나가는 능력에는 자신의 세계에 행성 규모의 파괴를 초래할 능력이 이미 포함돼 있다. 아마도 접촉이 가능한 외계인 사회는 이러한 모래톱에 걸려 좌초했을 가능성이 있으며, 그들의 성간 목표는 내전 때문에 좌절되었을 것이다. 우리에게 외계인 접촉을 피하게 하는 위험은 외계인이 스스로에게 가하는 위험일지도 모르는데, 그것은 우리가 너무나도 잘 알고 있는 위험이다.

단순히 페르미 역설에 대해 생각하는 것 때문에 그 역설이 발생할 수 있을까? 나는 택시 기사와 약탈적인 외계인에 대해 대화를 나누고 있다. 너무 깊이 생각하다 보면, 점점 불안이 커져서 외계인과 대화를 시도하는 것이 나쁜 생각이라는 데 동의할 수 있다. 물론 외계인이 다른 종족을 몰살시키면서 돌아다녀야 할 적절한 이유가 딱히 떠오르지 않지만, 정확히 무엇이 옳은지는 알 수 없다. 나중에 후회하는 것보다 미리 조심하는 게 낫다. 그리고 당연히 외계인도 똑같은 생각을 할 수 있다. 외계인도 적어도 우리만큼 지적인 존재이므로, 우리만큼 과도한 주의를 기울일 수 있다. 따라서 은하계 어딘가에 녹색 촉수를 가진 문어 외계인 무리가 모여 앉아 〈조그 역설〉에 대해 수다를 떨고 있을지도 모른다. 생화학자인 조그 교수는 나크나르 3 행성을 방문한 외계인이 왜 아무도 없는지 그 이유를 추측한 것으로 유명하다.

만약 모든 종이 이렇게 행동한다면 페르미 역설은 자기실현적 예언이 된다. 이 모든 편집증적 종들은 소리를 내면 재앙을 맞이할지도 모른다는 생각에 사로잡혀 있다. 이렇게 되면 아무도 접촉을 시도하지 않으려는 태도가 진짜 재앙이 된다. 심지어 접촉할 능력이 있는 종조차도 접촉을 시도하지 않아 우주의 모든 생명체가 두려움 때문에 고독을 선택하게 된다. 설령 이것이 진짜 역설은 아닐지라도, 적어도 비극적인 아이러니이다.

더 재미있는 가능성도 있다. 나는 택시 기사에게 이렇게 말했다. 「외계인이 저 밖에 있지만 우리가 그들을 보지 못한다면, 지구는 동물원에 불과할 수 있어요. 외계인이 주말에 아이들을 데리고 와 외계인 아이스크림을 먹으면서 이상한 동물들을 구경하고, 사람들이 내는 우스꽝스러운 소리에 신기해하며 입을 벌릴 수도 있잖아요?」 그녀는 내가 지금 자신을 놀리기 위해 농담을 하는 건지 확인하기 위해 거울을 쳐다보았다. 그건 농담이 아니었다. 진지한 질문이었다.

「우리를 보면 매우 지루해하지 않을까요? 차라리 진짜 동물원에 가는 편이 더 나을 걸요.」택시 기사가 말했다. 이것은 내가 이전에 전혀 생각해 본 적이 없었던 시각이었다. 외계인은 우리를 멀리서 관찰하다가 우리보다는 펭귄과 판다에 매력을 느껴 오후에는 에든버러 동물원이나 다른 야생의 장소를 구경하며 보내지 않을까? 이것은 외계인에 관한 아이러니인데, 충분히 그럴 수 있다. 우리는 자신이 지구상에서 가장 흥미로운 종이라고 가정해서는 안 된다.

택시 기사와 나눈 대화는 약간 초현실적이었지만 어리석은 것은 아니었다. 그 대화는 왜 우리가 외계인의 신호를 전혀 듣지 못했는지 그럴듯한 이유를 제시했다. 만약 나쁜 외계인이 조용한 우주를 만들 수 있다면, 착한 외계인도 그럴 수 있기 때문이다. 어쩌면 외계인은 우리의 안녕을 염려하여, 자신을 드러내면 인류 문화가 혼란에 빠져 인류의 발전에 해로운 결과를 초래할까 봐 거리를 두는 것인지도 모른다. 안전한 거리에서 개미 군집을 조사하는 과학자처럼, 외계인은 우리의 생물학적, 사회적 진화 과정을 흥미롭게 지켜보고 있을지도 모른다. 그들은 메모를 하고 다양한 각도에서 관찰하고 궁금해하지만, 결코 개입하지 않는다. 그렇다면 지구는 동물에게 먹이를 주는 것을 금지하는 은하계 규칙을 따르면서 동물상과 식물상을 전시하는 행성 규모의 동물원과 같다. 우리가 성간 여행에 성공하고 우주의 어둠 속으로 나아갈 때에만 이 동물원 관람객 집단에 합류할 수 있을 것이다. 어쩌면 동물원 사육사들이 오랜 세월 동안 우리에게 호의를 베풀어 왔을지도 모르는데, 이들이 약탈적인 외계인의 접근을 막는 반면에 평화로운 외계인에게는 지구를 관찰하면서 흥미로운 것을 배워 가게 했는지도 모른다.

외계인의 성격과 동기에 대한 이러한 추측들은 페르미의 수수께끼를 푸는 데 도움을 줄 수 있다. 하지만 외계인의 성향이야 어떻건, 우리가 맞닥뜨려야 할 외계인은 결국에는 존재하지 않는 것으로 드러날 수도 있다. 아니면 광대한 성간 공간을 건너는(우주선을 타고 오건, 해석 가능한 통신 수단을 사용하건) 기술적 어려움이 너무 커서 우리 자신과 외계인(아무리 기술이 발전한 문명이라 해도) 사이의 간극을 극복하지 못할지도 모른다. 낙엽과 헝클어진 나뭇가지로 빙 둘러싸인 로터리로 접어들 때 이렇게 차분한 생각이 떠올랐다. 나는 택시 기사에게 그 가능성을 이야기했다. 「이곳에 오고 싶어도 너무 멀어서 못 왔을 가능성도 있습니다. 그것이 너무나도 힘들어서요.」

「잘됐군요. 그럼 나는 안전하겠네요.」 택시 기사가 키득거리며 말했다. 외계 생명체에 대해 생각하는 사람들은 대부분 외계 생명체를 결코 만날 수 없을 것이라는 전망에 다소 실망한다. 하지만 이제 외계인 문제를 걱정하지 않아도 되겠다고 안도하는 합리적인 사람이 여기 한 명 있다. 어쩌면 우리 외계인 애호가들은 실망을 안고 살아가는 법을 배워야 할지도 모른다.

이렇게 실망스러운 가능성에서도 뭔가를 얻을 수 있는데, 그것은 바로 겸손이다. 현대에 들어 우리는 겸손의 취향을 잃어버렸다. 우리 문명은 모든 문제를 해결할 수 있다는 생각에 사로잡혀 왔다. 17세기에 과학적 방법이 시작되면서 우리에게는 가장 어려운 질문에도 답할 수 있다는 새로운 감각이 생겨났다. 이러한 자신감은 빅토리아 시대와 20세기의 공학적 성공으로 더욱 강화되었다. 솔직히 말해 그 발전은 실로 인상적이었다. 예를 들면, 항생제의 발견은 한때 사소한 감염으로도 죽어 가던 사람들의 사망률을 낮추어 우리의 삶에 큰 변화를 가져왔다. 200년 전에는 상상할 수 없었던 것들 — 예컨대 1888년에야 발견된, 불가사의하고 보이지 않는 전자기파인 마이크로파로 닭고기 조리하기 — 이 때로는 미묘하게, 때로는 극적으로 우리의 삶을 변화시켰다.

실제로 우리는 기술적 독창성에 대한 우리의 무한한 능력을 믿게 되었다. 우리가 말과 수레에서 자동차와 비행기로 발전했듯이, 언젠가는 다른 지능 생명체와 마찬가지로 성간 여행을 하는 수준으로 발전할 것이다. 하지만 이것이 오만한 생각이라면 어떻게 될까? 언젠가 지금까지 우리가 알지 못했던 기술적 한계에 맞닥뜨리지 않을까? 외계인이 사는 행성 중에서 가장 가까운 것은 수백 광년이나 수천 광년 떨어져 있을지도 모른다. 아직까지 우리는 광속의 몇 퍼센트에 불과한 속도로도 여행하는 방법을 알지 못하며, 설령 그것이 가능하다고 해도 그런 행성 (우주적 규모에서 볼 때 바로 옆집에 해당하는)까지 가려면 많은 세대가 걸릴 것이다. 그런 여행에 성공하기까지는 장애물이 너무나도 많다. 불과 830년 만에 게자리 제타2까지 가기 위해 우주선을 광속의 10퍼센트로 추진하려면 막대한 에너지가 필요한데, 어쨌든 그 엄청난 에너지를 내는 능력이 있다고 가정해 보자. 그토록 엄청난 속도로 여행하는 우주선은 아주 작은 성간 물질 알갱이와 충돌하더라도 산산조각 나고 말 것이다.

물론 낙관적인 공학자들은 속도와 거리 문제를 극복하는 방법을 생각하고 있다. 어떤 사람들은 우리가 궁극적인 물리적 장벽을 깨고 빛보다 빠른 속도로 여행할 수 있을 것이라고 생각한다. 이 아이디어는 우주의 기반을 이루는 시공간 연속체에서 왜곡된 부분인 웜홀 속으로 우주선을 보내 한 장소에서 사라졌다가 원하는 다른 장소에 다시 나타나게 할 수 있다고 주장한다. 이것은 순전히 이론적 가능성에 불과하며, 실제로 그렇게 할 수 있는 방법을 감이라도 잡은 사람조차 없다. 또 다른 환상적인 가능성은 우주선 앞의 시공간을 수축시키는 것인데, 그러면 아주 먼 거리를 짧은 거리로 압축시킬 수 있다. 이러한 묘기를 실현하는 공간 이동 장치를 이 아이디어를 제안한 이론 물리학자 미겔 알쿠비에레Miguel Alcubierre의 이름을 따 알쿠비에레 항법Alcubierre drive 또는 워프 항법warp drive이라 부른다. 하지만 알쿠비에레의 아이디어가 성공하려면 특이하고 사변적인 물리학이 필요하다. 그가 생각한 기술을 과연 공학적으로 구현할 수 있는지는 말할 것도 없고, 그의 물리적 이론이 우리 우주에서 성립하는지조차 알 수 없다. 역사는 미래의 기술적 가능성을 섣불리 무시하지 말라고 경고한다. 한때 시속 40킬로미터보다 빠른 속도로 달리면 사람이 사망할 것이라고 생각했던 적도 있었다. 하지만 빛의 속도는 임의적이고 자의적인 한계가 아니다. 빛의 속도보다 빠른 여행은 극복할 수 없는 장벽으로 드러날 수도 있다.

그런 장벽의 존재는 결코 비합리적인 것이 아니다. 물리학 자체는 한계가 없는 것이 아니다. 물리학 법칙은 우주의 물질에 온갖 종류의 한계를 부과한다. 그런 한계들을 이해함으로써 우리는 온갖 종류의 인상적인 장치를 만들 수 있지만, 물리학은 공학에도 한계를 설정할 가능성이 매우 높다. 만약 우리가 계속해서 능력을 확장해 간다면, 언젠가는 그 가장자리에 이르게 될 것이다. 빛보다 빠른 여행도 바로 그 한계일 수 있다. 만약 그렇다면, 그것은 우리뿐만 아니라 외계인에게도 적용될 것이다. 그들도 광대한 우주에서 고립돼 있을지 모른다. 우리의 공학자들과 마찬가지로 그들의 공학자들도 물질과 에너지의 유한한 가능성에 손발이 묶여 무기력하게 서 있을 것이다.

이 문제를 해결할 수 있는 한 가지 방법은 여유를 가지고 대응하는 것이다. 즉, 물리학의 한계를 인정하고 출발과 도착 사이의 긴 시간 지연을 받아들이는 것이다. 광속의 1퍼센트(제트기보다 약 1만 배나 빠른 속도)로 달려 1만 광년 떨어진 별에 가려면 약 100만 년이 걸린다. 이것은 개개 생명체의 관점에서 보면 아주 긴 시간이지만, 지구상에 존재하는 종의 일반적인 존속 기간보다는 짧다. 따라서 이 수치는 인내와 끈기만 있으면 아주 먼 곳까지 갈 수 있다고 말해 준다. 하지만 그렇게 긴 여정을 견뎌낼 수 있는 종이 있을까? 수천 명을 밀폐된 우주선에 태워 100만 년 동안 어둡고 차갑고 텅 빈 우주 공간으로 보내면서, 먼 미래의 후손들이 아득한 과거의 조상들이 애초에 그런 행동을 한 목적을 이해하고 그것을 수행할 것이라고 기대할 수 있을까?

인간이 견딜 수 있는 고립 상태는 한계가 있고, 얼마 지나지 않아 생리적, 심리적 한계가 드러난다. 우리는 남극 대륙 오지에서 시간을 보낸 과학자들의 연구 덕분에 이러한 한계를 어느 정도 알고 있다. 이 과학자들과 보조 요원들은 인간 지구력의 한계를 밝히고자 하는 의사들과 연구자들에게 집중적인 조사를 받았다. 캄캄한 밤이 계속되는 겨울 동안에는 온갖 심리적 문제가 나타난다. 신체 건강 악화와 함께 우울증, 외로움, 갈등, 완전한 정신 장애 등이 관찰되었다. 지속적인 고립 상황 때문에 면역계도 손상되고, 호르몬은 스트레스에 비명을 지른다. 물론 이 집단의 구성원은 소수에 불과한 반면, 광활한 성간 공간을 여행할 우주선에는 수천 명이 탈 것이다. 그러면 여행자에게 외로움으로 인한 정신 이상이 생기는 것을 막을 수 있다. 하지만 인간의 정신과 육체의 취약성을 감안하면, 수천 명이나 심지어 수만 명이 우주선에 탄다 해도, 많은 세대와 오랜 시간이 지나는 동안 신체적, 정신적 건강의 악화를 막을 수 있을 것이라고 확신할 수 없다.

유전 공학과 호르몬 변형 같은 다른 잠재적 해결책도 각자 나름의 문제가 있다. 유전 공학을 통해 모든 감정을 억제할 수 있도록 인간을 설계한다고 하자. 그래서 그런 여행자는 갇힌 곳에 고립돼 살아가면서도 실존적 두려움에 굴복하지 않고, 항해를 계속해 갈 다음 세대를 낳는 것을 유일한 목적으로 여긴다고 가정해 보자. 과연 우리는 이런 사람들을 이 중요한 성간 여행 임무에 보내고 싶을까? 감정이 없는 인간은 임무 수행에 방해가 되는 부작용이 나타날 가능성도 있다.

설령 이런 문제들을 극복할 수 있다고 하더라도, 우리나 외계인이 〈왜 그런 여행에 나서야 하는가〉라는 질문이 여전히 남아 있다. 살고 있던 행성에 고도의 긴급 상황이 발생해 어쩔 수 없이 험악한 우주 바다를 건너 이주해야 할 수도 있지만, 이 경우는 탐험을 위한 여행이 아니다. 그 목표는 외계 생명체와의 접촉이 아니라, 안전하게 거주할 장소를 찾는 것이다. 나는 이런 이야기를 택시 기사에게 들려주었다. 그리고 이렇게 덧붙였다. 아마도 「그들은 광대한 우주 공간을 가로질러 여행할 동기가 전혀 없을 수도 있습니다. 그렇다면 설명이 아주 간단하지요.」

택시 기사는 이 가능성에 좀 안심한 것처럼 보였다. 아마도 우려하던 위험은 사라졌을 것이다. 하지만 이제 고독의 가능성이 남는다. 그녀는 약간 슬픔이 섞인 어조로 「나는 그들이 위험한 것은 원치 않지만, 대화할 상대가 전혀 없이 우리만 남아 있는 것도 싫어요」라고 말했다.

은하계의 다른 곳에서 관찰되는 침묵은 여러 가지 가설로 설명할 수 있지만, 가장 명백한 이유 — 외계 생명체가 존재하지 않거나 적어도 가까이에는 존재하지 않을 가능성 — 가 그 답일 가능성이 높다. 지적 외계 생명체를 찾으려는 노력은 분명히 가치 있는 일이지만, 그 노력이 실패할 수도 있다. 만약 외계인이 나타나고 우리가 기대한 만큼 똑똑하다면, 그들이 우리를 파멸시킬 이유가 전혀 없을 것이라는 생각에 안도감을 느낄 수도 있다.

택시가 폴라리스 하우스 입구 앞에 멈춰 섰다. 나는 택시 기사에게 고맙다고 말했지만, 그녀에게 가장 인간적인 고민을 남기고 떠났다. 결과의 불확실성에도 불구하고 다른 존재와 함께 살아갈 것인가, 아니면 외로운 상태로 계속 살아갈 것인가? 이것은 우리와 외계인 모두 함께 안고 살아가야 할 선택이다.

제10장

우리는 외계인을 이해할 수 있을까?

라만 분광계를 빌려 우주로 보냈던 시료를 조사하기 위해

글래스고 대학교로 가는 택시 여행

기원전 3000년경에 이라크 남부에서 만들어진 이 점토판에는 노동자의 맥주 배급에 관한 정보가 기록돼 있다. 외계인의 언어를 해독하는 것은 적어도 고대 문자를 이해하는 것만큼이나 어렵겠지만, 과학을 이해하는 공통의 능력을 바탕으로 비인간 지능 생명체와 소통할 수 있을지도 모른다.

2017년 어느 추운 봄날 아침의 이 여행에서 내가 택시 기사와 나눈 대화는 오히려 그 반대 결과를 맞이했다. 즉, 의사소통의 실패를 경험했다. 가끔 글래스고에서 택시를 타면, 스코틀랜드 억양이 강한 택시 기사와 대화를 나누게 된다. 그 음색은 감미롭고 풍부하지만, 유리 스크린을 사이에 둔 채 자동차 엔진과 바퀴 소리에 섞여 들려오는 그 말소리는 이해하기 어려울 수 있는데, 특히 나처럼 잉글랜드에서 태어나 에든버러에서 살아가는 사람의 무지까지 합쳐지면 더더욱 그렇다.

택시 기사가 뭐라고 했는데, 나는 날씨 이야기일 거라고 생각했다. 나는 그가 노no 대신에 네이nae라고 하고, ⟨g⟩ 음절을 생략한다는 걸 알아챘다. 그는 북쪽 지평선에 걸려 있는 위협적인 구름을 가리켰다. 이럴 때면 나는 고개를 끄덕이고 미소를 지으며 약하게 관심을 표시하는 것 외에는 할 수 있는 게 없어서 조금 무례한 행동을 하는 듯한 느낌이 든다. 하지만 두꺼운 검은색 모직 코트를 입고 목에는 빨간 스카프를 친친 맨 것으로 보아 택시 기사도 적어도 나만큼 추운 게 분명했다. 택시 기사와 대화하기가 이렇게 어렵다면, 외계인과 대화하는 것이 이보다 더 나을 리가 있겠는가? 외계인이 친절한 글래스고 주민 집단에게서 배우거나 우주선에서 편안하게 스코틀랜드 TV를 시청하면서 배우거나 간에, 언어를 포함해 지구에 관한 지식을 아무리 많이 익힌다고 하더라도, 첫 접촉은 실패로 끝날 수도 있겠다는 생각이 들었다.

반면에 내가 이 택시 여행에서 맞닥뜨린 장벽은 단순히 언어적 장벽에 불과하다. 이 장벽만 극복한다면, 택시 기사와 나는 많은 것을 함께 논의할 수 있을 것이다. 이견도 있겠지만, 공통된 견해도 있을 것이다. 외계인과 우리 사이에 언어 장벽이 존재한다는 것은 분명하다. 따라서 그들과 소통할 방법을 찾아야 한다. 하지만 언어 문제가 해결되고 나면, 나와 택시 기사가 틀림없이 그러려고 하는 것처럼 우리 사이에 공통된 것을 발견할 수 있을까? 아니면 외계인이라는 특성 때문에 그들은 여전히 우리와 완전히 다른 존재로 남아 있을까? 대화를 나눌 수 있는 공통의 수단을 발견한다고 하더라도, 우리가 그들의 정신 상태와 관점을 이해할 수 있을까?

사람들이 자주 지적하듯이, 어쩌면 인간과 외계인이 마음과 마음으로 만나는 것은 우리와 개미의 관계와 비슷할지 모른다. 우리가 개미나 호박벌, 심지어 개처럼 훨씬 지능이 발달한 동물에게서 의미 있는 대화를 이끌어 낼 수 없는 것처럼, 우리보다 훨씬 뛰어난 지능을 가진 외계인은 우리에게서 의미 있는 대화를 이끌어 내지 못할 수 있다. 우리가 개보다 훨씬 뛰어난 지능을 가지고 있다고 해서 다른 개만큼 개의 신호를 효과적으로 해석할 수 있는 것은 아니다. 외계인에게도 이와 비슷한 상황이 벌어질 수 있다. 외계인의 지적 능력이 우리와 거의 비슷하다고 하더라도, 그것은 별로 중요하지 않다. 중요한 것은 외계인의 지능이 인간의 지능과 질적으로 달라서 우리의 첫 접촉이 어리벙벙한 침묵으로 바뀔 수 있다는 사실이다.

하지만 우리와 외계인이 소통할 수 있는 부문이 적어도 하나 있는데, 그것은 바로 과학이다. 이것이 우리의 공통분모가 될 가능성이 높다. 이성의 힘 때문에 인간과 짐승을 구분해야 한다고 주장한 고대 철학자처럼 들릴 위험이 있지만, 나는 정확하게 똑같은 주장을 하거나 그와 비슷한 주장을 하려고 한다. 과학을 할 수 있는 능력은 오직 인간의 뇌만이 가졌으며, 지구상의 다른 뇌는 그런 능력이 없다. 나는 이 차이를 신경 과학적으로 설명하지 않을 것이며, 인간이 침팬지와 절대적으로 다른지, 아니면 사실은 모든 생물이 인지 연속체 선상의 어느 지점에 위치하고 있고, 인간은 영장류 친척보다 약간 더 발전했지만 결정적으로 다르지는 않은지에 관한 논쟁으로 여러분을 끌고 가지 않을 것이다. 나는 그저 인간은 우주 망원경을 만들고, 차를 마시면서 우주의 시작에 관한 가설을 논의한다는 사실을 지적하고자 한다. 여러분이 게리 라슨Gary Larson*이 아닌 한, 혹은 그가 상상한 세계에서 대부분의 시간을 보내지 않는 한, 소와 원숭이는 이와 같

* 미국의 만화가이자 환경 운동가.

은 일을 하지 않는다는 데 동의할 것이다. 그리고 여기서 세상의 모든 차이가, 아니 우주의 모든 차이가 나타난다고 말하고 싶다.

하지만 과학을 하는 인간의 능력은 외계인과 소통하는 능력과 어떤 관련이 있을까? 이를 이해하려면, 온갖 방식으로 오용되고 남용되는 단어인 〈과학〉의 의미를 더 잘 이해할 필요가 있다. 먼저 놀랍게 들릴 수 있지만, 절대적 권위를 가진 과학은 존재하지 않는다는 사실을 지적하는 것으로 논의를 시작하자. 우리는 〈과학이 ……을 보여 주었다.〉라고 하는 말을 자주 듣는다. 혹은 〈과학이 모든 것을 설명할 수는 없다.〉라는 말을 자주 듣는다. 비공식적 대화의 맥락에서는 이러한 진술은 잘못된 것이 없다. 하지만 이런 식으로 말할 때 사람들은 과학을 크게 오해하는데, 과학이 권위 있는 지식의 집합체인 양 생각한다. 그러나 사실은 과학은 하나의 방법일 뿐이다. 실험이나 관찰을 통해 증거를 수집하고, 그 증거를 바탕으로 자연이 어떻게 작용하는지 그림을 만드는 과정을 포함할 때에만 그 방법은 과학적이다. 그 그림이 부정확하거나 모순을 포함하고 있을 수 있지만, 그럼에도 불구하고 그 그림을 만드는 과정은 과학적이다. 그리고 일단 그림이 완성되면, 그 그림을 사용해 통찰력을 얻음으로써 가설(증거를 바탕으로 한 추론)을 만들 수 있다. 가설은 관찰과 실험을 통해 검증할 수 있으며, 정보 목록이 확장됨에 따라 검증을 계속 진행할 수 있다.

이 과정이 어떻게 작동하는지 잠깐 살펴볼 필요가 있다. 내가 사과와 오렌지를 수집하여 그 성질을 연구한다고 가정해 보

자. 내게 갑자기 영감이 떠올라 사과와 오렌지가 섞인 과일, 원한다면 사과와 오렌지의 딱 중간에 해당하는 과일이 있을 거라고 상상할 수 있다. 이 과일을 사렌지라고 부르기로 하자. 이제 가설을 세웠으니, 여러 과수원에서 많은 과일을 조사하면서 수수께끼의 사렌지가 있는지 찾아봄으로써 가설을 검증할 수 있다. 이 과정이 끝나면, 나는 가설을 받아들이거나 일축하게 될 것이다. 즉, 사렌지의 실제 사례를 발견해 그 존재를 증명하거나, 아니면 그 과일을 전혀 발견하지 못해 가설을 의심해야 하는 상황에 직면할 것이다. 이 검증 과정이 사렌지가 존재하지 않음을 결정적으로 증명하는 것은 아니지만, 접근 가능한 모든 과수원에서 사렌지를 발견하지 못하면 나는 적어도 사렌지가 매우 드물다는 생각을 하게 될 것이다. 그리고 반대 증거가 나오기 전까지는 사렌지는 어디에도 존재하지 않는다고 믿어야 할 강력한 이유가 있다.

반론의 여지가 없는 원칙이자, 훌륭한 과학자들이 엄격하게 따르는 원칙은 욕구와 편견을 버리고 데이터가 알려 주는 것만 받아들이는 것이다. 특히 어떤 정보가 자신의 생각이 틀렸음을 결정적으로 입증하는 경우에는 더욱 그렇다. 여러분은 사렌지의 발견자가 되어 그 유레카 순간이 가져다줄 모든 명성과 갈채를 누리고 싶을 것이다. 하지만 그런 것을 전혀 발견하지 못한다면, 자신의 가설을 폐기해야 한다. 먼 과수원에서 사렌지를 보았지만, 이제는 그것이 죽어 사라졌다고 거짓 주장을 하는 것은 용납되지 않는다. 부엌에서 칼을 능숙하게 다루거나 다른 속임

수를 써서 그런 과일을 가짜로 만들어서도 안 된다. 수천 년 동안 사렌지의 존재에 대한 생각이 굳건히 이어져 왔고, 주변에 사렌지의 존재를 열렬히 믿는 사람들이 10억 명이나 있다고 하더라도, 데이터가 그렇지 않다고 말하면 그 생각을 버려야 한다.

이것이 바로 과학이다. 아주 복잡하지는 않지만, 이 간단한 과정을 인간의 마음속에 심는 데에는 놀라울 정도로 오랜 시간이 걸렸다. 수천 년에 걸친 미신과 종교적 도그마는 자연을 다르게 이해하는 방법을 제시했다. 우주의 구조는 찻잎 속에 있다고 말하거나 닭의 내장으로 예언할 수 있다고 주장했다. 모든 시대에 가장 널리 퍼진 주장은 권위자의 입에서 나왔고, 그것은 지금도 마찬가지다. 즉, 강력한 힘을 가진 사람이 말한 것이 진리로 통했다. 현대인의 관점에서는 〈말도 안 되는 소리! 모든 것이 실제로 어떻게 작용하는지 궁금한데, 내가 직접 그것을 밝혀보면 어떨까?〉라고 생각한 사람이 아무도 없었다는 게 놀랍게 느껴진다. 하지만 지나고 나서 올바른 생각을 하기는 쉽다. 그리고 그런 의심을 품은 사람들이 많이 있었고, 심지어 실제로 행동에 나선 사람도 있었다. 하지만 역사를 통해 대부분의 장소와 대부분의 시간에 실험실과 정확한 측정 도구가 존재하지 않았고, 연장자들이 그런 시도를 반드시 지지하지도 않았다. 결국 유럽에서 많은 발전이 일어났지만, 유럽은 오랜 세월 동안 한참 뒤처져 있었다. 17세기에 이르러서야 과학을 가르치는 학교들이 생겨났고, 프랜시스 베이컨Francis Bacon과 갈릴레오 갈릴레이Galileo Galilei 같은 선각자들이 오늘날 우리가 알고 있는 과학적 방법의 토대를 마련했다.

　나는 과학적 방법에 관한 한 우리와 외계인이 그 중간 지점에서 만날 수 있을 것이라고 확신한다. 즉, 외계인도 과학을 사용해 우주에 관한 비밀을 알아냈다고 확신한다. 왜 그렇게 확신하느냐고? 사람들은 과학이 사물의 본질을 이해하는 한 가지 방법일 뿐이며, 다른 방법을 묵살해서는 안 된다고 흔히 말하지 않는가? 이 주장은 수사학적 호소력이 있고 명백히 사실이지만, 우주에 대한 우리의 지식을 늘리는 데에는 과학적 방법만이 유일하게 유용한 방법이라는 요점을 간과하고 있다. 다른 방법을 사용할 수 있다는 주장에 이의를 제기하는 사람은 아무도 없다. 실제로 닭의 내장을 참고하거나 찻잔 바닥을 들여다보거나 사이비 종교를 믿는 사람에게 물어보아도 된다. 하지만 이러한 접근법이 과연 얼마나 신뢰할 만한 것인지 스스로에게 의문을 품어 보아야 한다. 이런 방법이 제대로 된 지식을 가져다줄까? 이 지식을 사용하여 검증하고 또 검증하는 과정을 반복해 결국 뭔가 유용한 결과를 얻을 수 있을까? 다시 말해서, 닭의 내장이나 사이비 종교 장로에게서 얻은 지식을 사용하여 검증 가능한 예측을 할 수 있을까? 그럴 수 없다면, 우주의 물리적 작용 원리에 대해 체계적으로 배울 수 있는 것이 전혀 없는 셈이다.

　이것은 찻잎이나 사이비 종교 장로와 달리 과학은 과정이며 잘못된 지혜의 원천이 아니라는 것을 다르게 표현한 것이다. 그리고 그것은 특정 요건을 갖추어야 하는 과정이다. 우선, 이해하고자 하는 현상을 관찰해야 한다. 찻잎이 뜨거운 물에서 어떻게 수축하는지 아는 것이 목적이 아니라면, 찻잔 속을 들여다보는 것은 이 요건을 충족할 수 없다. 하지만 더 알고 싶어 하는 현상에 초점을 맞추면, 비교적 신뢰할 수 있는 정보를 얻을 가능성이 높다. 이에 못지않게 중요하면서 닭의 내장이나 특히 사이비 종교 교주에게서 전혀 찾아볼 수 없는 특징이 있는데, 그것은 바로 드러난 증거가 의심을 제기하면 자신이 선호하던 생각을 버리는 태도이다. 물론 자기 주변 세계를 조사하기 위해 이렇게까지 할 필요는 없다. 하지만 조사를 통해 신뢰할 수 있는 정보를 얻으려면 반드시 그렇게 해야 한다. 과학적 방법이 강력한 이유는 끝없는 질문을 던지고, 그럼으로써 자연의 내부 작용에 대한 통찰력을 개선할 수 있기 때문이다. 다른 조사 방법은 이러한 개선 효과가 없으며, 오랜 시간에 걸쳐 과학적 방법을 사용하여 얻은 결과보다 신뢰성이 떨어진다.

과학적 방법이 요구하는 도구로는 자신이 이해하는 우주관을 결코 조사할 수 없다고 주장할 수도 있다. 이것은 자신의 생각을 주장할 권리를 아무도 부정해서는 안 된다는 점에서는 좋은 말이다. 하지만 자신의 지식이 어떤 방식으로도 검증할 수 없고 비판의 대상이 될 수 없다면, 이것은 자신에게 너무 편리한 주장이라는 생각이 들지 않는가? 본질적으로 검증할 수 없다고 주장하는 우주관은 크게 의심할 필요가 있다.

이것은 사람들, 특히 과학자들이 〈과학〉이 알고 있는 것에 대해 특정 주장을 펼칠 때, 그것이 실제로 무엇을 의미하는지 명확히 밝히는 게 얼마나 중요한지 다시 돌아보게 한다. 누군가가

〈과학이 ~을 밝혀냈다〉라고 말한다면, 그것은 실제로는 〈데이터 수집과 검증을 통해 얻은 이 개념 또는 관찰로 현재의 이러한 이해에 이르게 되었다. 나중에 이에 반하는 데이터가 나오면 이 견해가 틀렸다고 판단할 것이다.〉라는 뜻이다. 이렇게 조심스러운 어법을 사용하면, 만찬 자리에서 지루한 사람이 될 수 있으므로, 친구들을 계속 사귀고 싶다면 간단하게 줄인 표현을 사용하는 게 좋다. 하지만 지금 여기서 중요한 것은 언어적으로 미묘한 차이를 세밀하게 분석하는 것이 아니다. 과학이 우주를 이해하는 그저 〈또 하나의〉 방법이 아닌 이유를 이해하려면, 간단한 표현과 신중한 표현의 차이를 아는 게 중요하다. 과학은 비판적 사고 과정으로, 관찰된 현상에 대해 가능한 설명들 사이에서 벌어지는 끝없는 대립을 허용해야 할 뿐만 아니라 관찰 자체의 질에 대한 엄격한 조사를 요구한다. 제대로 된 과학자라면, 이 방법의 힘은 최종적인 답은 없다는(오로지 탐구해야 할 더 깊은 심연만 있을 뿐) 이해를 바탕으로 끊임없이 확인하고 재확인하는 과정에 있다는 사실을 부인하지 않을 것이다. 닭의 내장으로는 그런 성과를 기대할 수 없다.

과학적 방법의 신뢰성을 입증하는 증거 중 하나는 과학자들이 동등하게 유용한 새 이론들을 그냥 만들어 내는 게 아니라는 점이다. 다른 방법으로는 얼마든지 그럴 수 있다. 과학이 특별한 이유는, 과학적 방법을 따르면 예측을 할 뿐만 아니라 심지어 뭔가를 만들게 해주는 이론을 개발할 수 있기 때문이다. 만약 예측이 (매번) 들어맞고, 우리가 만든 것이 (매번) 제대로 작동한다면, 우리는 그 이론이 주변 세계의 본질을 정확하게 기술한 다는 사실을 알게 된다. 예를 들어 양력과 항력이 어떻게 작용하 는지 설명하는 이론을 통해 하늘을 날아다니는 비행기를 설계 할 수 있다. 물론 약간의 시행착오는 겪을 수 있다. 바퀴와 날개 를 제대로 만들려면 복잡한 문제를 많이 극복해야 한다 하지만 과학적 방법은 물질 세계의 행동이 어떤 것인지 충분히 확신하 게 해주므로, 첫 번째 원리들을 바탕으로 필요한 것을 만들고 거 기서 계속 개선해 갈 수 있다.

그렇다고 해서 과학적 방법에 의존하지 않고서 뭔가를 만 드는 것이 불가능하다는 말은 아니다. 무계획적으로 시행착오 를 거듭하는 접근법이 반드시 실패하는 것은 아닌데, 이 때문에 17세기 이전에도 기술 발전이 일어날 수 있었다. 하지만 과학적 방법은 기술 발전 속도를 엄청나게 앞당겼는데, 자연의 복잡성 에 대한 깊은 이해가 성공의 필수 조건일 때에는 특히 그랬다. 과학적 방법을 사용하지 않고도 직관에 의존해 안정적인 피난 처로 갈 수 있었다(비록 매우 비효율적이고 안전하진 않겠지 만). 바다를 항해하는 배와 농기구를 만드는 것도 가능했다. 하 지만 우주선을 만드는 것은 불가능했다. 어쨌든 과학적 방법이 없는 사회는 달 착륙선을 만드는 데 큰 어려움을 겪을 수밖에 없 다. 만약 이 주장을 부정하고 싶다면, 여러분에게 간단한 과제를 내주겠다. 항공 우주 공학 지식이 전혀 없는 공학자들로 세 팀을 만들어 보라. 첫 번째 팀에는 닭 내장이 담긴 그릇을, 두 번째 팀 에는 존경받는 종교 단체의 성직자를, 세 번째 팀에는 과학적 방법에 따라 연구한 결과물이 담긴 항공 우주 공학 서적을 제공한다. 그리고 이들에게 달 착륙선을 만들라고 요청하고, 그렇게 만든 결과물을 검증할 것이라고 말하라. 자, 그 결과가 어떻게 되었는지 보고해 보라.

외계인 접촉이라는 주제에서 벗어났다고 의심하는 독자가 있을지 모르겠는데, 과학의 성격에 관한 이 사실들을 통해 즉각 우리를 원래 주제로 돌아갈 수 있다. 외계인이 우주선을 만들어 첫 번째 접촉에 성공했다면, 나는 그들의 세계나 문화, 뇌에 대해 아무것도 몰라도 그들이 소글이라는 짐승의 내장이나 제6세계의 통치자이자 우주의 주인인 대제사장 징글브로드의 말에서 얻은 정보로 우주선을 만들지 않았다고 장담할 수 있다. 그들은 과학적 방법으로 우주선을 만든 게 틀림없다. 징글브로드가 이 일에 연관된 것으로 밝혀진다면, 징글브로드가 과학적 방법을 사용했거나, 아니면 이 과정을 통해 수집한 정보가 담긴 도서관(혹은 그에 상응하는 외계인의 시설)을 사용했을 것이다. 이렇게 모든 것이 보편적인 사고 형태로 수렴한다는 사실은 또한 과학적 방법 자체가 외계인과의 소통을 위한 기반이 될 수 있음을 시사한다.

이제 나는 징글브로드의 지식이 우리의 지식과 다를 수 있다고 주저 없이 말할 수 있다. 사실, 그것은 우리가 아는 지식보다 말로 표현할 수 없을 만큼 훨씬 우월할 수도 있다. 인류와 징글브로드가 똑같이 과학적 방법을 적용해 자연에 대한 진리를 배울 수 있고 또 배웠다고 말하는 것은 그 지식을 고찰하고 사용하는 방식까지 반드시 어떤 것이 되어야 한다고 상정하는 것이 아니다. 우주에 대한 이해나 기술 수준, 물질에 관한 지식이 반드시 동등해야 할 이유는 없다. 하지만 우리와 징글브로드 사이의 간극은 인간과 개미 사이의 간극, 심지어 인간과 인지적으로 개미보다 더 발전한 침팬지 사이의 간극과 같지 않다. 우리와 징글브로드의 차이는 양적인 것인 반면, 동일한 속성은 질적인 것이다. 인류와 우주를 여행하는 외계인 모두 증거를 사용해 이론을 검증하고 유지하고 거부함으로써 우주에 대한 우리의 이해를 점점 더 신뢰할 수 있는 통찰력을 향해 나아가게 할 수 있다.

징글브로드가 과학적 방법을 실행하는 능력이 우리와 다를 수도 있다. 어쩌면 외계인은 뇌로 수학 계산을 하는 능력이 훨씬 뛰어날 수도 있다. 어쩌면 지식을 체계적으로 정리하고 접근하는 방식이 다르거나 심지어 기이할 수도 있다. 하지만 이 모든 것에도 불구하고, 외계인이 과학적 방법을 사용한다는 절대적 사실은 변함이 없다. 좀 더 강하게 말한다면, 제대로 작동하는 우주선을 만들기 위해 우주에 대한 정보를 외계인이 얻으려면 과학적 방법을 사용해야 한다.

적어도 우주에 대한 이 정보 중 일부는 우리에게도 익숙한 것이다. 이것은 과학적 방법의 또 다른 특징 때문이다. 누가 또는 무엇이 그것을 적용하건, 그리고 탐구하는 주체가 어느 행성에 살건 상관없이, 과학적 방법은 동일한 방식으로 작동하고 동일한 우주를 연구한다. 나는 과학이 현실의 궁극적이고 객관적인 토대에 도달할 수 있다고 주장하는 실수는 저지르지 않으려고 한다. 왜냐하면, 철학자 친구들에게 그 가능성에 의문을 제기함으로써 나를 난도질할 기회를 주고 싶지 않기 때문이다. 하지만 과학적 방법이 우리의 지식 체계를 개선하여 시간이 지남에 따라 현상의 완전한 이해에 점점 더 가까이 다가갈 수 있다는 주장에는 아무 잘못이 없다. 뉴턴Isaac Newton의 중력 개념은 이전의 생각을 바탕으로 한 것이었는데, 나중에 시공간 연속체에 대한 아인슈타인Albert Einstein의 방대한 연구를 통해 개선되고 발전되었다. 뉴턴의 개념은 공을 던졌을 때 일어나는 일과 그것이 땅으로 떨어지는 궤적을 예측하는 데 여전히 대체로 정확하고 유용하지만, 아인슈타인의 천재성은 우주적 규모에서 일어나는 일들을 이해하려고 할 때 우리의 예측을 크게 개선했다. 다른 과학자들은 아인슈타인의 이론이 옳은지 혹은 그른지에 대해 많이 생각했고, 때로는 아인슈타인의 이론이 틀렸다고 주장했지만 나중에 가서 옳은 것으로 드러나기도 했다. 그리고 때로는 우리는 아인슈타인의 생각에서 개선이 필요한 부분을 발견하기도 한다. 이런 식으로 더 깊고 설득력 있는 진리를 향해 나아가면서 같은 과정이 끝없이 반복된다.

따라서 나는 외계인이 우주선을 타고 온다면, 그들도 최소한 뉴턴의 운동 법칙을 이해할 것이라고 과감하게 주장할 수 있다. 물론 그들은 그것을 뉴턴의 법칙이 아니라 배블지그의 법칙이라고 부르겠지만, 그것은 중요하지 않다. 외계인의 뇌가 우리가 보기에 아무리 기묘하더라도 그것은 중요하지 않다. 그들은 우리가 이해한 것과 같은 결론에 도달했을 것이다. 그렇지 않다면, 우주선의 경로를 계획하거나 지구의 중력이 우주선의 착륙에 미치는 영향을 제대로 계산할 수 없다. 외계인 우주선 설계자는 중력의 법칙을 이해해야 한다.

주의할 점이 한 가지 있는데, 물리학 법칙의 보편성 때문에 외계인이 우리와 정확하게 똑같은 과학적 통찰력이나 기술 능력을 가져야 하는 것은 아니다. 특정 물리학 법칙이나 기술적 성취의 이해가 반드시 다른 법칙이나 성취로부터 유래하는지(즉, 발견에는 결정론적 경로가 있는지) 고찰하는 것은 흥미롭다. 개인적으로는 과학적 이해에는 특정 방향성이 있다고 생각한다. 아인슈타인이 뉴턴 역학을 제대로 이해하지 않고서 시공간 연속체를 생각하기는 어려웠을 것이다. 마찬가지로 이 법칙들을 모르고서는 태양계의 운행 방식에 관해 신뢰할 만한 모형을 만들기 어렵다. 우주에 대한 특정 사실을 이해하는 우리의 능력은 이전에 알고 있던 지식에 기반을 두고 있는 것처럼 보인다. 외계인이 우주선을 타고 도착한다면, 우주를 이해하는 그들의 능력은 최소한 우리와 동등하거나 어쩌면 훨씬 월등할 것이다. 하지만 외계인이 물질-반물질 추진 엔진으로 도착한다면, 뉴턴의 『프린키피아*Principia*』를 보고서 크게 놀라며 믿을 수 없다는 반응을 보일 가능성은 극히 희박하다.

우주를 여행하는 외계인이 인류와 비슷한 기술 경로를 따라 발전했을지 생각해 보는 것도 아주 재미있다. 나는 에든버러에서 런던으로 가는 기차 안에서 지루함을 느낄 때면 머릿속에서 하는 사고 게임을 즐긴다. 나는 우리 사회가 과거의 몇몇 기본적인 발전을 건너뛰고서도 현재의 기술적 성취에 도달하는 것이 가능했을지 상상해 본다. 예를 들면, 어떤 사회가 바퀴의 발명 없이 원자력을 발명하는 게 가능할까? 내가 타고 있는 택시가 바퀴가 없는 탈것으로 대체될 수 있었을까? 물론 나는 말 등에 올라타서 달리고, 말을 모는 택시 기사는 또다시 저 앞의 길에 난 구덩이를 지나가야 하니 꽉 붙잡으라고 글래스고 사투리로 소리칠 수도 있다. 그런데 그 길 양쪽에는 가장 가까운 핵분열 원자로에서 생산한 전기로 밝힌 조명이 빛나고 있을 것이다. 글래스고 주변에서는 힘겹게 통나무를 계속 앞쪽으로 옮겨 가며 통나무들 위로 상자를 굴리는 옛날 사람들의 방법을 사용해 물건들을 이리저리 운반하고 있을지도 모른다. 이런 식의 사고 논리를 이어 가다 보면, 원자력 발전에 필요한 모든 단계 ── 우라늄과 그 성질의 발견에서부터 핵분열 이론의 개발과 궁극적으로 원자로의 건설에 이르기까지 ── 는 바퀴가 없어도 가능한 것처럼 보인다.

하지만 지적 발전 면에서 이런 일이 과연 가능한지 여부는 또 다른 문제이다. 건설 중인 우라늄 농축 원심 분리기를 바라보던 기술자가 〈저 원심 분리기의 차축을 상자 밑에 붙이고 원심 분리기를 원반으로 교체하면, 통나무를 계속 옮길 필요 없이 컨테이너를 표면 위로 굴러가게 할 수 있겠구나. 유레카!〉라는 생각이 떠오를 수 있다. 터빈과 수랭식 펌프처럼 원자력 발전에 쓰이는 많은 장비는 차축 위에서 회전하는 부품을 포함하고 있다. 이런 장비는 바퀴의 유용성을 떠오르게 할 것이다. 그렇다면 나는 기존의 것을 바탕으로 계속 축적되고 경로가 결정되는 경향을 보이는 것은 지식뿐만이 아니라고 생각한다. 기술 결정론도 어느 정도 가능성이 있는데, 적어도 주요 기술 역량의 광범위한 규모에서는 그렇다. 외계인에게 필요한 것은 우리에게 필요한 것과 다를 수 있어 우리와 우선순위가 다를 수 있다. 예컨대 외계인은 광합성 방식으로 영양분을 얻기 때문에 토스터를 발명할 필요가 없을 수 있다. 하지만 토스터를 작동시키는 전기는 우주를 여행하는 외계인이라면 아주 잘 이해할 것이다. 외계인 방문객이 『프린키피아』에 놀라지 않듯이, 지구에 착륙한 외계인들이 폭스바겐 바퀴 주위에 모여 〈이게 믿겨져? 조그, 이 동그란 물건을 좀 봐. 우리는 왜 여태 이런 걸 생각하지 못했지?〉라고 중얼거릴 가능성도 거의 없다.

만약 우리가 외계인을 만난다면, 의사소통이 쉽지 않을 수 있다. 그들이 식별 가능한 소리나 기호를 사용해 소통한다면 다행일 것이다. 외계인의 언어 구조와 정보 처리 방식은 우리가 상상하는 그 어떤 것과도 완전히 다를 수 있다. 심지어 감각을 지각하는 방식도 우리와 상당히 다를 수 있다. 하지만 나는 그것이 개미와 인간의 만남과 같지는 않을 것이라고 믿는다. 우리는 서로를 바라보고, 언어적 의사소통 불능의 안개를 뚫고 과학자로서 서로를 이해할 것이다. 우주에 관한 질문을 던지고 관찰과 실험과 비판을 사용해 주변 세계를 더 잘 이해할 수 있는 능력과 이해하려는 열망 덕분에 (비록 그런 능력의 양과 적용 범위에서 큰 차이가 있더라도) 우리는 동등한 위치에 설 수 있을 것이다.

우리가 그들의 기술을 조사하고 그들이 우리의 기술을 조사하면서 무한한 우주의 본질을 밝히려는 탐구의 산물이 우리를 즉각 정신적 제휴 상태로 이끌 수도 있다. 그것은 과학자로서 공통의 과거와 미래를 서로 존중하고 이해하는 정신 상태이다.

　　과학적 방법은 그 종에게 우주에 대한 통찰력을 무한히 발전시킬 수 있는 길을 열어 준다. 이런 방식으로 사고하는 다른 종은 아직 알려지지 않았지만, 오직 인간만이 과학적 방법에 접근할 수 있다고 믿어야 할 이유는 없다. 더군다나 과학은 어떤 종이 자연의 작용 원리를 이해하는 데 체계적인 진전을 이루려면 반드시 필요한 사고방식이다. 우리와 외계인 사이에 그 밖에 어떤 차이점이 있건 간에, 우리는 이러한 현실에 대한 무언의 이해를 통해 첫 접촉을 하는 사치를 누리게 될 것이다. 우리는 서로에 대해 뭔가를 이해하게 될 것이다. 개인적으로 나는 〈과학〉을 뜻하는 외계인의 단어가 무엇인지 몹시 궁금하다.

제11장

우주에 외계인이 존재하지
않는 것은 아닐까?

크리스마스 파티에 참석하기 위해 브런츠필드에서

에든버러 뉴타운으로 가는 택시 여행

허블 우주 망원경으로 10년 동안 하늘의 한 부분을 촬영한 사진들을 모아 만든 NASA의 익스트림 딥 필드eXtreme Deep Field 이미지에는 약 5500개의 은하가 포함돼 있다. 우주 저 밖의 어딘가에서 또 다른 딥 필드 이미지를 통해 무한히 작은, 하나의 점에 불과한 지구를 바라보고 있는 생명체는 아무도 없을까?

프린스 스트리트로 접어드는 순간, 나는 올해 처음으로 말로 표현할 수 없는 감정이 솟구쳤는데, 그것은 바로 크리스마스 기분이었다. 우리 모두는 우울함과 행복, 부러움이 어떤 것인지 안다. 이것들은 인간 경험의 원초적인 재료이다. 그런데 크리스마스 기분이란 도대체 무엇인가?

사실, 나는 이것이 좀 복잡한 문제라고 생각한다. 어린 시절의 추억, 어둠 속의 전야제, 멀드 와인mulled wine(설탕과 향신료를 넣고 데운 와인), 반짝이는 조각과 다양한 방울로 장식한 트리. 이 감정 상태에는 많은 것이 포함되며, 계절적 집단 히스테리가 이 기분을 증폭시킨다. 하지만 이 모든 것의 뿌리에는 명절의 사교 행사와 가족과 공동체의 유대감이 있다.

「크리스마스에는 온 가족이 올 거예요.」 택시 기사가 말했다. 「그것도 아주 많이요. 모두 11명이 저와 제 나머지 반쪽을 찾아올 거예요.」 이 말은 갑자기 튀어나왔는데, 택시 기사가 몹시 흥분한 상태임을 알려 주었다. 그녀는 이미 준비가 돼 있는 것처럼 보였다. 빨간색과 초록색이 섞인 점퍼를 입었고, 심지어 눈처럼 하얀 머리카락까지 크리스마스 분위기에 휩싸여 있는 것처럼 보였다. 「전 가족의 방문을 고대하고 있어요.」의심의 여지를 없애려는 듯 택시 기사는 쾌활하게 덧붙였다. 「당신도 그런가요?」

사실, 우주 애호가인 나는 가끔 지구인이 펼치는 의식 행위를 기묘하게 바라볼 때가 있다. 우주 한쪽 구석의 이곳에 작은 암석 덩어리가 있는데, 그 위에서 많은 사람들이 돌아다니고, 그 중 일부는 크리스마스를 축하한다. 그들은 서로 어울리면서 잔을 들어 올리고, 칠면조를 입속에 집어넣고, 나무 밑에 선물을 숨겨 두는 등 즐거운 시간을 보내는데, 그동안 이들이 서 있는 암석 덩어리는 우리은하의 다소 외딴 장소에 위치한 평범한 별 주위를 돈다. 나는 천문학적 생각으로 사람들의 기를 죽이고 싶지 않기 때문에, 우리의 모든 행동이 얼마나 무의미한지까지는 언급하지 않으려고 했다. 택시 기사에게 우주에 다른 생명체가 존재하는지 여부가 중요하다고 생각하는지 물어보려고도 하지 않았다. 비록 그런 생각이 마음속에 맴돌긴 했지만 말이다. 저 밖의 우주에 다른 생명체가 존재한다는 사실을 안다면, 크리스마스가 더 즐거워질까? 혹은 우주에 우리뿐이라는 사실을 알게 된다면, 생명체가 전혀 존재하지 않는 주변 우주의 공허함 속에서 우리끼리 함께 지내는 따뜻함이 더 강하게 부각될까? 그렇다면 이렇게 캄캄한 어둠 속에서 깜박이는 온갖 색채와 흥청거리는 분위기와 희망을 즐기는 것도 크리스마스 기분을 만끽하는 한 가지 방법이다.

이 모든 생각이 순식간에 머리를 스치고 지나갔다. 그러고 나서 나는 대화로 되돌아갔다. 「네, 저도 고대하고 있어요. 저도 이번 크리스마스에 가족을 만날 예정인데, 우리가 혼자가 아니라는 건 정말 좋아요. 적어도 지구에서는 우리 혼자만 있는 것은 아니지만, 나머지 우주에서는 어떨지 누가 알겠어요?」택시 기사는 아무 말도 하지 않았다. 그녀는 눈을 가늘게 뜬 채 백미러를 들여다보았다. 앞서 말했듯이 나는 우주 애호가이고, 흥미로운 대화를 이어 나가기 위해 미끼를 던지며 사람들을 유인한다.

「혹시 〈스타 트렉STAR TREK〉 팬인가요?」택시 기사가 물었다. 나는 가끔 「스타 트렉」을 보긴 하지만, 특별히 좋아하는 광팬은 아니다. 하지만 내가 아니라고 말하기 전에 택시 기사가 말을 이었다. 「전 〈스타 트렉〉을 정말 좋아해요. 우주를 돌아다니며 온갖 낯선 존재들을 만나는 대단한 모험 이야기죠.」

크리스마스에 대한 내 생각을 떠올리며 나는 〈새로운 생명체와 새로운 문명을 찾아 떠난〉 임무가 계속 실패로 끝난다면, 「스타 트렉」의 모든 구조가 와르르 무너지지 않을까 하는 생각이 들었다. 택시 기사는 말하는 외계인이 등장하기 때문에 「스타 트렉」을 좋아하는 게 아닐까? 외로운 「스타 트렉」은 외로운 크리스마스만큼 나쁘지 않을까?「조금 이상하게 들릴지 모르겠지만, 만약 그들이 함께 대화를 나눌 지적 외계인을 발견하지 못한다면, 〈스타 트렉〉이 여전히 인기가 있을까요? 생명체는 있을지 몰라도, 대화할 상대가 없다면요?」라고 내가 물었다.

「저는 그들이 누구를 만나는지 보는 게 좋아요. 그들이 어떤 괴상한 등장인물과 대화를 나누고, 누가 우주선을 파괴하려고 시도하는지 보는 게 재미있죠.」택시 기사는 고개를 한쪽으로 기울이면서 말을 계속했다. 「하지만 그들이 없으면, 〈스타 트렉〉은 아무 재미가 없겠죠?」

「동감이에요. 적어도 그것이 보는 재미를 더해 주지요.」시청자 입장에서는 우주선이 워프 항법 속도로 달린다고 하더라도, 아무 일 없이 우주를 달리는 모습을 저녁 내내 지켜보는 것은 매우 지루할 것이다. 「스타 트렉」을 보지 않는 사람도 이에 동의할 거라고 확신한다. 그러나 TV 프로그램에 대한 택시 기사의 견해에 내가 동의하긴 했지만, 그것은 과학자로서 내가 생각하는 것과 일치하지 않는다. 직업적으로 나는 우주를 가로지르는 여행은 어떤 것이건 참여할 기회만 있다면, 설령 우리가 대단한 것을 발견하지 못하더라도 매우 열광할 것이다.

하지만 다소 따분한 이 판타지 시나리오에 잠깐 귀를 기울여 보기 바란다. 여기에도 배울 만한 교훈이 있을 테니까. 「스타 트렉」의 한 에피소드에서 5년 동안 낯선 세계들을 탐사하러 나선 우주선 엔터프라이즈호가 아무것도 발견하지 못했다고 상상해 보자. 아니면 커크 함장과 나머지 대원들이 여기저기서 미생물은 발견하지만, 그 이상의 대단한 생명체는 전혀 발견하지 못했다고 상상해 보라.

임무에 나선 첫 해부터 지루한 여정이 시작된다. 우주선은 워프 항법 속도로 한 태양계에서 다음 태양계로 건너뛰며 우주를 가로질러 나아간다. 3년째가 되자 커크 함장은 마약에 취해 도어스의 앨범을 들으며 대부분의 시간을 보내고, 무기력한 승무원들은 B급 영화를 보면서 왜 금융이나 부동산처럼 더 나은 직업을 선택하지 않았을까 하고 백일몽에 빠져 지낸다. 5년이 지날 때쯤 그들은 300개가 넘는 행성계를 방문했지만, 거기서 얻은 성과라고는 지질학적 표본과 토양과 바닷물 시료 몇 병을 얼린 것이 전부인데, 그중 일부에는 세균 비슷한 생명체가 포함돼 있는 것으로 보인다. 수염이 텁수룩하고 머리가 헝클어진 커크는 삶의 의욕을 거의 잃었고, 나머지 승무원들은 주정뱅이로 변했다. 그들은 지구로 돌아와 우주 함대를 떠났고, 크로이든 외곽의 한 사무실 블록에서 지역 도로 계획을 관리하고 도로 보수 공사를 감독하는 일을 하며 살아간다.

이 에피소드를 「스타 트렉: 다큐멘터리」라고 부르기로 하자. 이것은 재미는 별로 없을지 몰라도 다른 「스타 트렉」 에피소드보다 현실에 더 가깝다. 실제 방영된 「스타 트렉」은 외계인이 필시 존재하리라고 생각한 과거 사회의 낙관론을 반영하고 있다. 기억하고 있겠지만, 수백 년 동안 사람들은 화성과 금성에 지적 생명체가 살고 있고, 인류 문명과 마찬가지로 외계인이 일상생활을 영위하는 문명이 존재한다고 생각했다. 햇볕에 그을린 회색의 황무지가 끝없이 펼쳐진 달에는 달나라 주민이 산다고 믿었다. 운하로 오인된 화성의 기묘한 줄들은 외계인이 만든 인공물로, 화성의 환경을 화성인의 뜻에 따라 변화시키려는 야심 찬 공학 계획이라고 생각했다. 하위헌스, 허셜, 로웰 같은 저명한 학자들이 부추긴 이러한 의견들은 대중의 마음을 자극하여 외계 지능 생명체의 존재를 단지 믿게 했을 뿐만 아니라, 사실상 확신하게 만들었다.

이런 상황을 바꾸어 놓은 것은 우주 시대였다. 먼저 금성과 화성, 달을 촬영한 최초의 고해상도 사진들은 이들 세계에 암석밖에 없다는 것을 분명하게 보여 주었다. 나중에 더 발전된 연구를 통해 태양계에는 다른 문명이 존재하지 않는다는 것이 결정적으로 증명되면서 이웃 외계인의 존재에 대한 마지막 희망마저 사라졌다. 하지만 다른 곳에 생명체가 존재할 가능성은 여전히 남아 있고 매력적이다. 그래서 많은 과학 소설이 인기를 계속 이어가고 있다.

물론 다른 곳에서 생명체를 찾는 일은 과학자들에게도 여전히 매력적인 일로 남아 있지만, 우리가 하는 연구는 TV 시리즈나 영화보다는「스타 트렉: 다큐멘터리」가 묘사한 것(약물 남용은 제외되길 희망하지만)과 더 비슷해 보인다. 우리가 가장 좋아하는 연구 주제 중 하나는 화성 표면인데, 화성 표면에는 먼 옛날에 물이 존재한 증거가 광범위하게 널려 있다. 물속에서 생성된 원시 광물과 점토, 한때 강의 지류였던 꼬불꼬불한 수로, 부채꼴 모양의 삼각주 등이 남아 있는데, 이것들은 화성의 대기가 지금보다 더 짙고 액체 상태의 물이 안정적으로 존재하던 시절에 호수들이 있었음을 증언한다. 오늘날 화성에는 얼음이 있지만, 열을 받으면 얼음은 순식간에 증발하면서 액체 상태를 건너뛰어 바로 기체로 변한다. 만약 화성에 생명체가 존재했다면,

그리고 지금도 존재한다면, 그것은 미생물에 불과할 가능성이 높다. 동물 비슷한 복잡한 생명체가 화성 표면을 돌아다녔다고 시사하는 단서는 전혀 없다.

화성 이외에 거대 기체 행성인 목성과 토성 주위를 도는 위성들의 얼음 지각 아래에서 바다가 발견되어 이곳에 생명체가 존재할 가능성에 대한 관심을 자극한다. 목성의 위성인 유로파는 지구의 위성보다 크지 않지만, 지구의 모든 바다를 합친 것보다 두 배나 많은 물이 있는 것으로 보인다. 토성의 위성인 엔켈라두스는 유로파보다 훨씬 작은데, 지름이 영국의 남북 방향 길이보다 짧은 500킬로미터에 불과하다. 하지만 엔켈라두스도 특별한 관심을 받을 자격이 있다. 엔켈라두스 표면에서는 물 제트가 공중으로 높이 뿜어져 나와 우주 공간으로 나가는데, 그 물에는 유기 물질과 수소, 그 밖의 여러 성분이 포함돼 있어 그 지하 바다는 생명체가 살 수 있는 환경일지도 모른다.

만약 과학자들이 이 물의 세계에서 미생물을 발견한다면, 우리는 매우 기쁠 것이다. 하지만 일반 대중은 실망할 수도 있는데, 외계 세계에서 발견된 미생물이 반드시 외계 고유의 생명체가 아닐 수 있기 때문이다. 태양계 곳곳에 흩어져 있는 다양한 암석들은 태곳적부터 물질을 공유해 왔다. 소행성이나 혜성이 행성이나 다른 천체와 충돌하면, 그 충격으로 표면의 암석이 튀어나와 우주 공간으로 날아간다. 수많은 암석이, 그것도 그저 자갈에 불과한 암석이 아니라, 산더미처럼 큰 바위들이. 이렇게 격렬한 충돌은 드물게 일어나지만, 이때 우주로 튀어 나가는 물질의 양을 과소평가해서는 안 된다. 지금은 매년 약 0.5톤의 화성 물질이 지구 대기를 뚫고 들어와 지표면에 떨어진다. 그런데 왜 화성에서 온 암석을 운 좋게 발견한 사람이 주변에 한 명도 없느냐고? 이 많은 물질 중 대부분은 바다나 사람이 살지 않는 사막에 떨어지기 때문이다. 화성에서 날아온 암석 조각이 여러분 앞마당에 떨어질 확률은 실제로 아주 낮다.

하지만 지질학적 시간이 지나는 동안 우주의 천체들 사이에는 상당한 양의 물질 교환이 일어난다. 그리고 이러한 암석 덩어리 속에서 미생물이 살아남을 수 있다. 과학자들은 세균이 들어 있는 작은 암석 덩어리를 고속으로 가속하여 단단한 표적에 부딪치게 함으로써 우주에서 날아온 암석이 충돌하는 조건을 모의 실험했는데, 그 결과 세균이 강한 충격의 압력에서 살아남을 수 있는 것으로 밝혀졌다. 따라서 지구에서 유래한 미생물이 화성에 도착했을 가능성이 있으며, 그 반대의 경우도 마찬가지다. 터무니없는 주장처럼 들릴 수도 있지만, 지구의 생명체가 화성에서 유래해 지구로 옮겨져 왔다고 주장하는 사람들도 있다. 어쩌면 우리와 지구에 사는 모든 생명체는 화성의 생명체에서 유래했을지도 모른다. 화성 탐사에서 이런 사실이 드러난다면, 그것은 매우 시적이면서 아이러니한 결론이 될 것이다.

행성들 사이에 생명체 교환이 일어났을 가능성(실제로 다른 곳에서 생명체가 발견된다면) 때문에, 태양계의 다른 곳에서 발견된 생명체가 실망스럽게도 지구의 생명체와 같거나 적어도 분명한 관련이 있는 것으로 밝혀질 수도 있다. 그렇다고 해서

이 외계 생명체가 전혀 흥미롭지 않은 것은 아니다. 심리학과 사회학, 유전학 등 여러 분야의 연구자들은 태어나자마자 헤어져 서로 다른 삶을 살아온 쌍둥이 연구를 통해 많은 것을 배우는데, 마찬가지로 우리도 지난 수십억 년 동안 우리 사촌들이 살아온 과정을 연구함으로써 많은 지식을 얻을 수 있다. 하지만 그 미생물이 완전히 이질적인 생명체는 아닐 것이다. 미생물의 기원과 역사는 우리 인류의 기원과 역사와 연관이 있을 것이다. 진정한 외계 생명체임을 보여 주는 이질적 특성은 그 생명체가 다른 곳에서 발견될 뿐만 아니라, 지구 생명체와는 독립적인 경로를 따라 진화해야만 나타날 수 있다. 그때에야 우리는 비로소 진짜 외계 생명체를 만나게 될 것이다.

이 모든 이야기는 「스타 트렉」과는 거리가 멀다. 승무원들이 행성 표면으로 내려가 미생물을 채집하고, 현미경으로 미생물을 조사하고, 미생물의 생태학에 관해 긴 토론을 하면서 나머지 시간을 보낸 에피소드는 단 하나도 없다. 「스타 트렉」 작가들이 흥미롭게 여긴 미생물은 엔터프라이즈호와 승무원에게 자기 인식 능력이 있음을 시사하는 방식으로 간섭하는 미생물뿐이다. 나는 약간 실망을 느꼈음을 인정하지 않을 수 없다. 개인적으로는 우주 전역의 미생물 생명체를 조사하고 연구하는 「스타 트렉」이 흥미롭고 교육적이라고 생각하지만, 여러분은 미생물학자의 주장에 동의하지 않으리라고 본다. 택시 기사는 동의하지 않았다.

「그래도 〈스타 트렉〉이 적어도 일부 미생물 생명체를 연구한다면 재미있지 않을까요?」 내가 물었다.「귀가 뾰족하고 지각이 있는 생명체는 아니지만, 암석과 토양에 사는 흥미로운 미생물과 그 밖의 기묘한 생명체 말이에요. 약간의 연구를 소개하면, 흥미롭지 않을까요?」 그 질문을 던지자마자 나는 명함을 들고 다니는 괴짜라는 신분을 드러냈음을 알아챘다. 아무리 엔터프라이즈호에서 일어난다고 하더라도, 30~40분 동안의 실험에 대중이 흥미를 가질 리가 있겠는가? 택시 기사는 미동도 하지 않았다.

「글쎄요, 그러면 볼 만한 게 별로 없겠죠?」 택시 기사가 이렇게 말할 때, 택시는 조지 스트리트로 들어서고 있었다. 길게 줄지어 늘어선 18세기 양식 건축물들의 외관은 초록색, 빨간색, 은색으로, 그리고 초롱과 조명과 넘치는 활기로 장식되어 있었다.

엔터프라이즈호의 여정은 태양계에만 국한되지 않았다. 우리은하의 먼 곳까지 방문하는 여행에서는 더 좋은 행운을 만날 수 있을까? 현재로서는 알 수 없다. 하지만 이를 위해 우리는 노력 중이다. 지난 30년 동안 천문학 분야에서 일어난 가장 유망한 진전 중 하나는 다른 별 주위를 도는 행성들 중에서 지구와 비슷한 행성을 찾는 것이었다. 외계 행성이라 부르는 이 행성들은 이미 우리가 우주를 생각하는 방식과 우주에서 찾으려고 하는 것에 혁명을 일으켰다. 지금까지 NASA의 케플러 망원경과 TESSTransiting Exoplanet Survey Satellite(트랜싯 외계 행성 탐사 위성) 같은 망원경은 엄청나게 다양한 외계 행성이 존재하며, 그

중 일부는 액체 상태의 물이 존재할 수 있는 적절한 거리에서 별 주위의 궤도를 돈다는 사실을 밝혀냈다. 이런 행성들은 생명체 거주 가능 영역에 위치하고 있는데, 태양에서 일정한 거리에 위치한 고리 모양의 이 영역에서는 행성 표면에 쏟아지는 태양 복사가 물이 끓을 정도로 많지도 않고, 물이 얼어붙을 정도로 적지도 않고 딱 적절한 양이 도달한다. 게다가 이런저런 별들의 〈골디락스〉 영역에서 발견된 많은 행성은 기체 행성이 아닌 암석 행성이어서 생명체가 살기에 적합한 환경을 갖추고 있을 가능성이 있다. 현실 세계의 커크 함장이 방문할 곳이 아주 많을 것이다.

앞으로 20년 동안 과학자들은 점점 더 성능이 좋은 망원경으로 이렇게 먼 세계들의 대기에 포함된 기체를 관찰하여 그곳이 생명체가 살기에 적합한 곳인지 추가 정보를 제공할 것이다. 망원경은 그저 먼 곳에서 날아오는 빛만 관측하는 도구인데, 어떻게 이런 일이 가능한지 의문이 생길 수 있다. 우리는 탐사선을 보내 외계 행성 대기의 화학적 시료를 채취할 수는 없다. 하지만 분광학(물질이 방출하거나 반사하거나 흡수하는 빛을 조사해 물질의 구성 성분을 파악하는 기술)은 새로운 기술이 아니다. 외계 행성의 경우, 우리의 관심을 끄는 것은 별빛의 스펙트럼에서 보이지 않는 부분이다. 별빛이 행성의 대기를 지나갈 때, 대기를 이루는 각각의 기체 성분은 특정 파장의 빛을 흡수한다. 이렇게 해서 사라진 파장의 빛은 연속 스펙트럼의 해당 부분에서 암선(暗線)으로 나타난다. 이러한 암선들은 특정 기체 성분의 존재를 알려 주는 지문이다. 예컨대 망원경에 들어온 빛에 산소와 관련이 있는 특정 파장의 빛이 빠져 있다면, 그 행성의 대기에 산소가 존재한다는 것을 알 수 있다. 이러한 방식으로 과학자들은 외계 행성의 대기를 통과하는 빛을 분석하는 것만으로 외계 행성의 대기 성분을 알아낼 수 있다.

우리가 발견하게 될 기체 중 많은 것은 이산화탄소와 질소처럼 암석 행성의 대기에서 발견되리라고 예상되는 기체 성분이다. 운이 좋다면, 우리의 장비는 물의 흔적도 찾아낼 수 있다. 대기 중에 물을 많이 함유하고 있는 행성이 발견된다면 큰 흥분을 불러일으킬 텐데, 그러면 표면에도 많은 양의 물이 존재할 가능성이 높고, 어쩌면 생명체의 출현에 도움이 되는 바다도 존재할 가능성이 있기 때문이다.

생명체의 존재 가능성을 시사하는 기체는 매우 중요하지만, 여기서 멈추어서는 안 된다. 생명체 자체의 존재를 시사하는 기체를 찾을 필요가 있다. 생명체를 발견하려면, 생명체가 만들어 내는 기체를 찾아야 한다. 이것은 다소 무리한 요구인데, 생명 과정의 부산물로 생기는 많은 기체는 지질학적 과정을 통해서도 생겨날 수 있어 확실한 증거가 아니기 때문이다. 그럼에도 불구하고, 생명체의 존재를 강하게 시사하는 기체가 일부 있다. 산소는 광합성의 산물이므로, 외계 행성의 대기에서 산소가 발견된다면, 그것은 표면에서 생물의 활동이 일어난다는 것을 시사하는 강한 단서이다. 지구 대기에서 놀랍도록 높은 산소 비율(약 21퍼센트)은 세균과 조류, 식물이 햇빛을 이용해 물과 이산화탄소를 재료로 성장에 필요한 당을 만드는 광합성 과정에서 생겨난 노폐물이다. 만약 외계 행성의 대기에서 비슷한 비율의 산소가 발견된다면, 과학계는 열광적인 반응을 보일 것이다.

어쩌면 그럴 것이다. 불행하게도 높은 비율의 산소도 생명체의 존재를 확실히 보장하는 것은 아니다. 유기적 과정이 없더라도 많은 양의 산소가 생길 수 있다. 강렬한 복사는 물을 분해해 수소와 산소라는 두 가지 성분으로 쪼갠다. 하지만 면밀한 사전 숙고와 신중한 컴퓨터 모형으로 산소가 풍부한 대기에서 생명체 거짓 양성 반응이 나타나는 경우를 정확히 가려낼 수 있고, 그럼으로써 머리가 어지러워지는 상황에 빠지기 전에 가짜 후보를 배제할 수 있다.

커크 함장이 맞닥뜨릴 문제는 생명체가 살 수 있는 행성에서 산소가 발견되더라도, 이것이 반드시 지적 생명체의 존재를 의미하지는 않는다는 데 있다. 물론 산소는 우리 같은 지적 생명체가 주변 환경으로부터 에너지를 얻는 데 꼭 필요하다. 하지만 산소가 있고 생명체가 사는 행성은 클링온족이 사는 곳이 아니라, 산소 기체를 거품처럼 뿜어내는 세균 수프만 널려 있을 수 있다. 따라서 우리는 결국 현미경으로만 볼 수 있는 생명체를 발견할 가능성에 대비해야 한다. 어쩌면 우주에는 단순한 생물만 널려 있을지도 모른다.

우주에 풍부한 문명이 존재하지 않을 가능성에 우리는 실망해야 할까? 어쨌거나 우리가 실망하리란 것은 의심의 여지가 없다. 나도 실망할 것이고 여러분도 실망할 것이다. 이것은 지극히 인간적인 반응이다. 우리는 혼자가 아니라는 사실을 알고 싶고, 은하계 공동체에 합류하는 흥분을 갈망한다. 다른 세계의 지적 생명체들과 끝없이 생각을 자극하는 대화를 다양하게 나누는 미래에 대해서는 할 이야기가 많다. 이러한 기대감은 잘못된 것이 전혀 없으며, 우리에게 탐험을 계속하게 하고, 「스타 트렉」 임무 자체가 약속하는 것 — 낯선 신세계와 새로운 문명을 찾는 것 — 을 추구하게 하는 원동력이다.

물론 지적 생명체이건 아니건 외계 생명체가 우주 어디에도 존재하지 않는다는 것을 증명하기는 어렵고 사실상 불가능하다. 수십억 광년 떨어진 행성에 고립된 사회가 없다는 사실을 우리가 어떻게 알 수 있겠는가? 하지만 우리은하에서 찾을 수 있는 가장 유력한 후보들, 즉 생명에 필요한 모든 요소를 갖춘 지구 비슷한 행성 수천 개를 수색했지만, 모두 아무것도 살지 않는 황량한 세계라면 어떻게 될까? 이것은 무엇을 말해 줄까?

지적 문명이 드물다는 당연한 결론 외에도, 비록 미생물일지라도 어떤 생명체가 살고 있는지, 혹은 과거에 살았는지 알아보기 위해 이 행성들을 조사할 수 있다. 대화할 외계인은 없지만, 우주에 세균 같은 생명체가 곳곳에 널려 있다는 사실을 발견할지도 모른다. 이 사실도 중요한데, 생명은 쉽게 시작될 수 있지만, 단순한 복제 기계에 불과한 세포로부터 더 발전된 형태와 궁극적으로 지능 생명체에 이르는 여정이 매우 특이한 과정임을 알려 주기 때문이다. 그 여정에서 뭔가 대단한 것을 이루기란 쉽지 않다.

혹은 우리가 살고 있는 우주에는 생명에 필요한 요소를 모두 갖춘 행성이 많지만 거의 다 생명체가 존재하지 않는다는 사실이 발견될 수도 있다. 이 결과 — 생명체가 살 조건을 갖추었지만 생명체가 존재하지 않는 세계로 가득 찬 우주 — 는 그 자체로 놀랍고 유익한 정보인데, 생명을 가능하게 하는 조건은 흔하지만 화합물을 복제와 진화 능력을 갖춘 생명체로 발전하게 하는 연속적인 사건은 일어나기 힘들다는 것을 보여 준다. 이 경우에는 미생물에서 지능이 진화하는 일은 쉽게 일어나지만, 애초에 미생물이 생겨나는 것이 매우 어렵다는 것을 알 수 있다. 즉, 생명의 출현에는 매우 섬세한 과정이 필요한데, 거기에 필요한 조건은 현실에서 거의 나타나지 않는 셈이다.

우주가 조용할 수 있는 방법은 여러 가지가 있는데, 그것은 우주에 지적 생명체가 존재할 수 있는 방법보다 훨씬 많다. 이 각각의 시나리오는 우리 자신의 기원과 우리의 출현 가능성에 대해, 그리고 어떤 장애물과 우연한 사건이 우리의 출현을 방해했을지에 대해 많은 것을 알려 줄 수 있다. 지구에서 생명체가 나타난 것은 기적에 가까운 사건이었을까? 복잡한 다세포 생명체의 등장은 이례적인 일이었을까? 지능을 낳은 조건은 특별한 것이었을까?

이런 질문들을 의미 있는 방식으로 다루려면, 다른 세계의 생명체와 지능을 찾을 필요가 있다. 그래야만 확실한 결론을 내리는 데 필요한 지식을 얻을 수 있다. 즉, 커크 함장이 우주 전역의 문명을 강박적으로 찾아다니지 않더라도 많은 것을 알 수 있다. 생명체가 없는 세계와 원시적인 생명체가 있는 행성도 조사한다면, 커크 함장의 과학적 포트폴리오가 훨씬 더 풍부해질 것이고, 그때에야 비로소 엔터프라이즈호는 정말로 우주의 생명체를 이해하는 여정에 나설 것이기 때문이다. 이러한 바람은 「스타 트렉」 시청자에게는 다소 시시해 보일 수 있지만, 나는 논리적으로 사고하는 벌칸족 스폭은 이에 동의할 것이라고 확신한다. 과학은 환상과 소망을 실현하기 위한 것이 아니다. 과학이 하는 일은 우주가 어떻게 작용하는지 이해하기 위해 가설을 검증하는 것이다.

나를 따분한 사람이라고 불러도 좋지만, 나는 늘 엔터프라이즈호 승무원들이 나쁜 과학을 보여 준다고 생각했다. 오프닝 대사는 〈우주, 최후의 미개척지. 이곳이 우주선 엔터프라이즈호의 항해 목적지이다. 5년간의 임무는 낯선 신세계들을 탐험하고, 외계 생명체에 대한 가설을 검증하고, 미생물이 살거나 생명체가 살지 않는 세계를 낳는 요인들을 이해하고, 이전에 아무도 가지 않은 곳으로 용감하게 나아가는 것이다.〉로 시작해야 했다. 하지만 만약 그랬더라면, 나는 시나리오 작가에서 해고되었을 것이다.

우주에서 새로운 문명을 찾는다는 것은 굉장한 일이므로, 굳이 사람들의 상상력에 찬물을 끼얹을 필요는 없다. 하지만 우리가 무엇을 발견하건, 특히 무엇을 발견하지 못하건, 그것은 우리 자신과 우주에서 우리의 위치에 대해 많은 것을 알려 줄 것이라는 사실을 명심하자. 우주가 조용하고 외로운 장소라는 사실이 확인되더라도, 그것은 그 안에서 우리의 위치에 대한 이해를 크게 넓혀 줄 것이다. 커크 함장과 승무원들이 빈손으로 돌아오더라도, 5년간의 임무는 여전히 큰 성공으로 남을 것이다.

제12장
화성은 살기에 끔찍한 장소인가?

지하 실험실에서 벌어지는 행성 탐사차 시험을
감독하기 위해 요크셔주의 불비 광산으로 가는 택시 여행

화성의 표면은 많은 점에서 극한 환경이다. NASA의 큐리오시티 탐사차가
촬영한 영상을 모아 만든 이 합성 사진은 붉은 행성의 건조하고 강렬한 복사
를 머금은 모래 위에 탐사차가 남긴 바퀴 자국을 보여 준다.

요크셔 무어스를 가로지르는 여행이 20분 정도 지나고 나서야 대화가 재미있어졌다. 오해하지 말기 바란다. 이곳 황야의 풍경은 정말 멋지지만, 끝없이 황야가 펼쳐진 곳에서는 대화를 나누며 시간을 보내는 것도 좋을 수 있다.

「이곳 풍경은 정말 아름답군요.」 내가 말했다. 「하지만 이렇게 빨리 시골 한복판으로 들어서다니 놀랍군요. 내 말은 만약 이곳에서 차가 고장이라도 나면, 정말로 곤란할 거라는 뜻이에요.」

택시 기사가 고개를 끄덕였다. 그리고 웃으면서 「그건 그래요」라고 말했다. 그는 중년의 나이였고, 억양은 요크셔주보다는 영국 남부 쪽에 가까웠다. 파란색 셔츠를 입고, 파란색 테 안경을 쓰고 있었다. 손가락은 창틀 바깥쪽을 두드렸고, 팔은 열린 창문 위에 걸쳐져 있었다.

나는 약 1.6킬로미터 깊이의 지하에서 미로 같은 도로가 1000킬로미터나 뻗어 있는 불비 광산으로 가고 있었는데, 이곳은 동료들과 함께 몇 년 동안 탐사차와 그 밖의 우주 탐사 기술을 시험한 장소이다. 요크셔주의 깊은 지하에 위치한 우리의 작은 화성 조각이라고 부를 수 있다. 한동안 이 광산에는 세상에서 가장 인상적인 지하 과학 실험실이 자리 잡고 있었다. 과학자들은 2억 5000만 년 전에 생성되고 소금기가 있는 이 광산 터널에 에어컨 시설을 갖춘 초청결 실험실을 만들었는데, 그것은 SF 영화에 어울리는 실험실이었다. 이곳에서 과학자들은 수수께끼의 암흑 물질을 찾으려고 노력한다. 암흑 물질은 우주를 구성하는 주요 요소 중 하나로, 정확한 정체는 아직 미궁에 빠져 있다. 그리고 이 터널 아래에는 염분 속에 섞여 있는 오래된 영양분을 천천히 먹어 치우는 미생물이 살고 있다. 이 미생물은 영원한 어둠 속에서 살아가는 법을 터득했다. 우주론자들이 암흑 물질을 탐지하는 장비를 오염시킬 수 있는 복사와 떠돌아다니는 입자를 차단하기 위해 깊은 터널을 이용해 연구하는 동안, 생명을 연구하는 우리는 미생물이 무슨 일을 하는지 알아내려고 노력한다.

오래전에 생성된 염류는 화성에서도 발견되었다. 염류는 우리의 카메라와 환경 모니터와 그 밖의 장비를 손상시킬 수 있다. 따라서 화성의 환경에서 견뎌낼 수 있는지 불비 광산 같은 곳에서 우리의 설계를 시험하는 것은 현명한 판단이다. 반대로 작고 가볍고 튼튼해 우주에서 사용할 수 있는 장비는 지구에서 채굴 작업을 개선하는 데 쓰일 수 있으며, 그 작업을 더 깨끗하게 해내거나 지구의 부족한 자원을 잘 활용하게 해줄 수 있다.

다시 말해서, 불비 터널의 깊은 곳에서 우주 탐사와 지구의 과제 ─ 성공적이고 지속 가능한 채굴 ─ 가 만난 것이다. 이러한 노력을 위해 NASA와 유럽 우주국, 그리고 이곳에서 시험할 탐사차를 제작한 인도에서 온 팀들이 요크셔주에 왔다. 심지어 광산에서 훈련 과정의 일부를 소화할 우주 비행사도 한 명 왔는데, 그는 미래의 행성 탐사 임무에서 표본을 채집하는 방법을 배우기 위해 염류를 함유한 돌출부를 파고 긁어내는 작업을 했다. 이것은 이곳 지구의 문제를 해결하면서 우주에 대한 관심을 스릴 있고 흥미롭게 추구할 수 있는 방법이다.

「이곳은 아름다운 곳이지만, 다른 세계처럼 느껴질 수 있어요.」택시 기사가 우리 앞에 펼쳐진 황야를 훑어보면서 내 말에 동의했다. 그는 택시 기사들이 흔히 저지르는 끔찍한 실수를 저질렀는데, 그것은 바로 내게 화성에 관한 이야기를 하도록 길을 열어 준 것이다. 우주 생물학자에게 〈다른 세계〉라는 말을 내뱉는 것은 황소에게 빨간 천을 흔드는 것과 같다. 나는 기회를 놓치지 않고 덥석 달려들었다.

「다른 세계 이야기가 나왔으니까 하는 말인데, 당신은 실제로 다른 세계로 가시겠습니까? 예컨대 화성으로요?」

「그곳은 아주 추운 곳이죠?」택시 기사가 물었다. 「요크셔주보다 훨씬 추울 거예요. 내가 기회를 덥석 물겠다고 말할 수는 없지만, 아마도 가겠지요. 사람들은 갈 수 있는 곳이면 어디든 갔으니, 우리도 그곳으로 가서 제2의 고향으로 만들 거라고 나는 생각해요. 언젠가는 도시도 건설하겠지요. 하지만 그래도 요크셔주 같은 곳은 되지 않겠죠.」내게 가장 강렬한 인상을 남긴 것은 무심하게 둘을 비교하면서 차이를 확신한 마지막 말이었다.

「화성을 제2의 고향으로 삼는다고 했는데, 당신도 그럴 건가요?」내가 물었다.

「절대로 그러지 않을 거예요!」그는 강하게 부인했다. 「우주를 좋아하는 억만장자들이야 환영을 받겠죠. 그곳 환경은 너무 혹독하고, 저는 요크셔주가 좋아요.」

나처럼 화성에 열광하는 사람은 이렇게 단순하고 확고한 견해에 실망을 느낄 수 있다. 저녁 식사를 같이 하는 사람이 관심사가 일치하는 것이 하나도 없어 화성과 우주에 대한 대화를 전혀 할 수 없는 상황과 같다. 하지만 택시 기사의 견해는 단순히 화성에 대한 무관심에 불과한 것이 아니었다. 아름다운 풍경이 펼쳐진 황야를 지나가다가 문득 택시 기사가 머물러 살고 싶은 장소가 바로 요크셔주라는 생각이 들었다. 화성에 대해서야 어떻게 생각하건, 그는 지구에서 자신이 있는 장소에 완전히 만족하고 있다. 사방에 아름다운 황야가 펼쳐져 있는데, 누가 그를 탓할 수 있겠는가? 그는 자신의 고향에 있었다.

화성에 건설한 제2의 고향. 이 짧은 표현은 우주선과 미래형 우주복, 심지어 가족 반려견의 외출 복장까지 이 세상의 것과 다른 이미지를 떠오르게 한다. 수많은 세대가 화성 개척지에서 새로운 삶을 살아가는 꿈을 꾸었다. 그들은 지구 밖 세계의 이주자가 되길 바랐다. 처음에는 삶이 힘들겠지만, 붉은 행성의 밝은

238

고지대에 더 많은 사람들이 모여들면서 하루하루가 지날 때마다 살아가기가 더 쉬워질 것이다. 그리고 여러분은 그 모든 것을 세운 최초의 이민자 중 한 명이 될 것이다. 자, 이제 새로운 세계를 건설하고, 멀리 떨어진 다른 세계의 기슭에 우리 문명의 한 갈래를 세울 기회를 마다할 사람이 있을까? 이것은 아메리카 대륙에 들어선 초기 정착지를 21세기에 다른 세계에서 반복하는 것이지만, 이번에는 원주민 강제 이주나 착취, 파괴가 일어나지 않을 텐데, 화성에는 지적 생명체가 존재하지 않기 때문이다. 이것은 도덕적으로 깨끗한 개척지가 될 것이고, 인류 전체가 자부할 만한 운명이 될 것이다.

개척 시대의 서부처럼 그 땅에서 살아가려면 약간의 독창성이 필요하지만, 우리는 그 방법을 알고 있다. 예를 들면, 화성의 대기로 연료를 만들 수 있는데, 그러려면 탄화수소 연료에 대한 편견을 버려야 한다. 화성에는 지하에서 시추할 수 있는 석유가 없다. 우리가 아는 한, 화성에는 옛날에 화석 연료를 만들 만한 생물권이 존재하지 않았다. 하지만 화성의 대기에는 많은 양의 이산화탄소 기체가 포함되어 있는데, 이것이 출발점이 될 수 있다. 이산화탄소를, 물을 전기 분해해 얻을 수 있는 수소와 혼합하고(전기는 풍력이나 원자력 발전으로 얻을 수 있다), 금속 촉매 위에서 이 혼합물을 살짝 가열하면 된다. 그러면 반대편에서 메탄 기체가 생긴다. 이 기체를 액화시킨 뒤 이산화탄소에서 얻을 수 있는 산소와 혼합하면, 난로에서 태우거나 탐사차에 채워 붉은 행성을 여행하는 데 쓸 연료를 얻을 수 있다.

이러한 삶은 목가적 분위기를 풍긴다. 화성의 추운 겨울날에 메탄 난로 주위에 둘러앉은 가족. 미약한 바람이 주거지 가장자리를 휘감으며 지나갈 때 나는 윙윙거리는 소리. 여압 수레 안에서 극한 환경을 마주할 준비를 하는 아이들. 지구와 과거의 시간을 회상하면서.

이것은 찰스 포티스Charles Portis가 1968년에 쓴 소설『진정한 용기True Grit』와 비슷하다. 비록 이들이 생활하는 장소의 배경은 현대 기술로 지어 은빛으로 반짝이는 화성 정착지이긴 하지만 말이다. 화성 개척지의 극한 조건에 맞서면서 그곳에서 살아가려는 꿈이 어떻게 역사의 한 페이지를 장식하거나, 더 힘들고 활기가 넘치는 삶으로 돌아가길 원하는 사람들의 가슴을 뛰게 하는 영웅적 판타지로 변하는지 쉽게 이해할 수 있다. 그래서 우주 탐사 동호회에서는 화성 개척지를 개척에 대한 인류의 꿈을 실현할 수 있는 장소로 여기는 사람이 많다. 우리의 가장 고귀한 자아를 실현할 수 있는 무대가 바로 여기에 있다.

이 꿈에는 분명히 약간의 진실이 있다. 특히 화성을 제2의 고향으로 만드는 데 성공하려면, 전력을 쏟아부어야 한다는 점에서 그렇다. 정착은 쉽지 않을 것이다. 희생자도 일부 나올 것이고, 창의력의 한계를 시험할 것이다. 화성은 우리가 가진 모든 것을 요구할 것이다. 화성은 우리의 의지를 끊임없이 허물어뜨릴 것이고, 새로운 차원의 결단력과 회복력이 있어야만 그 모든 난관을 극복할 수 있을 것이다.

사실, 화성의 조건은 너무 혹독한 반면 요크셔주는 너무나도 매력적이어서 택시 기사의 견해에 동조하더라도 아무도 뭐라고 하지 않을 것이다. 무엇보다도 화성의 대기는 95퍼센트가 이산화탄소이고 산소는 0.14퍼센트에 불과해 사람에게는 치명적이다. 그뿐만이 아니다. 대기압은 지구에 비해 100분의 1에 불과하다. 화성의 대기는 사실상 거의 진공 상태에 가까운 데다가 미량의 독가스가 섞여 있는 것이나 다름없다. 정착민은 밖으로 나가려면 우주복을 입어야 하고, 집은 철저히 밀폐해 내부의 압력을 높이고, 생명의 기체인 산소를 포함해 숨 쉴 수 있는 기체로 채워야 한다.

지구와 다른 이 차이점, 즉 이 유독한 기체 대기 때문에 화성은 개척 시대의 서부와는 비교조차 할 수 없다. 숨을 쉴 수 없는 대기로 인한 이동의 제약은 신대륙을 식민지로 삼은 유럽인이 직면했던 그 어떤 제약보다 크다. 물론 신대륙 개척자들은 방울뱀과 돌발 홍수, 유럽인의 침탈에서 공동체를 지키려는 원주민을 경계해야 했다. 하지만 이런 위험들은 항상 어디에나 존재하는 것이 아니었고, 비교적 쉽게 대처할 수 있었던 반면, 화성의 대기는 도처에 스며 있고, 준비되지 않은 사람의 목숨을 순식간에 앗아 갈 수 있다. 일시적인 유예 같은 것도 전혀 기대할 수 없다. 그것은 우리가 어디를 가든 따라다니며, 안전은 말할 것도 없고 자유의 느낌마저 박탈한다. 얼굴 가리개에 금이 가거나 밀폐된 거주지에 구멍이라도 생기면, 모든 것을 잃고 만다. 이것은 지구의 그 어떤 개척민도 경험하지 못한 극한 상황이다.

불행하게도 이게 다가 아니다. 극소량의 독성 대기가 우리를 죽이지 않는다면, 고립무원의 적막한 분위기가 죽일 것이다. 화성이 늘 이랬던 것은 아니다. 30억 년도 더 전에는 강과 호수가 있었다. 화성 궤도를 도는 탐사선은 황량한 풍경 위로 뱀처럼 굽이치며 구불구불 뻗어 있는 함몰 지형들의 모습을 자세히 촬영했다. 북반구에는 심지어 바다가 있었을지도 모른다. 그러다가 화성이 냉각되면서 모든 것이 바뀌었다. 지구도 오래전에 냉각되면서 화산 활동이 활발하던 청소년기가 지나고 훨씬 온건한 성년기로 변했고, 지금 우리는 이 시기에 살고 있다. 그런데 지구에서는 이 과정이 화성보다 더 천천히 일어났는데, 오늘날 화성과 달리 지구에 생명을 유지하는 대기와 광범위한 생태계가 있는 이유는 이것과 깊은 관련이 있다. 붉은 행성의 지름은 지구의 절반 정도이며, 번이 큰 식빵 덩어리보다 더 빨리 식는 것처럼 화성은 지구보다 더 빨리 열을 방출했다. 너무 빨리 식는 바람에 액체 상태의 핵이 빙빙 돌기를 멈추었고, 그와 함께 자기를 만들어 내던 발전기도 멈추면서 자기장이 급격하게 약해졌다. 그 결과로 화성은 태양에서 날아오는 입자들의 흐름을 막아 주는 보호막을 잃게 되었다. 지구도 비슷한 공격을 받지만, 액체 상태의 외핵이 계속 빙빙 돌기 때문에 강한 지구 자기장이 생겨 태양에서 날아오는 입자를 대부분 비켜나게 한다. 화성에서는 태양 복사가 무방비 상태의 대기를 갈기갈기 찢어 그 파편들을 우주 공간으로 흩어지게 한다. 소행성과 혜성의 충돌도 기체를 가열하여 우주 공간으로 흩어지게 하는 데 기여했다. 대기가 희박해지면서 표면의 기압이 너무 낮아져 액체 상태의 물이 존재할 수 없게 되었다. 대신에 물은 얼어서 땅속으로 스며들었다.

그렇게 해서 표면에는 바싹 마른 상태의 암석만 남게 되었다. 수천 년 동안 거센 바람에 침식돼 암석에서 떨어져 나간 작은 파편들이 화성 표면 곳곳으로 흩어졌고, 이 파편들이 화성의 표면을 붉은색으로 물들였다. 오늘날 화성 표면은 황토 먼지로 뒤덮인 광활한 사막이다. 사하라 사막, 모하비 사막, 나미브 사막도 행성 전체 표면을 뒤덮고 있는 화성의 사막과는 비교가 되지 않는다. 강과 호수가 있었던 과거에 그곳에서 살던 생물이 있었는지 알려 주는 단서가 침식된 암석에 남아 있을지도 모른다. 어쩌면 그 생명의 흔적이 오늘날 화성의 땅 밑에 남아 있을 수도 있다. 많은 과학자와 탐험가는 이 매력적인 가능성에 혹해 언젠가 가장 가까운 이웃 행성을 꼭 방문하겠다는 의지를 불태운다.

하지만 한때 화성에 미생물이 살았는지, 그리고 미생물이 아직도 땅 밑에서 암석을 갉아 먹고 있는지는 메탄 불 주위에 옹기종기 모인 개척자 집단에게는 그다지 큰 의미가 없다. 이들에게 이러한 화성의 역사가 가져온 결과는 너무나도 명백하다. 강도 호수도 없고, 오므린 손바닥에 물을 담아 마실 수 있는 작은 샘조차 없다. 식물도 없다. 화성 사막에는 말라붙어 쭈글쭈글한 회전초(뿌리에서 분리되어 바람에 굴러다니는 식물의 지상 부분. 뿌리가 없이도 식물의 기능을 완전하게 수행한다)조차 없다. 화성은 지구에서 가장 치명적인 사막보다 더 혹독한 죽음의 땅이다. 사하라 사막의 가장 외딴 곳일지라도 굶주림과 목마름으로 죽음을 눈앞에 둔 상황에서 적어도 숨을 쉬면서 저승사자를 맞이할 수 있다.

택시가 작은 차선으로 접어들었다 빠져나왔다 하며 달리는 동안 황야에 사람들이 사는 곳이 잠깐 동안 나타났다. 모퉁이를 돌자 오른쪽에 가게가 나타났다. 세 사람이 밖에 앉아 있었고, 낡은 빨간색 전화박스가 지나간 시대를 지키려는 듯 서 있었다. 나는 택시 기사 자신은 그다지 열광적이지 않더라도, 화성을 인류의 새로운 고향으로 받아들일 의향이 있는지 궁금했다. 그래서 「같은 질문을 반복하고 싶지는 않지만요」라고 운을 떼며 물었다. 「화성이 새로운 개척지가 될까요? 누군가에게 제2의 고향이 될 것이라고 생각하나요? 그곳이 황야가 아니라는 데에는 동의하지만…….」

「왜 안 되겠어요? 우리는 다른 곳에도 모두 갔잖아요. 뭔가를 하기로 결정하면, 우리는 그곳으로 가요. 따라서 나는 사람들이 화성에 갈 거라고 생각합니다. 그곳에 가서 살겠다고 자원하는 사람들이 있지 않나요? 그래요, 제2의 고향처럼요. 정말로요, 그렇지 않나요? 하지만 그곳은 매우 추워요. 나는 여전히 요크셔주가 좋아요.」

이번에는 다소 긍정적인 평가를 내놓았지만, 그는 여전히 황야를 화성보다 좋아했는데, 나는 그 이유를 충분히 이해한다. 화성은 우리를 손짓해 부르지만, 그곳에 황야의 보라색과 초록색, 분홍색 풍경과 끈끈이주걱과 헤더, 크랜베리와 비교할 만한 게 있을까? 바람이 거세게 휘몰아치는 영국 북부의 이 오아시스 주변을 날아다니는 물떼새와 쇠황조롱이, 뻐꾸기, 마도요는 또 어떤가? 내 마음은 황야에서 화성으로 갔다가 다시 화성에서 황야로 왔다가 하길 반복했다.

요크셔주가 따뜻한 낙원은 아니지만, 택시 기사도 알고 있듯이, 화성은 이곳과 비교조차 할 수 없다. 지구에서는 두꺼운 대기가 온실처럼 지표면을 둘러싸 지구의 온도를 엄청나게 추운 우주 공간보다 훨씬 높여 쾌적한 상태로 유지하지만, 그러한 대기의 보호막이 없는 화성은 극한의 추위를 감수해야 한다. 적도 지역에서는 태양이 쨍쨍 내리쬘 때 기온이 섭씨 20도 위로 올라가면서 쾌적한 날씨가 펼쳐질 수 있다. 하지만 나머지 지역은 대부분 매우 춥다. 화성의 평균 기온은 섭씨 영하 60도이며, 극지방의 빙관은 지구의 남극 대륙과 비교해도 아주 추운데, 기온이 섭씨 영하 150도까지 내려간다.

황량하고 추운 화성의 사막에서 살아가는 주민은 또 다른 적인 태양 복사에도 대처해야 한다. 화성 대기에는 산소가 거의 없기 때문에, 태양 자외선 중 대부분을 차단하는 오존층 보호막이 없다. 그래서 화성 표면에서는 지구보다 약 1000배나 빨리 살갗이 탈 수 있다. 물론 햇볕에 그을려 검붉게 변한 피부를 즐기기도 전에 가쁜 숨을 몰아쉬며 죽을 테지만 말이다. 미래의 화성 정착지 주민의 입장에서 더 중요한 것은 표면에 내리쬐는 복사의 강도가 매우 높아 플라스틱을 누렇게 변색시키고 비틀어지게 하며, 다른 물질들도 약화시키고, 차폐 벽으로 보호하지 않은 농작물을 죽게 한다는 점이다.

태양과 은하계에서 날아오는 소리 없는 침입자도 가세한

다. 태양과 다른 곳에서 날아오는 양성자와 고에너지 이온이 화성 표면으로 쏟아진다. 지구 표면은 대기와 자기장이 보호해 주기 때문에, 그 세기는 화성 표면에 쏟아지는 공격에 비하면 100분의 1 정도에 불과하다. 붉은 행성에서 살아가는 사람은 암에 걸릴 위험과 강한 복사에 손상을 입을 위험이 높다. 서서히 하지만 가차 없이 화성의 환경은 DNA를 손상시킨다.

내가 문제들을 과장한다는 오해를 불식시키기 위해 그래도 화성에는 제임스타운 정착민들이 맞닥뜨렸던 것과 같은 위험이 없다는 점을 지적하고자 한다. 무기를 들고 야간 습격 기회를 호시탐탐 노리는 화성 원주민은 없다. 화성 정착민은 밤에 안전하게 잠잘 수 있다. 또한 화성에는 정착민의 농작물을 쓸어버리거나 집을 박살 내는 사나운 폭풍이나 허리케인도 없다. 또한 지진 활동도 미미해 화산이나 지진 피해를 입을 위험이 없다. 물론 그렇다고 해서 화성의 자연이 온순하다는 말은 아니다. 앞에서 이미 소개한 위험들 외에도 먼지가 끊임없이 화성의 하늘을 날아다니면서 구석구석에 붉은 모래를 뿌린다.

화성의 환경은 신체적 위험 외에 정신 건강도 위협한다. 정착지에서 바깥쪽을 바라보면, 눈길이 닿는 끝까지 빨간색과 약간의 주황색, 그리고 더 짙은 붉은색이 뒤섞여 연어 살색 같은 하늘을 향해 죽 뻗어 있다. 발로 흙을 차면, 붉은 먼지 아래에 풍화되지 않은 회색 현무암이 드러난다. 하지만 지구의 파란 하늘, 나무의 초록색, 봄철에 꽃이 만개할 때 세상을 뒤덮는 분홍색, 파란색, 주황색, 보라색, 황갈색 등 이 아름다운 색들을 화성 정착민은 컴퓨터 화면이나 식물 재배 장치, 주거지 창턱에서 외롭게 근근이 살아가는 새싹에서만 볼 수 있다. 그 외에는 온 사방에 끝없이 빨간색만 펼쳐져 있다. 여러분은 이 단조로움을 견뎌 낼 수 있을까?

물론 과학자들은 이 죽은 행성에서 큰 가능성을 기대한다. 과거에 화성에 생명체가 살았는지 알아내려고 하는 사람에게는 꿈을 펼칠 수 있는 놀이터가 기다리고 있다. 화성의 암석은 대부분 나이가 30억 년 이상인데, 따라서 과거에 생명체가 존재한 흔적이 암석에 남아 있을 수 있다. 반면에 지구에서는 판들의 움직임으로 대륙들이 충돌하면서 암석을 끊임없이 땅속 깊숙이 파묻고 큰 압력과 열로 파괴하기 때문에, 오래된 암석들은 대부분 오래전에 사라졌다. 화성은 이러한 과정에 영향을 받지 않아 초기 행성들에서 일어난 지질학적 과정과 어쩌면 생물학적 과정까지 들여다볼 수 있는 창을 제공한다. 화성에 생명체가 존재하지 않은 것으로 밝혀지면, 흥미로운 질문들이 떠오른다. 암석과 물이 있는데도 불구하고, 자매 행성인 지구에서는 생명체가 싹을 틔우고 만개한 반면, 화성은 왜 불모지로 남았을까? 나를 포함해 온갖 분야의 과학자들은 화성행 티켓을 기꺼이 받아들려고 할 것이다.

아마도 관광객도 이 사막을 경험하길 원할 것이다. 그들은 이곳 지구에서 사하라 사막을 트레킹하고, 사륜구동 차를 몰고 데스밸리를 달리고, 낙타를 타고 나미브 사막을 건넌다. 그들은 여압 탐사차 뒤쪽에 뛰어올라 화성의 거대한 엘리시움 평원을 달리고, 5킬로미터 깊이까지 갈라진 매리너 계곡을 들여다보고, 북극 빙원에 서서 광활하게 펼쳐진 하얀색 황야를 바라볼 것이다. 그렇다, 모험심이 강한 사람이라면 누구나 화성을 꿈의 휴양지 목록에 올려놓고 싶을 것이다. 하지만 1~2주일이 지난 뒤에는 얼른 지구로 돌아가고 싶어 하는 모습을 쉽게 상상할 수 있다. 사하라 사막을 트레킹하는 사람들 중에서 안락한 집을 버리고 평생을 사막에서 살겠다고 자발적으로 결정하는 사람은 거의 없다. 마찬가지로 화성은 희귀하고 비싼 경험을 하는 장소로는 좋을지 모르지만, 제2의 고향으로 삼기에는 적합하지 않다.

경제적 목적으로 화성을 개발하는 측면을 고려하면, 화성의 미래는 예측하기가 쉽지 않다. 경제적 성공 가능성은 사람들에게 미쳤다는 소리를 들을 만한 일을 하게 만든다. 만약 화성의 먼지 아래에 귀중한 것이 파묻혀 있다면 어떻게 될까? 화성에 광부들을 끌어들일 만한 광물이나 희귀 광석이 있다는 사실은 밝혀지지 않았지만, 앞으로 어떻게 될지 누가 알겠는가? 전혀 가능성이 없는 일은 아니다. 화성은 태양계에서 다른 활동을 위한 전초 기지가 될 수도 있는데, 예컨대 붉은 행성과 목성 사이에 위치한 소행성대에서 막대한 양의 백금족 원소나 철, 물을 채굴하는 작업이 벌어질 수 있다. 화성은 소행성대의 다른 선택지와 비교할 때 상대적으로 더 안전한 장소이다. 소행성대의 채굴을 위해 화성에 작업자와 장비를 머물게 하는 기지를 만들 수 있다.

그렇다고 하더라도, 바위투성이 사막에 뿌리를 내리고 살아가는 삶은 상상하기 어렵다. 지금으로서는 단기 거주가 여전히 가장 가능성이 높아 보인다. 과학자와 관광객, 광부 등 다양한 이해관계로 얽힌 사람들이 같은 술집에 모여 있는 화성 기지 모습을 상상할 수 있다. 그들은 고립 상황에서 형성된 동지애를 느낄 것이다. 하지만 필요 이상으로 오래 머물진 않을 것이다. 관광객은 곧 다음번 우주선을 타고 집으로 돌아갈 것이고, 과학자는 연구비 지원이 고갈될 때까지만 머물 것이고, 광부는 교대 근무가 끝나면 떠날 것이다. 화성에 가 본 사람이 아직 아무도 없기 때문에, 화성의 모래는 여전히 낭만에 싸여 있다. 하지만 화성의 환경을 직접 경험하면, 사람의 마음은 바뀔 수 있다.

화성에 부동산 붐이 일어날 가능성이 있을까? 그냥 우리가 살고 있는 지구만 둘러보더라도 회의적인 시각을 가지기에 충분하다. 캐나다 북극권의 인구 밀도는 1제곱킬로미터당 0.02명에 불과하지만, 런던은 1제곱킬로미터당 약 5700명이다. 왜 이런 차이가 날까? 북극권에서 살아가는 어려움 같은 이유를 떠올릴 수 있다. 캐나다 정부가 이민자에게 시민권과 재정적 인센티브를 제공하고 이주비를 지급하는 등 적극적인 지원 정책을 펴면 북극권 거주 인구를 늘릴 수 있을 것처럼 보인다. 하지만 나는 이것만으로는 충분치 않다고 생각한다. 모든 물류 시설과 편의 시설이 갖춰진다 하더라도, 압도적으로 많은 사람들은 섭씨 영하 40도의 겨울과 캐나다 북극권의 황량한 풍경을 즐기며 사느니 차라리 지금 사는 곳에 머무는(혹은 비싼 임대료를 지불하고 런던의 편리한 삶을 누리는) 쪽을 선호할 것이다.

이누이트 같은 일부 사람들에게는 이러한 극한 환경이 고향이다. 하지만 본질적으로 아열대 생활에 적합한 나머지 대다수 인류는 아무리 많은 돈을 준다 해도 화성은 말할 것도 없고 캐나다 최북단의 누나부트로 이주하려 하지 않을 것이다. 누나부트는 화성에 비해 훨씬 살기 좋은 환경인데도 불구하고 그렇다. 북극권에는 숨 쉬기에 충분한 대기가 있다. 기분을 북돋는 야생 동물도 많다. 물은 비교적 쉽게 구할 수 있고, 태양 복사 수준은 지구의 다른 곳과 거의 비슷하다. 북극권에서 가장 극한 환경인 극지 사막조차도 화성보다 감각적으로 더 다양한 느낌을 제공한다. 그리고 환경이 혹독하긴 하지만, 즉각적으로 목숨을 앗아 갈 만큼 치명적이지는 않다.

이러한 사실들을 싹 무시하고, 화성이 지구의 북극권만큼 매력적이며, 지구의 최북단 거주 지역만큼 사람들을 쉽게 모이도록 할 수 있다고 가정해 보자. 또, 그 결과로 붉은 행성 전체의 인구 밀도가 북극권과 비슷하다고 가정한다면, 화성 인구는 그래도 300만 명 미만에 머물 것이다. 이것은 지구 인구의 0.04퍼센트에 불과하다. 이것은 분명히 인류에게 새로운 전초 기지이자 우리의 활에 추가될 새로운 끈이며, 무시하지 못할 현실이 될 것이다. 제7장에서 이야기한 것처럼 인류는 여러 행성에서 살아가는 종이 될 것이다. 하지만 화성은 우리 문명을 위한 도가니로서는 지구와 비교 대상이 되지 못할 것이다.

나는 많은 사람들이 붉은 행성의 꿈에 사로잡혀 마침내 그것이 가능해지면 화성으로 이주할 것이라고 생각한다. 하지만 그중에서 얼마나 많은 사람들이 남을지 궁금하다. 새로운 세계에 대한 흥분이 가라앉고 나면, 먼지와 바위가 흩어진 평원을 바라보면서 새소리와 빗소리, 가을의 다채로운 색채, 봄의 푸른 새싹을 동경하는 사람이 얼마나 많이 나올까? 기대를 품은 사람과 가만히 있지 못하는 사람이 화성에 잠시 머물러 지낼 수는 있겠지만, 그들 중 누가 그곳을 고향이라고 생각할까?

　과학자인 나는 화성의 이미지와 풍경, 한때 물이 흘렀던 화성의 과거에 매료되지 않을 수 없다. 나는 화성에서 알 수 있는 것을 모두 알고 싶다. 하지만 먼 미래에 화성으로 모험을 떠난 많은 사람들이 로버트 팰컨 스콧 선장이 두 달 반 동안 썰매를 끌고 백색의 황야를 가로질러 남극점에 도착했을 때 느꼈던 것과 같은 경험을 하리라는 인상을 떨칠 수 없다. 스콧은 〈맙소사, 이곳은 정말로 끔찍한 곳이로군!〉이라고 외쳤다. 언젠가는 화성 정착지에서도 사람들이 비슷한 말을 중얼거릴 것이다. 그리고 그 뒤를 이어 〈요크셔주로 돌아갈래〉라고 말하는 사람도 일부 나올 것이다.

제13장

우주에는 독재 사회가 넘쳐날까, 자유 사회가 넘쳐날까?

과학 논문에 관한 회의를 마친 후 웨이벌리에서
브런츠필드 애비뉴로 가는 택시 여행

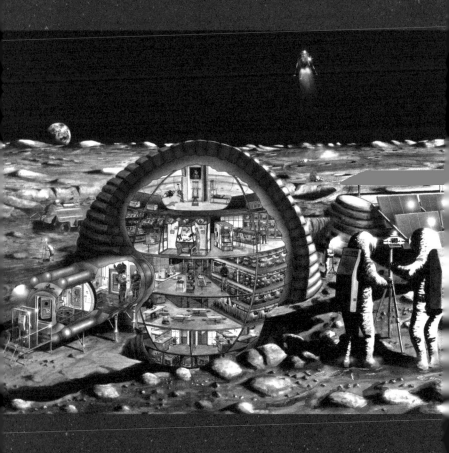

NASA가 만든 달 기지 설계는 흥미진진한 미래형 건축물처럼 보인다. 하지만 우주 정착민들은 밀폐된 거주지에 갇힌 채 기계가 만든 산소와 절대로 실패해서는 안 되는 그 밖의 생명 유지 장치와 안전 시스템을 비롯해 그곳의 시설에 의존해 살아가는 집단이 될 것이다. 이 기지 안에서는 얼마나 많은 자유를 누릴 수 있을까?

「무슨 일을 하시나요?」마켓 스트리트로 접어들 때, 택시 기사가 물었다. 그는 잠시도 가만히 있지 못하고, 계기판 위에 놓인 서류를 만지작거리고, 좌석에서 계속 몸을 뒤척이면서 편안한 자세를 찾으려고 애썼다. 뻣뻣한 갈색 머리카락을 짧게 길렀고, 헐렁한 검은색 특대 사이즈 티셔츠를 입고 있었다. 그리고 대화를 바라는 듯 백미러를 연신 쳐다보았다.

나는 매우 피곤했고 대화에 별로 흥미가 없었기 때문에, 내가 하는 일을 조금 설명하고는 대화를 그에게 넘기려고 했다.

「기회가 된다면 우주에 가실 건가요?」내가 물었다.

「아마도 그럴 거예요. 여기서 벗어날 수 있는 진정한 탈출구가 될 거예요. 어쨌든 한동안은요. 물론 거기서 살려고 하진 않겠지만요.」

망가진 지구를 떠나 다른 세계로 탈출하는 개념에 대한 내 생각은 이미 앞에서 밝혔으므로, 그것에 반대하는 의견을 더 자세히 설명할 필요를 느끼지 않는다. 하지만 택시 기사는 관리인들이 망친 지구에서 탈출하기보다는 적어도 한동안 다른 곳에서 새로운 삶을 추구할 기회를 원하는 것 같았다. 우주 사회가 지구 사회와 극적으로 다르다는 생각은 상식처럼 자리 잡고 있다. 어쨌든 할리우드가 만든 SF 작품은 오랫동안 우리의 탈출 열망을 충족시켰다. 「스타 워즈Star Wars」나 「아바타Avatar」 같은 영화는 우주를 환상이 펼쳐지는 놀이터로, 즉 상상력을 마음껏 펼칠 수 있는 광대한 공간으로 바꿔 놓았다. 이 우주에 등장하는 세계들은 우리가 직접 창조한 산물이기 때문에 우리의 기대와 두려움을 반영하고 있다. 그 세계들은 유토피아가 될 수도 있고 악이 지배하는 곳이 될 수도 있다. 가끔 재능 있는 작가가 인류의 문명에 필적하는 복잡성과 깊이를 지닌 우주 문명을 그리기도 한다. 이러한 작품들은 흥미로운 질문을 제기한다. 우주에는 실제로 어떤 사회들이 존재할 수 있으며, 그런 사회에서 살아가는 삶은 어떤 것일까? 나는 택시 기사의 생각을 물어보기로 했다.

「하지만 정말로 뭔가에서 벗어날 수 있다고 생각하나요?」 내가 물었다. 「우주의 환경은 매우 극단적이고, 살아남으려면 많은 사람들에게 의존해야 할 텐데요.」

「통조림 깡통에 갇힌 신세가 되리란 건 알지만, 그래도 이곳의 모든 문제에서 벗어날 수 있잖아요?」

「하지만 그곳에서 더 많은 문제를 만날 수도 있잖아요?」 내가 반박했다. 「얼마 지나지 않아 당신은 깡통 속에서 맞닥뜨리는 문제보다 이곳의 온갖 문제를 그리워하게 될걸요.」

그는 잠시 침묵에 빠졌다. 차가 브런츠필드 플레이스에 접어드는 순간에 방향 표시등이 재깍거리는 소리만 났다.

결국 그가 입을 열어 순순히 인정했다. 「당신 말이 맞아요. 저는 곧 집을 그리워하겠죠. 하지만 한동안 다른 곳에서 살면서 다른 경험을 하고 싶어요.」

끈질긴 탈출의 유혹은 내 마음을 사로잡는다. 함께 시간을 보내고 싶은 사람이 아무도 없는 깡통 속에서도 그 가능성은 세이렌의 노래처럼 방랑벽이 있는 마음에 손짓을 보낸다. 지구에서 약 1만 년 동안 우리가 기울인 사회적, 정치적, 경제적 노력은 우리의 확립된 견해에 반영돼 있다. 그 내용은 다양하지만, 모든 견해는 인류가 지구에서 겪은 경험에 제약을 받는다. 우주가 정말로 새로운 가능성(지구에서 볼 수 있는 사회와 전혀 다른 사회)을 제공할 것처럼 보이는 것은 어쩌면 놀라운 일이 아닐 수 있다. 변경에서 느끼는 스릴은 낙원의 색조를 띠고 있다.

커크 함장이 낯선 신세계를 탐험하고 새로운 문명을 찾아나서는 임무를 발표하는 순간, 우리는 이상적인 우주여행의 미래로 끌려간다. 그곳에는 사소한 경제적 긴급 사태도 없고, 인척과 세금 징수원과의 싸움도 없고, 오직 탐험만 생각하면 된다. 우주로 나아가는 행동 자체가 만병통치약이자 해방을 가져다주는 결과를 낳는다. 하지만 이 비전은 얼마나 현실적일까? 언젠가 인간이 외계인이 된다면, 다른 세계에 우리가 세운 사회는 자유로운 사회가 될까, 아니면 압제적인 사회가 될까? 어떤 형태의 정부가 최선일까?

이런 질문들은 현실 도피적 환상의 낭만이 없지만, 우주로 나가면 정치에서 해방될 것이라고 생각해서는 안 된다. 비록 정치는 외계인과 거리가 먼 것처럼 보일 수 있지만, 인간이 건설하는 사회는 더 광범위한 질문, 즉 우주에 존재하는 생명체에 관한 질문과 생명체(이 경우에는 우리 자신)가 새로운 변경에 어떻게 적응해 가느냐에 관한 질문에서 큰 비중을 차지한다. 인간이 우주로 나갈 때, 우리는 스스로를 다스리는 방법과 좋은 사회를 만드는 방법에 관한 오래된 질문도 가져갈 것이다. 다른 세계에서 집단을 이루어 살아가면서 부닥치게 될 문제는 아주 많다. 무엇보다도 우주에서는 어디를 가건 극한 환경에 맞닥뜨리기 때문에, 어느 누구도 혼자 힘만으로는 이룰 수 없는 복잡한 개선책이 필요할 것이다.

상당한 기술적 지원 없이는 땅 위에서 편하게 공기를 숨 쉴 수 있는 행성이 단 하나도 없다는(적어도 태양계에서는 분명히) 사실을 생각해 보라. 이 한 가지 사실만으로도 단번에 요점을 파악할 수 있다. 우주의 다른 곳에서 살려면, 우리의 가장 기본적인 필요를 충족시키는 시설(지구에서는 필요하지 않은 시설이지만)이 필요하다. 거기에는 엄청나게 힘든 노력이 필요하겠지만, 불가능하진 않다는 게 중요하다. 가장 가까운 이웃인 달에서는 남극 지역에서 발견되는 물에서 산소를 얻을 수 있다. 그곳의 깊은 크레이터는 영구적으로 어둠 속에 잠겨 있어, 그렇지 않았더라면 햇빛에 증발되었을 물이 흙 속에 남아 있다. 그 흙을 파서 데움으로써 물을 얻을 수 있다. 그러고 나서 먼지를 제거한 물을 전기 분해해 수소와 산소를 얻을 수 있다. 수소는 산업 과정에 사용할 수 있고, 산소는 우리의 폐에 사용할 수 있다. 이제 우리는 숨 쉴 수 있는 공기를 약간 확보했다.

산소 공급원으로부터 신선한 공기를 얻기까지 이렇게 매우 복잡한 과정에는 많은 사람들의 노력이 필요하다는 것은 명약관화하다. 먼저, 누군가 바위가 많은 달의 크레이터 속으로 들어가 물을 함유한 흙을 파내야 한다. 로봇을 사용하면 위험을 약간 줄일 수 있지만, 여전히 사람이 감독해야 하고, 예비 부품을 준비해야 한다. 협응이 필요한 활동도 많을 것이다. 일단 얼음이 섞인 흙을 확보했으면, 세척과 추출, 여과 등 여러 단계의 노력이 필요한 처리 과정을 누군가가 맡아야 한다. 또 물을 전기 분해 장치로 운반하고, 거기서 산소 생산 과정을 감독할 사람도 필요하다. 그러고 나서 관을 통해 산소를 정착지와 작업 공간으로 보내야 한다. 관과 펌프도 정비와 보수가 필요하다.

지구에서 우리가 물과 전기 공급자에게 의존하는 것과 마찬가지로 달에서 산소 생산 시설은 더 필수적이고 따라서 더 귀중하다. 물이나 전기가 없으면, 삶이 곧 비참해질 수 있으며, 인공호흡기에 의존하는 환자를 비롯해 일부 사람들에게는 가동 중단이 치명적일 수 있다. 하지만 대다수 사람들은 이러한 필수 서비스가 복구될 때까지 충분히 오래 버틸 수 있다. 산소 공급은 사정이 다르다. 산소가 없으면, 달 주민은 즉각 죽고 만다. 따라서 산소는 우주에서 정치적 문제가 된다. 산소 원자와 인간 소비자 사이를 잇는 기술과 물류를 통제하는 사람은 누구든 강력한 권력을 쥐게 될 것이다. 이 과정의 모든 단계는 독재자가 등장할 수 있는 절호의 기회가 된다.

　이것은 암울한 전망인데, 우주의 미래가 지구의 과거보다 더 절망적인 상태가 되기를 바랄 사람이 누가 있겠는가? 인류의 역사를 통해 알 수 있듯, 자원 통제는 독재자가 지향하는 목표였다. 식량과 금속, 물, 토지, 연료를 비롯해 많은 자원은 소수의 지배자에게 권력을 집중시키는 수단이 되었다. 하지만 우리가 숨 쉬는 공기를 통제하는 수단을 손에 쥔 사람은 아무도 없었다. 따라서 사회에 끔찍한 독재자가 나타나면, 용감한 사람들은 다른 곳으로 도망칠 수 있었다. 다른 곳에서 새로운 터전을 마련하거나 혁명을 모의할 수도 있었다. 하지만 지배 집단이 공기 자체를 통제하면, 저항할 능력을 사실상 잃게 된다. 산소의 통제권을 무기로 억압적 정치를 펼치는 지배 집단에 시민이 저항하면, 지배 집단은 형식적인 사과와 함께 저항하는 사람에게 달 표면에서 1~2초간 자유를 누릴 수 있도록 밀폐된 문을 열어 주겠다고 제안할 수 있다.

　환경이 덜 극단적인 천체에서도 이와 비슷한 독재 체제가 생겨날 수 있다. 앞에서 보았듯이, 화성에는 대기가 있지만 대부분이 이산화탄소여서 숨 쉬기에 부적합하다. 하지만 산소를 얻는 과정은 중앙에 집중된 통제에서 벗어나는 방식으로 진행될 수 있다. 화성에서는 물에서 산소를 얻는 과정 대신에 대기 중의 이산화탄소를 직접 화학 반응으로 분해해 산소를 얻을 수 있다. 어쩌면 모든 사람이 이산화탄소 분해 기계를 하나씩 소유해 독재자의 지배에 대한 공포에서 벗어날 수 있을지도 모른다. 하지만 너무 앞질러 가지는 말자. 그 기계 자체는 생산과 분배와 정기 서비스가 필요하다. 화성 주민은 여전히 공기를 만드는 사람들의 횡포 앞에서 속수무책일 것이다.

식량과 물 역시 우주에서는 권력을 휘두르는 수단이 될 것이다. 달에서 밀 한 포기를 재배하는 것은 결코 간단한 문제가 아니다. 먼저 온실 같은 구조물로 일정 공간을 둘러싸 그 안에 공기를 공급해야 한다. 달은 대기가 없고 거의 완전히 우주의 진공에 노출돼 있기 때문에, 이 구조물은 식물이 자라기에 충분한 양의 공기를 집어넣을 수 있도록 높은 압력을 견뎌내야 한다. 또한 온실의 온도도 조절해야 한다. 달 표면의 온도는 햇빛이 쨍쨍 내리쬐는 곳에서는 섭씨 100도 이상으로 치솟고, 2주일 간격으로 돌아오는 극지방의 밤에는 표면 온도가 섭씨 영하 150도 아래로 떨어진다. 이러한 극한 환경에 노출되면, 씨앗은 싹이 트기도 전에 죽어 버릴 것이다.

토양 자체는 그다지 나쁘지 않다. 화산 현무암으로 생성된 토양은 영양분이 풍부하다. 지구에서도 화산 지역의 토양은 아주 비옥하다. 하지만 한 가지 문제가 있는데, 달의 암석에는 식물이 살아가는 데 필요한 질소가 없다. 게다가 달의 토양은 충돌로 마모되어 바싹 마른 상태로 변했다. 이러한 단점은 상당한 비용을 들인 비료로 개선할 수 있으며, 어쩌면 사람의 노폐물을 거름으로 쓸 수도 있을 것이다. 그다음에는 씨앗과 새로 돋아난 싹에 충분한 물을 공급해야 한다. 우리는 그 일이 얼마나 어려운지 이미 알고 있다.

화성에서는 이 문제가 조금 덜 심각하다. 지상 곳곳에 얼음이 널려 있어 물을 쉽게 구할 수 있고, 가압 공간에 갇힌 식물은 이산화탄소가 풍부한 대기에서 잘 자랄 수 있는데, 이산화탄소는 식물에게 생명의 숨과 같다. 식물은 이산화탄소를 재료로 광합성을 하는데, 그 탄소 원자를 당과 새로운 바이오매스로 변화시켜 굶주린 사람들에게 공급한다. 하지만 오해해서는 안 된다. 이것은 여전히 아주 어려운 일이다. 달과 마찬가지로 화성에도 강한 복사가 내리쬔다. 화성에는 오존층이 없기 때문에, 태양에서 날아온 자외선이 그대로 지상으로 쏟아져 식물을 지구에서보다 약 1000배나 빨리 태운다. 화성의 온실은 유해한 자외선을 자연적으로 차단하는 유리로 만들거나 자외선 차단 플라스틱으로 만들어야 한다. 두 물질 모두 우주에서 만들기가 쉽지 않다는 사실은 굳이 말할 필요도 없다. 즉, 간단한 샐러드를 공급하려면 다방면에 걸쳐 상당한 노력이 필요하다는 뜻이다.

그런 노력은 끌어모을 수 있다. 그리고 관련 기술 중 우리의 능력을 넘어서는 것은 하나도 없다. 지금은 그 모든 것이 존재하지 않을 수도 있지만, 이론적으로는 필요한 도구와 화학 물질과 재료를 모두 개발할 수 있다. 그러나 더 큰 문제는 상호 의존성이 유지되는 사회를 조성하는 것일지도 모르는데, 그러지 않는다면 삶의 기본 조건조차 제대로 갖추지 못할 것이다. 달이나 화성의 생명 유지 장치에는 문제가 발생할 수 있는 곳이 많다. 그래서 한 개인이나 조직이 전체 집단의 생존 능력을 탈취할 수 있는 기회가 곳곳에 널려 있다.

생명 유지 장치에 문제가 생기면 너무나도 많은 것이 달려 있기 때문에, 외계 사회는 강도 높은 감시와 강력한 명령 체계 문화가 자리 잡을 가능성이 높다. 볼트 하나만 느슨해져도 재앙이 발생할 수 있는 곳에서는 이견이나 심지어 기발한 생각조차도 설 자리가 없다. 물론 지구에도 위험이 있지만, 외계 사회의 위험과는 비할 바가 못 된다. 지구에서는 낙석이나 이안류(離岸流)*를 경고하는 표지판을 세워 사람들에게 스스로 조심하라고 주의를 촉구할 수 있다. 우주에서는 가압 상태의 거주지에서 압력 조절이 잘못되거나 기밀실 관리에 문제가 생기면 순식간에 대규모 사망자가 발생할 수 있다. 이런 상황에서는 당국이 가혹한 통제를 정당화하기 쉽다. 후회하는 것보다는 안전한 것이 낫다. 외계 사회에서 더 많은 지식을 가진 통치자의 명령에 의문을 제기하여 수많은 사람의 목숨을 위태롭게 하는 정착민은 화를 당할 것이다. 주민들에게 스스로 감시 활동을 강화하라고 설득하기가 매우 쉬울 텐데, 환경 자체가 사회 전체가 단결해 맞서야 하는 공동의 적이기 때문이다. 살아남고 싶다면, 모두가 이 노력에 동참해야 한다. 이견은 죽음을 부르는 것이나 다름없다.

그런 사회에서는 개인의 행위 주체성이 권위 앞에서 짓눌릴 가능성이 높은데, 전체 집단은 그들의 생존을 유지하는 책무를 맡은 사람들에게 순응하는 것 외에 다른 선택의 여지가 없기

---

* 짧은 시간에 매우 빠른 속도로 해안에서 바다 쪽으로 흐르는 좁은 표면 해류. 밀려오는 파도와 바람이 해안에 높은 파도를 이룬 뒤에 물이 바다로 되돌아가면서 소용돌이치는 현상.

때문이다. 이러한 상황은 자율성을 좋은 삶과 열린 사회의 기반으로 간주하는 정치적 자유주의(존 로크John Locke나 존 스튜어트 밀John Stuart Mill과 같은 정치 철학자들이 주창한 개념들)에 반하는 것이다. 하지만 자율성은 상황에 종속적이다. 식량과 물이 풍부하고 숨 쉬는 공기에 제약이 없는 지구에서는 독립의 기회를 얻기가 비교적 쉽다. 하지만 이러한 필수품을 다른 사람들과의 복잡한 협력을 통해 얻어야 하는 곳에서는 개인의 의지가 크게 축소될 수밖에 없다.

외계 환경에서는 자유가 자연적으로 제한되기 때문에 권위주의로 치달을 수 있는 문이 활짝 열려 있다. 정착지 관리자들은 많은 주민에게 자신의 명령을 따르게 할 것이고, 이것은 독재로 이어질 수 있다. 그들이 주민들에게 충성뿐만 아니라 심지어 노예 상태까지 강요한다 해도, 이를 누가 막을 수 있겠는가? 독재자는 여권 발급 제약이나 벽과 울타리 같은 물리적 장벽도 사용할 필요가 없는데, 주민들이 달리 갈 곳이 없기 때문이다(저항 세력이 모일 수 있는 외딴 숲이나 동굴이 없으므로). 탈출하려면 우주선이 필요한데, 이것은 쉽게 구할 수 있는 물건이 아니다. 당국이 그런 종류의 운송 수단도 통제할 것이기 때문에 특히 그렇다.

사람들과 가게들이 붐벼 활기가 넘치는 에든버러 시내를 지날 때, 나는 다시 택시 기사에게 말을 걸었다. 「우주 식민지에서 평생을 아주 적은 수의 사람들과 함께 지내는 생활은 매우 숨 막히지 않을까요?」 이제 여러분은 내가 우주 개척을 부정적으로 바라보는 비관론자가 아니라는 사실을 잘 알 것이다. 나는 기회가 주어진다면 당장이라도 화성으로 달려갈 것이다. 하지만 나는 현실을 직시하는 것이 중요하다고 생각한다. 택시 기사는 장밋빛 전망을 갖고 있을까, 아니면 탈출이 예상한 것과 다른 결과를 초래할 가능성을 염두에 두고 있을까?

택시 기사는 이렇게 받아쳤다. 「네, 맞아요. 하지만 서로 의존하고 다른 사람의 도움이 필요한 것은 좋을 수도 있어요. 모든 사람들 사이에 동지애와 공동의 유대감이 생길 테니까요. 진정한 사명감을 느낄 수 있을 겁니다.」

나는 이 말이 매우 옳다고 생각한다. 우주 생활은 강한 공동체 의식과 거기에서 비롯된 다른 종류의 자유를 촉진한다. 혼자서는 할 수 없는 일을 함께 해낼 수 있는 자유가 바로 그것이다. 정착지의 자원을 활용해 우주 환경의 치명성에 맞서는 노력을 하면서 정착민은 공동의 노력과 공동의 대의, 그리고 아마도 전체 집단을 대표하는 모든 사람의 정부에서 비롯된 이러한 집단적 자유를 경험하게 될 것이다.

자유를 구속받지 않는 개인의 권한이라는 개념을 확립하는 데 일조한 자유주의 철학자들은 이러한 집단적 자유를 다소 회의적인 시각으로 바라보았지만, 옛날 사람들은 그러한 비전을 가지고 있었다. 고대 그리스의 도시 국가인 폴리스는 더 넓은 사회에 잠재적 위험을 초래할 가능성에도 불구하고 개인적 자유의 행사를 중시하는 현대적인 개인주의 개념이 없었다. 오히려 폴리스에서는 시민이 정치에 적극적으로 참여함으로써 개인의 잠재력을 최대한 발휘할 수 있었다. 폴리스가 없다면, 고립된 인간은 아무것도 아니었다. 이러한 집단주의는 폴리스의 번성에 필수적이었는데, 적은 인구와 현대 사회에서 당연하게 여기는 종류의 인프라가 없던 사정을 감안하면 그럴 수밖에 없었다. 전성기에도 아테네의 인구는 14만 명에 불과했다. 만약 각 개인이 집단을 위해 자신의 역할을 다하지 않았더라면, 그렇게 작은 집단이 제국을 제대로 운영하지 못했을 것이다. 중세의 몽골 제국처럼 이전 시대의 다른 제국들도 개인을 더 넓은 사회 체제에 종속시킴으로써 그와 비슷하거나 더 큰 위업을 달성할 수 있었다. 개인은 사회라는 큰 틀에 자신을 온전히 종속시킴으로써 무기력한 외로움으로 내던져지는 것을 피할 수 있었는데, 그렇게 외로운 상태에서는 자신의 야망을 펼칠 길이 전혀 없었다. 대신에 그들은 집단 속에서 자신의 잠재력을 실현했다.

독자 여러분도 이 견해에 나름의 장점이 있다는 데 동의하리라 믿는다. 현대인 중에서 개인주의적 성향이 아주 강한 사람도 사회적 협력에서 혜택을 얻는다. 그런 협력이 없다면, 우리는 휴일에 비행기를 타고 떠나거나 원하는 음식을 사거나 좋아하는 영화를 볼 수 없다. 비행기가 한 도시에서 다른 도시로 안전하게 비행하는 데 필요한 그 모든 집단적 노력의 네트워크를 자세히 설명하지 않더라도 여러분은 충분히 이해할 것이다. 오늘날 우리는 고대 사람들과는 매우 다른 생각을 가지고 있지만, 여전히 폴리스의 일원으로 살아가고 있다. 다만 집단의 규모와 범위가 너무 커서 눈에 보이지 않을 뿐이다. 우리는 흔히 눈앞에 있는 자신의 목표만 보고 살아가며, 집단의 행동이 가져다주는 도움이 없이는 그 목표를 달성할 가능성이 없다는 사실을 깨닫지 못할 때가 많다.

달이나 화성의 정착민은 아테네와 비슷한 폴리스를 자기 나름의 방식으로 세울 수 있는데, 그러지 않고서는 외계 사회를 제대로 유지하지 못할 것이다. 정착 계획이 성공하려면 엄청난 노력이 필요하며, 복잡한 생명 유지 구조에 갇힌 적은 인구와 높은 인구 밀도 때문에 모든 사람은 서로 가까이에서 일해야 할 것이다. 공공의 일을 회피하거나 외면하는 것은 불가능하다. 아마도 생존의 어려움 때문에 자유에 대한 견해는 개인의 야망보다는 각자가 의존해 살아가는 공동체의 야망에 더 중점을 둘 것이다. 이것이 외계 폴리스의 최종 상태라면, 모든 것이 잘 굴러갈 것이다. 아마도 태양계는 아테네 같은 도시 국가들의 연합체가 될 것이고, 그 도시 국가들은 외계 델로스 동맹과 같은 관계로 연결될 것이다.

하지만 연대에는 불편한 점도 있다. 택시 기사는 이것을 잘 이해했다. 그는 잠시 침묵을 지키다가 다시 입을 열었는데, 이번에는 양가감정이 섞인 주장을 펼쳤다. 「작은 집단 속에서 생활하다 보면, 동료들에게서 느끼는 압력이 분명히 클 것입니다. 그런 상황에 순응해야 하겠지요. 만약 순응하지 않는다면, 그 압력에서 벗어날 방법이 없어요. 그러니 그냥 그것을 받아들이고 전체 집단의 일부가 되어 이것저것 따지지 않는 편이 좋을 것 같네요.」

사회 질서에 복종함으로써 소속감을 느낄 수 있고, 거기서 위안을 얻을 수도 있다. 하지만 여기에는 위험이 따른다. 우리가 도덕적 책임을 포기하고, 대신에 권위를 가진 사람에게 우리를 위한 선택을 맡긴다면, 매우 암울한 결과를 맞이할 수 있다. 지도자는 대중의 묵인을 이용해 자신의 질서 개념을 강요한다. 한나 아렌트Hannah Arendt는 이전에 나치로 활동한 사람들이 왜 자발적으로, 심지어 열성적으로 독재를 지향하는 조직에 복종했는지 이해하기 위해 그들과 인터뷰를 진행하며 깊이 연구한 것으로 유명한데, 거기서 당혹스러운 결론을 얻었다. 인터뷰를 한 사람들 거의 모두가 스스로 책임을 져야 하는 상황에서 그 책임을 외면하거나 방기했다. 결정을 내리고, 그것을 실행에 옮기고, 실패했을 때 그 결과를 오롯이 책임지는 것은 아주 힘든 일이다. 이들은 자신을 타인의 의지에 종속시키고, 전체주의 이데올로기가 쉬운 답을 제시하도록 허용함으로써 스스로의 짐을 덜었다. 그들은 자유로워졌다―어려운 삶의 선택을 내리는 책임으로부터. 그들의 실패는 더 큰 시스템의 실패에서 비롯되었는데, 그것은 그들이 통제할 방법이 전혀 없었다.

무소불위의 권력에 자신을 종속시킴으로써 해방감을 느낀다는 이 큰 아이러니는 인간이 겪는 수많은 고통의 뿌리이다. 그 뿌리가 우주에서는 사라질 것이라고 믿어야 할 이유는 없다. 안전 점검을 한 가지라도 간과했다간 끔찍한 재앙을 맞이할 수 있는 우주 기지나 달 식민지에서는 개인의 책임은 악몽의 재료가 될 가능성이 있다. 일부 정착민은 책임을 내려놓는 것이 더 편하

다고 느낄 텐데, 그럼으로써 책임의 부담에서 예방적으로 벗어
날 수는 있지만, 독재를 위한 씨앗을 뿌리게 된다.

그렇다면 우주의 독재자는 아마도 집단의 순응을 이끌어
내려고 열심히 애쓸 필요가 없을 것이다. 대신에 혹독한 외계 환
경이 많은 사람들에게 자발적인 노예 상태를 선택하도록 부추
기는데, 각자 책임의 *끔찍한* 결과로부터 도피할 자유를 받아들
일 것이기 때문이다. 자비로운 독재자는 단지 우리를 끔찍하고
잔인하며 짧은 삶에서 구해 주고자 할 뿐이다. 그렇다면 왜 복종
의 자유를 택하지 않겠는가?

여기서 우리는 낙담하기 쉽다. 우주가 독재가 지배하는 장
소라면, 우리는 실제로 외계에 정착하려는 시도는 말할 것도 없
고, 그런 꿈조차 꾸려 하지 않을 것이다. 그래서 나의 다른 생각
을 소개하면서 이 문제를 마무리 지으려고 한다. 나는 독재를 외
계 사회의 필연적인 결과라고 보지 않는다. 우주 개척지에서는
지금까지 인류가 만들어 낸 그 어떤 것보다도 보편적 번영에 도
움이 될 새로운 사회 형태가 탄생할 가능성이 높다. 우주는 빈
서판tabula rasa, 즉 존 스튜어트 밀이 〈삶 속에서의 실험〉이라고
불렀던 것을 실행에 옮기기에 완벽한 환경이다. 지구를 떠나면,
새로운 형태의 예술과 음악, 과학을 비롯해 그 밖의 많은 것들이
발전할 수 있고, 그와 함께 모두가 번성을 누리는 새로운 형태의
사회가 발전할 수 있다. 하지만 우리는 위험을 무시해서는 안 된
다. 우리는 자신이 오류를 잘 범하는 존재라는 사실을 알고 있으
며, 우주의 조건은 분명히 최악의 본능을 자극하기 쉽다. 우주가

독재의 온상이라고 말하는 것은 미래를 정확하게 예측한 것은 아니더라도 솔직하게 말하는 것이다. 우리는 이 진실을 떠안고 살아가도록 최선을 다해야 한다. 이 사실을 심각하게 받아들이고, 외계 정착 사회의 성공을 촉진하는 관리 방식을 개발하기 위해 할 수 있는 일을 다 해야 한다. 왜냐하면, 우리는 우주로 감으로써 지구의 일부 문제를 피할 수는 있겠지만, 인간의 마음속에 머물고 있는 어둠에 갑자기 빛이 비치지는 않을 것이기 때문이다. 그것은 우리가 우주로 출발할 때 우리와 함께 따라올 것이다.

제14장

미생물도 보호할 가치가 있을까?

브런츠필드에서 포트 키네어드로 가는 택시 여행

북극곰과 사자는 환경 보호 계획의 혜택을 받지만, 이 노스톡속 군집과 같은 남세균은 어떨까? 군집을 이루는 개개 미생물의 크기는 수 미크론에 불과하다. 우리는 이들에게도 관심을 가져야 할까?

「차를 소독했나 봐요.」뽀드득 소리가 날 정도로 깨끗한 검은색 좌석에 앉으면서 내가 말했다. 소독약 냄새가 코를 찌르며 차 안에 감돌고 있었다.

　「맞아요.」택시 기사가 웃으며 말했다. 「어젯밤에 한 아가씨가 토했지 뭐예요. 술을 진탕 마시고 차에 타더니, 2분쯤 뒤에 토했어요. 난 금요일 밤이 정말 싫어요. 오해하지 마세요. 사람들이 즐겁게 노는 건 상관없지만, 그들이 엉망으로 만든 차를 치워야 할 때에는 정말 짜증나거든요.」택시 기사는 좌석에 앉은 채 몸을 오른쪽으로 돌려 나를 마주 보면서 그 좌석을 가리켰다. 말을 하는 동안 무성한 갈색 머리가 위아래로 흔들렸고, 얼굴은 찡그린 표정이었다. 어깨에 패드를 댄 파란색과 흰색 줄무늬의 널따란 재킷과 중년의 진지한 태도가 그녀의 짜증에 무게를 더했다.

　「대청소를 하기에 아주 좋은 핑계네요.」내가 말했다. 「내 차는 언제 이런 식으로 소독을 했는지 기억이 가물가물해요. 아마도 한 번도 하지 않았을 거예요.」나는 택시 기사의 세계에서 일어나는 문제에 갑자기 관심을 보인 자신에게 약간 놀랐다. 그녀는 고개를 절레절레 흔들었고, 나는 약간의 철학적 사색이 기분 전환이 되지 않을까 하고 생각했다. 바로 그 전날, 나는 화성 기지에서 미생물을 발견하면 죽여야 할지 말아야 할지 하는 문제를 다룬 과학 논문을 읽었다.

「만약 택시에 외계 미생물이 가득하다면, 소독을 할 건가요? 예컨대 화성에서 온 미생물이 가득하다면요?」내가 물었다.

아무 말이 없었다. 곁눈으로 거울을 통해 나를 보고 있던 택시 기사는 내가 농담하는 것이 아니며, 대답을 기다리며 자신을 쳐다보고 있다는 것을 알아챘다. 「진심인가요? 그러니까 만약 제 택시에 외계인이 탔다면, 청소를 할 거냐 이 말이죠?」

「네, 맞아요. 만약 어제 그 여성이 택시에 희귀한 화성 미생물이 담긴 용기를 쏟았다고 한다면, 그래도 깨끗이 청소를 할 건가요?」

「아주 깨끗이 표백을 하겠죠. 화성에서 왔건 말았건, 무슨 상관이 있겠어요? 어차피 나는 싹 표백할 거예요.」

「만약 그것이 아주 다른 미생물이라면요. 그러니까 정말로 아주 희귀한 화성 미생물이라면요?」나는 거기서 그냥 포기할 수 없었다.

「당신은 그 미생물이 흥미로운 존재라고 생각할지 몰라도, 그래도 저는 소독을 할 거예요.」

그러고 나서 택시 기사는 입을 다물고 거울을 통해 나를 다시 쳐다보았다. 그녀는 지난 24시간 동안 매우 짜증이 났는데, 이제 나까지 어젯밤의 주정뱅이 승객만큼이나 짜증을 부추기고 있었다. 미생물을 대하는 택시 기사의 태도는 충분히 이해할 수 있었다. 만약 내가 택시 기사라도, 차를 싹 표백하려고 할 것이다. 하지만 만약 우리가 주방과 택시를 청소하지 않는다면, 거기에는 고려해야 할 다른 측면이 있기 때문이다.

환경 집회에 참석해 보라. 혹은 기후 변화 회의가 열릴 때, 국제 연합 건물 밖에서 벌어지는 연좌시위에 가 보라. 그리고 다음과 같은 구호가 있는지 살펴보라. 〈미생물을 구하자!〉, 〈균류를 위한 정의를!〉, 〈점균류를 보호하자!〉 아마도 이런 구호는 보이지 않을 것이다. 또한 미생물 보호 왕립 학회, 세계 미생물 기금을 비롯해 미생물 보호에 신경 쓰는 여타 단체의 대표도 보이지 않을 것이다. 대다수 사람들은 미생물을 보호해야 한다는 주장을 우스꽝스럽게 여긴다. 우리는 매일 미생물을 죽인다. 주방 표면을 표백할 때 얼마나 많은 미생물이 죽는지는 모르겠지만, 수백만 이상일 가능성이 높다. 멸종 위기에 처한 세균을 보전해야 한다고 주장하는 사람은 정신이 나갔거나 적어도 균형감 있는 시각을 결여한 사람으로 보일 것이다.

하지만 이 미천한 생명체는 우리 생물권에서 핵심적 지위를 차지하고 있다. 눈에 보이지도 않아 대개 무시되는 이들이 바로 생물계의 주인공이다. 하지만 우리는 미생물이 우리의 삶을 어렵게 만들 때(예컨대 식중독을 일으켰다고 비난할 때)에만 미생물을 생각하는 경향이 있다. 매년 미국에서만 약 4800만 명이 불량 식품 섭취로 병에 걸리고, 그 중 12만 8000명이 병원에 입원하며, 약 3000명이 사망한다. 따라서 소독제 생산업체들이 자사 제품이 〈알려진 병균 중 99.9퍼센트〉를 죽인다고 당당하게 발표하는 것은 놀라운 일이 아니다. 〈병균〉이라는 단어가 미생물을 경멸적으로 묘사하는 용어가 된 것도 놀라운 일이 아니다. 병균을 손으로 만지는 것은 사람들이 가장 하고 싶지 않은 일 중 하나이다.

17세기에 안토니 판 레이우엔훅Antonie van Leeuwenhoek이라는 호기심 많은 네덜란드 직물 제작자는 작은 유리 현미경을 만들어 자신이 판매하는 천의 품질을 세밀하게 들여다보았다. 그는 자신의 제품이 최상품인지 확인하려고 했다. 그런데 천을 들여다보는 작업이 지루해지자, 연못물과 자신의 치아에서 긁어낸 치태로 관심을 돌렸다. 그리고 거기서 발견한 것에 깜짝 놀랐다. 현미경에서 작은 동물들을 보았는데, 그는 그것을 〈아니말쿨레스animalcules〉, 즉 〈극미 동물〉이라고 불렀다.

무리를 지어 다니면서 번식하는 이 작은 동물들은 그 당시 사람들의 상상력을 사로잡았다. 머리카락 굵기보다 작은 이 생명체는 릴리퍼트*의 세계로 통하는 문을 열었다. 한동안 이 생명체는 무해하고 특별한 존재로 여겨졌고, 그 발견은 과학의 승리로 간주되었다.

하지만 곧 상황이 바뀌었다. 로베르트 코흐Robert Koch와 루이 파스퇴르Louis Pasteur를 비롯해 많은 과학자들이 미생물계를

* 『걸리버 여행기Gulliver's Travels』에 나오는 소인국.

자세히 파고들자, 곧 끔찍한 비밀이 밝혀졌다. 활기차게 온갖 장소를 돌아다니는 이 작은 생명체는 가장 끔찍한 질병의 전조였다. 100년이 지나는 동안 흑사병, 발진 티푸스, 보툴리누스 중독, 탄저병을 비롯해 이들이 저지른 악행의 목록은 점점 늘어났다. 압도적인 증거 앞에서 미생물 세계는 마침내 손을 들고 유죄를 인정할 수밖에 없었다. 인류의 재판관은 〈오늘부터 너희는 병균이라 불릴 것이며, 인간 사이에 존재하는 것만으로도 너희에게 비난과 박해를 받는 형벌을 내린다. 항소는 허락하지 않는다.〉라고 판결을 내렸다. 물론 사람들을 탓할 수는 없다. 흑사병은 14세기에 유럽 전체 인구 중 3분의 1을 몰살시켰다. 흑사병만으로도 미생물계는 영원한 악명을 얻게 되었다.

하지만 인류가 미생물을 비난할 때에도 일부 과학자들은 미생물이 야누스의 얼굴을 갖고 있다고 확신했다. 즉, 미생물은 엄청난 재앙을 일으킬 수 있지만, 이것만이 미생물의 유일한 역할은 아니라고 보았다. 그런 과학자 중에 세르게이 비노그라드스키Sergei Winogradsky가 있었다. 1856년에 키예프(지금의 키이우)에서 태어난 비노그라드스키는 총명하고 다재다능한 사람이었다. 상트페테르부르크의 제국 음악원을 다니다가 그만두고 식물학으로 전공을 바꾼 뒤, 거기서 다시 미생물의 우주로 눈을 돌렸다.

비노그라드스키는 세균이 환경에 매우 중요한 역할을 한다는 사실을 최초로 알아챈 사람 중 한 명이었다. 특히 그는 특정 세균이 황에서 에너지를 얻는다는 사실을 발견했다. 이 사실은 세균이 우리 세계의 보이지 않는 가장자리에서 다른 생물에 기생해 수동적으로 근근이 살아가는 존재가 아니라는 것을 보여 주었다. 오히려 세균은 지구에서 살아 있는 생물계의 일부로서 우리 모두가 의존하는 원소들을 이동시키고 뒤섞는 역할을 한다.

　우리가 살아가는 데 꼭 필요한 원소인 질소를 생각해 보자. 질소는 대기 중에서 약 78퍼센트를 차지하므로, 그 양은 무궁무진하다. 하지만 질소 원자는 기체 상태의 질소 분자 속에 붙들려 있다. 질소 기체 분자는 질소 원자 2개로 이루어져 있는데, 두 원자는 서로 아주 단단하게 결합돼 있어 기계적 방법으로는 분리할 수가 없다. 바로 여기서 미생물 친구들이 중심 무대에 등장하는데, 질소 원자들을 분리하고 재배열하는 역할을 하기 때문이다. 그리고 질소 분자를 분해하여 생긴 질소 원자에 수소나 산소 원자를 결합시켜 암모늄과 질산염을 만드는데, 이 질소 화합물은 질소 기체보다 생물이 사용하기가 훨씬 더 쉽다. 암모늄과 질산염은 물에 잘 녹으며, 온갖 종류의 화학 반응에 참여한다. 공기 중의 질소 분자를 질소 화합물로 만드는 이 과정을 질소 〈고정〉이라고 부른다. 각각의 미생물은 작은 질소 고정 공장인데, 이들이 협력하여 놀라운 일을 해낸다. 전형적인 미생물의 크기는 약 0.001밀리미터(1마이크론)에 불과하지만, 그 수는 엄청나게 많다. 이들이 매년 대기에서 무려 1억 4000만 톤의 질소 기체를 추출하고 고정된 형태의 질소로 전환해 생물권에 공급한다. 따라서 미생물이 우리의 건강을 위협할 수 있는 것은 사실이지만,

미생물이 없다면 우리 모두가 죽고 만다는 것도 사실이다.

비노그라드스키와 여러 과학자의 연구는 미생물계의 놀라운 범위와 힘을 보여 주었다. 미생물은 질소를 고정하는 것 외에도 필수적인 작업을 많이 수행한다. 균류는 죽은 식물과 동물을 분해하여 그 시체를 생물권으로 돌려보냄으로써 다음 세대의 생물이 사용할 수 있게 한다. 세균은 황 외에도 탄소와 철을 비롯해 생명에 필요한 거의 모든 원소를 순환시키는데, 그 덕분에 이 원소들이 지구의 생물학적 대관람차에 실린 채 돌고 돌면서 지구의 생물권이 털털거리며 꺼져 가는 엔진이 되지 않게 한다. 또, 우리는 당분을 발효시켜 와인과 맥주를 만들거나, 채소를 피클로 만들거나, 마법을 부려 우유를 요구르트와 치즈로 만드는 많은 미생물에게도 감사해야 한다. 오늘날 우리는 다른 미생물이 일으키는 질병과 맞서 싸우는 데 필요한 약을 만들 때에도 미생물을 이용한다. 그리고 미생물이 우리 몸속에서 중요한 역할을 한다는 사실도 잊어서는 안 된다. 미생물은 고기와 채소를 분해하면서 음식을 소화하는 일을 돕는데, 이런 활동 때문에 미생물은 우리 건강에 없어서는 안 되는 존재이다. 우리 몸에 있는 세포들 중 약 절반은 미생물이다. 미생물은 사람 세포보다 작아서 눈에 보이지 않을 뿐이다. 세포의 관점에서 보면, 우리는 절반만 사람이다.

미생물이 우리 세계에서 자행하는 파괴 행위를 생각하면, 미생물을 이렇게 호의적으로 보는 시각에 선뜻 동의하기 어려울 것이다. 그것은 마치 연쇄 살인범을 용서하려고 노력하는 것과 비슷하다. 하지만 미생물 때문에 희생된 사람이 아무리 많다 하더라도, 생물권을 굴러가게 하는 미생물의 막대한 역할은 부인할 수 없다.

그렇다면 〈미생물을 구하자!〉라고 외치는 티셔츠는 도대체 왜 눈에 띄지 않을까? 이것은 흥미로운 질문이지만, 완벽한 답을 아는 사람이 있는지는 나도 모른다. 아마도 많은 사람들은 기소자 편에 서서 미생물은 보호받을 가치가 없다고 생각할 것이다. 게다가 미생물은 너무나도 많이 존재하기 때문에, 우리의 도움이 필요 없을 수도 있다. 전 세계에 서식하는 호랑이는 4000마리 미만으로 알려져 있다. 미생물은 그 수가 얼마나 될까? 연구자마다 의견이 분분하지만, 최근에 바다와 흙 속을 비롯해 모든 미생물 서식지에서 그 수를 파악한 결과를 바탕으로 추정한 수치는 약 100만×1조×1조 개에 이른다. 이 정도면 멸종 위기에 처했다고는 말할 수 없기 때문에, 미생물을 보호할 필요성을 느끼는 사람은 거의 없다.

미생물은 또한 그다지 매력적으로 보이지 않는데, 이것은 인간의 동정심에 큰 영향을 미친다. 여러분은 〈멸종 위기에 처한 작은 거미를 구하자!〉라거나 〈멸종 위기에 처한 장내 기생충을 구하자!〉라는 구호가 적힌 티셔츠를 얼마나 많이 보았는가? 환경 운동가들에게 냉대를 받는 것은 미생물뿐만이 아니다. 대다수 사람들은 물개와 판다를 비롯해 귀여운 얼굴을 가진 동물을 보면 크게 흥분한다. 환경 윤리학자 어니스트 파트리지Ernest Partridge가 지적했듯이, 〈감탄을 자아내는 요소aw gawsh factor〉가 있는 동물은 무엇이건 사람들로부터 큰 관심을 받는다.

　미생물이 우리를 위해 하는 이 모든 일에도 불구하고, 우리가 동정심을 느끼지 못하는 가장 큰 이유는 미생물이 눈에 보이지 않기 때문이다. 보이지 않으면 마음에서 멀어진다는 말은 문자 그대로 미생물에 적용된다. 북극곰의 크기가 0.001밀리미터에 불과한 반면, 미생물이 개만 하다고 상상해 보라. 불쌍한 미생물들은 필시 그래도 여전히 매우 추한 모습일 것이다. 호수에서 까닥거리며 떠돌아다니는 물주머니처럼 보일 테고, 그중 일부는 채찍처럼 생긴 기묘한 부속 기관을 휘두르면서 헤엄을 치고 돌아다니다가 먹이 조각을 삼킬 때 꾸르륵 하고 끔찍한 소리를 낼 것이다. 물론 어떤 사람들은 오리처럼 그들에게 먹이를 줄 것이다. 하지만 적어도 우리는 미생물을 볼 수 있고, 호수의 물을 뺄 때마다 그들의 운명이 끔찍한 현실로 나타날 것이다. 한편, 사람들이 이 대체 세계에서 살아가는 북극곰을 보호하자는 캠페인을 벌일 가능성은 매우 낮은데, 우리 눈에는 보이지 않지만 한 줌의 흙 속에도 수백만 마리의 북극곰이 꿈틀거리며 살아간다. 물론 미생물 크기의 북극곰은 물리적으로 존재할 가능성이 없지만, 그것은 중요하지 않다. 이 사고 실험의 요점은 크기가 동물을 눈에 띄게 하는 요소 중 하나라는 점이다. 우리가 미생물의 보전을 진지하게 생각하길 주저하는 이유 중에는 미생물의 작은 크기가 큰 부분을 차지한다.

　그리고 소비자 사회가 미치는 힘도 있다. 모든 세정제가 미생물을 싹 다 죽인다고 광고할 때마다 우리는 미생물을 보호할 가치가 없다고 느낀다. 아무런 양심의 가책 없이 미생물을 표백하는 행위는 미생물이 우리의 적이라는 견해를 강화한다. 실제로는 대개의 경우 미생물은 우리의 동반자인데도 불구하고 말이다.

미생물 보호는 가망 없는 운동일까? 속단하긴 이르다. 오스트레일리아 서해안에 위치한 샤크만 해안선 주변에는 기묘한 돔처럼 생긴 구조가 여기저기 널려 있다. 갈색과 검은색과 파란색이 섞여 있고 폭이 최대 1미터에 이르는 이 사마귀 같은 돌출부는 스트로마톨라이트stromatolite 화석인데, 모래 위에 자리 잡고 있는 그 위로 바닷물이 넘실거리며 왔다 갔다 한다. 스트로마톨라이트는 바위처럼 보이지만, 실제로는 세균(정확하게는 남세균)이 모래 같은 퇴적물 알갱이에 붙들려 층층이 쌓인 것이다. 그리고 스트로마톨라이트는 완전히 죽은 화석이 아니라 살아 있는 생명체이기도 해 성장한다. 모래가 아래로 가라앉는 동안 광합성을 하는 남세균은 햇빛을 받기 위해 위로 이동하여 둔덕을 확장한다. 스트로마톨라이트는 샤크만 세계 유산 지역이라는 왕관에서 보석과도 같은 존재로, 매력을 느낀 대중에게 〈살아 있는 화석〉으로 홍보되었다. 실제 스트로마톨라이트 화석은 35억 년이 넘은 암석에서 발견되었다. 스트로마톨라이트를 관찰하는 것은 지구에 생명이 출현하던 시대로 여행을 떠나는 것과 같다. 그때에는 지구에 미생물 외에는 아무것도 없었고, 동물은 30억 년 뒤에야 나타났다. 나는 오스트레일리아 사람들에게 성원을 보내는데, 미생물 보전 노력의 진정한 모범을 보여 주기 때문이다.

　20여 년 전에 과학 작가 조지프 퍼트루시Joseph Patrouch는 미래의 디스토피아에 관한 재미있는 이야기를 썼는데, 그곳에서는 미생물도 권리를 완전히 인정받는다. 탈취제 사용이 금지되고, 집 청소도 해서는 안 된다. 머리도 감을 수 없다. 물론 이것은 미생물을 호랑이처럼 보호하는 행위의 불합리성을 꼬집는 풍자 작품이다. 하지만 샤크만의 스트로마톨라이트는 실제로 보호받고 있는 미생물 군집이다. 맨눈으로 볼 수 있을 만큼 크고, 나름의 아름다움을 지니고 있으며, 끈질긴 생명력으로 감탄을 자아내는 샤크만의 남세균은 나머지 모든 미생물에게 거부된 인간의 보살핌을 받을 가치가 있음을 입증했다.

　샤크만의 스트로마톨라이트를 보호하는 행동과 위생을 위해 미생물을 마구 죽이는 행동을 어떻게 조화시킬 수 있을까? 우리의 선택 중 일부는 아마도 최선이 아닐 것이다. 우리는 수천 년 동안 탈취제 없이 살아왔으며, 탈취제의 발명은 특정 방식으로 냄새를 맡는 것의 가치를 알려 주었지만, 우리는 탈취제 없이도 살 수 있을 것이다. 하지만 집을 청소하거나 물을 여과하는 것은 단순히 불쾌한 냄새를 피하는 문제가 아니다. 위생의 발달로 우리의 건강과 수명은 크게 향상되었다. 따라서 가능하면 미생물을 보호해야 한다는 견해를 지지해야 하지만, 항상 그래야 할 의무는 없다. 마찬가지로 무분별한 산림 파괴에는 많은 사람들이 반대하지만, 목재나 종이를 얻기 위해 일부 나무를 베는 것에는 반대하지 않을 것이다.

하지만 우리가 미생물의 유익한 역할에 더 주목한다면, 보호 측면에서 더 많은 잘못을 저지르게 될 것이다. 우리는 비노그라드스키 같은 선구자들의 연구로 돌아가 미생물이 원소들을 순환시키고, 쓰레기를 분해하며, 전반적으로 생태계의 건강을 보장하는 데 중요한 역할을 한다는 사실을 깨달을 필요가 있다. 미생물은 먹이 사슬의 첫 번째 고리이다. 햇빛을 붙들고, 질소를 고정하고, 그 밖의 온갖 원소들을 모아 자연계의 모든 생물이 사용하게 해주는 미생물은 진실로 모든 생명의 기반이며, 따라서 환경 윤리의 기반이 될 수 있다. 우리는 수질 오염으로 피해를 입는 물고기와 개구리만 생각하는 경향이 있지만, 더 중요한 것은 오염이 물에 서식하는 많은 플랑크톤과 기타 미생물을 죽이며, 이러한 미생물의 손실은 결국 우리 눈에 보이는 더 큰 생물들에 해를 끼친다는 사실이다. 미생물 자체를 위해 미생물을 보호할 필요는 없지만, 미생물 보호는 지구상의 나머지 모든 생명체를 위해 좋은 일이다. 미생물은 생물권의 보이지 않는 대들보로, 벽과 천장 속에 숨어 있으면서 건물을 지탱하는 구조적 지지물과 같다.

표백제를 금지하자는 극단적인 주장으로 치닫지 않고도 미생물에 대한 환경주의적 인식을 촉진할 수 있다. 예를 들면, 주택 단지를 건설하기 위해 모든 연못의 물을 빼내는 대신에 그 지역의 미생물을 고려해 더 미묘한 접근 방식을 택할 수 있다. 물론 일부 연못은 그다지 특별하지 않다. 하지만 희귀하고 중요한 미생물이 사는 연못도 있다. 생태계를 유지하는 데 미생물이 담당하는 중요한 기능을 더 진지하게 고려한다면, 물이 고인 장소들을 제대로 판단하고, 그에 따라 주택 단지 장소를 정하는 일을 더 효율적으로 할 수 있을 것이다. 샤크만의 스트로마톨라이트에 경이로움을 느낀다면(실제로 그래야 하지만), 보잘것없지만 필수적인 주변의 호수도 존중하는 법을 배울 수 있다. 〈미생물을 구하자!〉라는 구호가 새겨진 티셔츠를 입는 것도 그렇게 나쁜 생각이 아니다.

하지만 정말로 끔찍한 미생물은 어떨까? 즉, 수많은 희생자를 내는 미생물이라면? 예컨대 천연두를 지구에서 싹 사라지게 하는 것은 괜찮지 않을까? 기원전 3세기 이후 인류의 역사에서 천연두는 우리에게 큰 재앙이었다. 이집트 미라에서 발견된 이 바이러스성 질병은 20세기에만 약 3억 명의 목숨을 앗아갔다. 천연두에 걸린 환자 중 약 3분의 1이 실명하고, 피부 전체에 종기가 퍼진다. 하지만 지금은 천연두를 걱정할 필요가 전혀 없다. 사실, 이제는 천연두가 한때 얼마나 끔찍한 재앙이었는지 이해하기 어려울 지경이 되었다. 이런 결과는 백신 개발과 세계 보건 기구의 백신 접종 노력 덕분이다. 1950년대부터 세계 보건 기구는 천연두를 퇴치하기 위해 전 세계에서 영웅적인 백신 접종 계획을 이끌었다. 그것은 단일 미생물을 표적으로 한 최초의 전 지구적 규모의 전쟁이었는데, 기적적인 효과를 발휘했다. 자연적으로 발생한 천연두 사례는 1977년에 소말리아에서 발병한 것을 마지막으로 사라졌다. 알리 마오우 말린 Ali Maow Maalin이라는 그 병원 요리사는 살아남아 회복했고, 그 후 백신 접종 운동가로 활동했다.

위험한 것은 무엇이건 표백하려는 택시 기사의 의도는 충분히 이해할 수 있지만, 생명체를 멸종으로 몰아가도 과연 괜찮을까? 그래서 택시 기사에게 물어보았다. 「천연두처럼 정말로 끔찍한 질병을 일으키는 미생물을 마지막 한 마리까지 궁지로 몰아넣을 수 있다면, 완전히 멸종시켜야 한다고 생각하나요?」 이 질문에 놀란 듯 택시 기사는 고개를 흔들면서 잠시 침묵을 지켰다. 그리고 나서 외쳤다. 「완전히 박멸해야죠. 갖은 애를 써서 기껏 잡은 병균을 왜 다시 풀어 주어야 하죠?」

나는 많은 사람들이 이에 동의할 것이라고 생각한다. 하지만 호랑이와 코끼리(인간에게 위험할 수 있는 동물)를 마지막 한 마리까지 잡아 없애기 위해 의도적으로 전 세계적 박멸 계획을 추진한다면, 미친 짓으로 간주되지 않을까? 우리가 주인도 아닌 행성에 함께 살고 있는 이 생물들 사이에서 우리에게 그런 결정을 내릴 권리가 있을까? 어떤 종의 생사를 결정하면서 생물들의 멸종을 좌지우지할 수 있다고 생각하는 우리는 얼마나 오만한 존재인가? 우리가 고의로 박멸할 수 있는 일부 종은 우리보다 수백 배나 더 오래 지구에서 살아왔다. 왜 천연두 바이러스는 호랑이와 코끼리와 함께 계속 존재할 권리가 없다고 생각하는가? 택시 기사의 반응은 이해가 가지만, 그것이 과연 옳은지는 분명하지 않다.

그런데 천연두는 완전히 멸종한 것이 아니다. 미국 질병 통제 예방 센터와 러시아 국립 바이러스학 생명 공학 연구 센터인

벡토르에 천연두 바이러스가 든 병이 보관돼 있다. 천연두의 최종 박멸 날짜는 1993년 12월 30일로 정해졌지만, 우리는 이 바이러스에 대한 두려움이 너무 커서 차마 그냥 보내지 못하는 것처럼 보인다. 어쩌면 어딘가에서 천연두가 다시 나타날지도 모르고, 그러면 우리는 천연두 바이러스를 연구하고 잠재적인 발병 상황에 대처할 수 있도록 바이러스를 보전할 필요가 있다. 천연두가 처형을 유예받은 이유는 바로 그 끔찍한 결과 때문이다. 하지만 천연두 사례는 어려운 질문을 던진다. 얼마나 해로워야 그 생명체를 고의적으로 멸종하는 행위가 허용될 수 있을까? 미생물에 관한 윤리는 쉬운 적이 없었다.

다른 세계로 상상 여행을 떠나면, 문제가 더 모호해진다. 천연두와 표백제에 관한 논쟁은 다른 세계에서 생명체를 발견할 때 새로운 차원으로 발전한다. 만약 화성 기지를 건설하기 위해 화성의 모든 미생물을 표백해야 한다고 주장한다면, 여러분은 틀림없이 경악할 것이다. 하지만 잠깐 생각해 보라. 왜 경악해야 하는가? 여러분은 집에서 표백을 하지 않는가? 왜 화성의 미생물은 특별한 대우를 받아야 하는가? 아마도 여러분은 이 미생물들이 화성에서 자기 할 일을 하면서 살아가고 있을 뿐이라고 항변할 것이다. 도대체 우리가 무슨 특별한 존재이기에 갑자기 나타나서 그들을 모두 죽인단 말인가?

이러한 견해에는 생명에 대한 존중, 즉 화성의 미생물에 대한 존중이 자리 잡고 있다. 다시 말해서, 그 존재를 우리의 이익보다, 윤리학자들이 말하는 우리의 도구적 사용보다 우선시하는 마음이 자리 잡고 있다. 이러한 존중의 의미는 정확하게 정의하기 어렵고, 윤리학자들은 감정에 치우치지 않고 이를 정의하는 데 큰 어려움을 겪는다. 하지만 나는 이것이 우리가 생명체에 대해 생각하는 방식에서 뭔가 근본적인 진실을 표현한다고 생각한다. 그 진실이란, 다른 생명체가 아무리 맹목적인 삶을 영위하더라도, 그런 삶을 지속할 권리가 있다는 신념이다. 어쩌면 이것은 우리의 선천적 겸손이 빛을 발하는 것일지도 모른다. 설령 미생물에 불과하다 하더라도 화성의 생물권 전체를 파괴하는 것은 매우 나쁜 인간성의 표출이며, 우리 자신에게서 보고 싶지 않은 잔인한 본성이 반영된 행동이다.

아마도 화성의 미생물을 파괴한다는 생각은 샤크만 여행에 나선 10대 청소년이 해변으로 성큼성큼 걸어가 무심하게 점프를 하면서 스트로마톨라이트를 하나씩 계속 부수는 것을 보았을 때, 우리 마음속에 끓어오르는 것과 같은 감정을 불러일으킬 것이다. 그 분노가 남세균에 대한 선천적인 호감에서 비롯되었다고 말할 수는 없을 것이다. 여러분 자신도 지난 주말에 세차를 하면서 차에서 많은 남세균을 씻어 내 망각의 강으로 흘려보냈을 것이다. 그 분노는 청소년의 행동을 보고서, 즉 생명체를 존중하지 않는 태도와 불필요한 파괴 행위를 자행하는 행동을 보고서 끓어올랐을 가능성이 높다. 이런 감정을 느낀다고 해서 반드시 모든 미생물을 보호하려는 헌신적 태도가 뒤따르는 것은 아니다. 우리에게는 미생물보다 더 중요하게 여기는 관심사들이 있을 수 있다. 하지만 적어도 스트로마톨라이트는 파괴하지 말고 보전할 가치가 있는데, 우리는 모든 생명체가 고유한 가치를 지니고 있다고 생각하기 때문이다. 함부로 파괴할 수 있는 것은 아무 가치가 없는 것뿐이다.

우리는 아직 외계 생명체를 발견하지 못했지만, 다른 세계의 미생물에 대해 생각하는 것만으로도 우리와 자연계의 관계를 되돌아보아야겠다는 자극을 받는다. 세균처럼 너무나도 당연하게 여기는 것들이 평소에 생각지 못했던 중요성을 갑자기 지닐 수 있다. 화성의 모래 위를 기어다니는 세균을 생각하면서 그것을 어떻게 대해야 할지 고민하다 보면 새로운 시각이 생길 수 있고, 그것은 지구에서 우리가 세균을 대하는 행동을 이해하는 데 도움을 줄 수 있다.

나는 집과 차를 청소하고 머리를 감는 문제에서는 택시 기사의 견해에 동의한다. 나는 질병을 일으키는 미생물을 죽이는 의학의 눈부신 발전에 찬사를 보낸다. 나는 항생제 내성 위기를 극복하기 위해 노력하는 과학자들과 협력하는데, 우리를 보호해 주는 약품과 백신을 회피하도록 진화한 미생물을 퇴치할 수 있는 새 방법을 찾아야 하기 때문이다. 그런데 나는 다른 한편으로는 미생물 세계를 사랑한다. 지구상의 수많은 미생물 중에서 사람에게 해를 끼치는 종은 극히 일부에 불과하다. 그러니 모든 미생물을 미워할 이유가 없다. 일부 호랑이가 사람을 공격한 적이 있지만, 나는 호랑이를 사랑한다.

미생물이 30억 년 이상 지구에서 끈질기게 생명을 유지해 왔고, 생물권에 대체 불가능한 기여를 하며, 우리가 살아가는 데 적합한 세상을 만들기 위해 묵묵히 노력한다는 사실만으로도 미생물은 존중을 받을 자격이 충분히 있다. 실제로 나는 미생물에 어느 정도 존경심을 갖고 있다는 사실을 인정한다. 화성은 말할 것도 없고 지구에서는 〈미생물을 구하자!〉라는 구호가 새겨진 티셔츠를 입어야 할 이유가 많다. 그리고 균류도 그에 합당한 존중을 받을 자격이 있다.

제15장

생명은 어떻게 시작되었을까?

옥스퍼드 기차역에서
코퍼스 크리스티 칼리지로 가는 택시 여행

생명은 지구의 역사 초기에 출현했는데, 아마도 이것과 비슷한 열수 분출공에서 처음 나타났을 것이다. 캔들라브라Candelabra(〈나뭇가지 모양의 촛대〉란 뜻)라고 부르는 이 열수 분출공은 수심 3300미터의 해저에서 뜨거운 액체를 분출한다.

목적지가 그리 멀진 않았지만, 비가 내리는 바람에 나는 옥스퍼드 기차역에서 택시 뒷좌석에 올라탔다. 내가 박사 과정을 밟은 코퍼스 크리스티 칼리지의 개교 500주년 기념식에 참석하러 가는 길이었다.

「옥스퍼드에 사시나요?」 택시 기사가 물었다. 택시 기사는 60대로 보였는데, 나는 그가 이 일에 숙련된 사람이라는 것을 한눈에 알아보았다. 그는 머리를 좌우로 까닥거리면서 역 가장자리에 주차된 택시들을 조심스럽게 지나 큰길로 나갔다.

「한때는 그랬지만 지금은 아니에요. 하지만 옥스퍼드는 항상 고향처럼 느껴지고, 돌아오고 싶어 우울한 기분이 들기도 해요.」

젊은 시절에 걸었던 거리들을 지나가니 마음이 약간 동요되었다. 파티를 마치고 밤늦게 걸어갔던 거리도 있고, 이런저런 문제로 고민하며 거닐었던 거리도 있다. 이 거리들에는 나의 유령이 배회하고 있다. 나는 택시 기사에게 이곳에서 몇 년을 어떻게 보냈는지 이야기했다. 그 세월은 단 3년으로, 내가 다닌 대학교의 나이에 비하면 1퍼센트도 채 되지 않는다. 하지만 500년이라는 시간도 지구에 생명체가 출현한 이후에 흐른 시간에 비하면 찰나에 불과하다. 생명이 출현한 후 40억 년이 지났지만, 코퍼스 크리스티 칼리지가 존재한 시간은 그것의 0.0000125퍼센트에 불과하다. 이렇게 비교하면, 지구 생명의 역사에서 대학교의 역사가 차지하는 비중보다 대학교의 역사에서 내가 보낸 세월이 차지하는 비중이 훨씬 크다(그리고 나는 코퍼스 크리스티 칼리지의 거대한 계획에서 특별히 중요한 비중을 차지하는 것도 아니다).

「제가 이곳에서 보낸 시간이 대학교 역사에 비하면 아주 작은 부분이라는 것은 누구나 쉽게 알지요.」 내가 택시 기사에게 말했다. 「조금 이상한 이야기를 해도 괜찮으시다면, 코퍼스 크리스티 칼리지가 존재한 시간은, 수십억 년 전에 지구가 탄생한 이래 흐른 시간에 비해 훨씬 작은 부분에 불과해요. 그에 비하면 우리 모두는 하루살이나 다름없지요.」

택시 기사는 「그렇게 긴 시간은 이해하기가 쉽지 않아요. 그것은 우리가 평소에 생각하는 시간이 아니니까요」라고 대답했고, 나도 고개를 끄덕이며 동의했다. 사람은 수백 년의 의미를 파악하는 것조차 어려움을 겪으니, 수십억 년은 말할 것도 없다. 그것은 안개처럼 흐릿하게 느껴진다. 실제로 우리는 100만 년과 10억 년의 차이를 파악하는 데 어려움을 겪는다. 생명이 나타나는 동안 이런 규모의 시간이 흘렀다. 그 긴 시간을 감안한다면, 생명의 출현은 필연적인 결과였을까? 코퍼스 크리스티 칼리지는 화학의 우연이 만들어 낸 지적 생명체의 고향일까, 아니면 부글부글 끓는 원시 지구의 연못에서 어떤 종류의 생명체(언젠가 지능을 갖게 될)가 출현한 것은 필연적인 사건이었을까? 생명의 기원에 관한 나의 관심사를 놓고 대화를 나누던 중에 택시 기사에게 떠오른 질문은 바로 이 필연성에 관한 것이었다.

「아주 긴 시간 속에서는 어떤 일이라도 일어날 수 있었겠죠. 그런데 이 모든 것은 어떻게 시작되었을까요? 그리고 반드시 그런 일이 일어날 수밖에 없었을까요?」이 질문은 누구에게나 흥미로운 질문이지만, 그 정확한 답은 아무도 모른다. 그런데도 우리는 이 질문을 직접적으로 하는 경우가 드물다. 런던의 한 택시 기사는 내게 외계인 택시 기사가 우주 도처에 존재하느냐고 물었는데, 그 질문의 바탕에는 생명의 필연성에 관한 수수께끼가 숨어 있다. 하지만 이번에 이 택시 기사는 모든 것이 어떻게 시작되었느냐 하는 기본적인 문제에 초점을 맞추었다. 초기 태양계에 떠돌던 용융 암석이 굳으면서 지구가 생겨나는 순간, 지구는 필연적으로 생명이 만개할 운명이었을까(꼭 신의 뜻으로 그런 일이 일어난 것이 아니라 물리적 조건에 의해 자연적으로)?

이 질문에 대해 나올 수 있는 답은 모두 다른 곳에 생명체가 존재할 가능성과 불가분의 관계에 있다. 적절한 조건이 주어졌을 때 생명의 출현이 필연적이라면, 지구는 죽은 우주에서 예외적으로 존재하는 기형 세계가 아닐 가능성이 높은데, 우주에 존재하는 무수한 행성 중에서 지구와 비슷한 행성이 존재하지 않을 리가 없기 때문이다. 그리고 지구와 같은 조건에서만 생명이 출현할 수 있다고 상정해서는 안 되며, 지구를 포함하고 있는 우주에서 지구와 비슷한 조건을 갖춘 행성이 존재하지 않는다는 것은 더더욱 믿기 어렵다. 택시 기사의 질문(이 모든 것은 어떻게 시작되었을까요? 그리고 반드시 그런 일이 일어날 수밖에 없었을까요?)은 다소 난해하게 들릴 수 있다. 이것은 청소년이 어른의 냉소주의에 빠지거나 책임감에 짓눌린 채 살아가기 전에 고민하는 일종의 난제처럼 보일 수도 있다. 하지만 이 질문은 아주 중요한 의미를 지니고 있으며, 수많은 세대의 과학자들에게 영감을 주었다.

나는 이 장에서 생명의 출현이 필연적인지에 대한 비밀을 말해 주지 않을 것이다. 하지만 아무도 어느 쪽이 정답인지 안다고 주장할 수 없다면, 적어도 우리가 알고 있는 것을 설명하려고 노력할 수는 있다. 진지한 연구를 통해 흥미로운 개념들이 나왔다. 우리는 몇 가지 이론을 배제할 수 있었고(과학적 방법의 중요한 일부), 다른 이론들을 계속 검증하면서 그것들이 가리키는 방향으로 나아갈 수 있었다.

생명의 기원에 대해 생각하는 한 가지 접근법은 다음과 같다. 가장 단순한 세균을 해부해 보면, 지구상의 모든 생명체가 공유하는 기본적인 부분이 몇 가지 있다는 사실을 알 수 있다. 즉, 생명체는 일종의 기본 설계가 있다는 뜻인데, 그것은 모든 자동차가 공통의 특징을 지니고 있는 것과 같다. 자동차는 형태와 색상이 아주 다양하지만, 모든 자동차는 엔진과 문, 바퀴가 있다. 마찬가지로 생명의 핵심을 이루는 부분들에서 생물권 전체에 통용되는 공통의 틀이 발견된다. 이것들이 어디에서 왔을까 하고 묻는 것은 매우 합리적인 질문이다. 왜냐하면, 이것들은 그 이후에 진화한 모든 것의 기본 구성 요소가 분명하기 때문이다. 그리고 이러한 생명의 토대가 어떻게 생겨났는지 이해한다면, 우주에서 생명을 탄생시키는 조건을 갖춘 장소들을 더 효과적으로 찾을 수 있을 것이다.

생명의 필수적인 특징 중 하나는 외부와의 접촉을 차단하는 울타리이다. 지구상의 모든 생명체는 표면으로 둘러싸인 내부 공간이 있는데, 표면은 생명체를 주변 환경과 분리시켜 준다. 그리고 이 내부 공간 안에는 자체 내부를 가지고서 주변의 조직과 분리된 물체가 많이 있다. 이것은 대부분의 표면이 바다로 뒤덮여 있는 지구에서 맞닥뜨리는 한 가지 문제(물속에서 물체가 사방으로 흩어지는 경향)에 대처하는 현명한 해결책이다. 소량의 세제를 물이 든 용기에 떨어뜨리면, 세제는 그 색을 거의 알아볼 수 없을 때까지 퍼져 나가면서 물과 섞인다. 마찬가지로 생명의 필수 분자들을 바다나 강, 호수에 집어넣고 한 곳에 모여 있게 하려고 하면, 그 분자들은 사방으로 흩어져 버리고 만다. 유일한 예외는 코로나 바이러스 같은 바이러스와 광우병과 기타 질병을 유발하는 감염성 단백질 입자 프리온이다. 하지만 바이러스와 프리온은 독자적으로 복제하는 능력이 없다. 이것들은 건조된 입자라고 할 수 있으며, 활성화와 복제를 위해서는 액체로 채워진 다른 생명체의 내부 구조에 의존해야 한다.

　따라서 생명체의 필수 요소는 자신의 모든 물질을 집어넣고 퍼져 나가지 못하게 하는 주머니이다. 이렇게 울타리로 둘러싸인 구조는 모든 단계의 생명체가 다 갖고 있지만, 가장 밑바닥에 있는 것(이 모든 것을 시작하게 한 것)은 바로 세포막이다. 지구상의 모든 세포는 이러한 캡슐 속에 들어 있으며, 캡슐의 형태는 종에 따라 다르지만 공통점이 있는데, 특정 종류의 분자로 만들어진다. 인지질이라는 이 분자는 머리와 두 개의 꼬리가 있다. 머리 부분은 친수성(親水性)이어서(즉, 물과 〈친화력〉이 강해) 물과 잘 접촉한다. 그러나 두 꼬리는 소수성(疏水性)이어서 물에서 멀어지려고 한다. 물에 넣으면 이 분자들은 자발적으로 놀라운 행동을 한다. 친수성 머리는 물에 노출된 바깥쪽을 향하고, 소수성 꼬리는 안쪽을 향하는데, 머리가 바깥쪽을 빙 둘러싸 꼬리가 물에 닿지 않도록 보호한다. 그 결과로 전체 모양은 구형을 이룬다. 한편, 이 구 안에서 다른 인지질들이 자리를 잡는데, 서로 반대쪽을 바라보도록 배열되어 꼬리는 꼬리끼리 마주 보고, 머리는 물과 그 밖의 여러 물질을 포함한 구멍을 둘러싼다. 이것은 놀라운 변화이지만, 기적은 아니다. 오히려 인지질 주머니의 생성은 인지질 자체의 특성(한쪽 끝은 친수성이고 반대쪽 끝은 소수성인)에서 비롯된 단순하면서 불가피한 결과이다. 이런 구조가 안정적 상태로 합쳐지기에 가장 좋은 방법 중 하나는 판 모양으로 정렬되었다가 붕괴하면서 구형으로 변하는 것으로 밝혀졌다. 소포(小胞) 또는 소낭(小囊)이라 부르는 이 구조는 아름다우면서도 아주 중요하다. 소포는 생명의 존재에 필요한 모든 자질구레한 물질을 둘러싸서 담고 있다. 세포를 둘러싼 소포를 세포막이라 부른다.

여기서 당연히 떠오르는 질문은 이 놀랍고 모순적인 분자가 어떻게 생겨났느냐 하는 것이다. 이 분자들은 다소 전문화된 것처럼 보이는데, 생명체의 세포막 형성이라는 아주 특별한 임무 수행에 적합하게 만들어진 것처럼 보인다. 사실, 세포막은 정교하게 미세 조정되어 있다. 진화 과정에서 생명체에 더 적합한 형태로 변해 갔기 때문이다. 하지만 세포막의 기원은 더 단순한 것에 있는데, 그것은 태양계를 만든 원시 물질에서 시작되었다.

오래된 운석 중에서 탄소를 포함한 분자가 들어 있는 것을 찾아보라. 좋은 예로는 1969년에 오스트레일리아 머치슨에 떨어진 머치슨 운석이 있다. 이 운석은 태양계가 생성되던 시절에 존재했던 물질의 유물이다. 이 운석은 나이가 40억 년이 넘어 그 탄생 시점은 태양계와 태양계에서 출현한 생명의 이야기가 시작되던 무렵으로 거슬러 올라간다. 이 검은색 암석은 촉감이 아주 부드러운데, 검은색을 띤 것은 탄소를 풍부하게 포함하고 있는 유기 화합물(그을음과 비슷한) 함량이 높기 때문이다. 겉모습을 보면, 이 운석이 언젠가 불에 탄 적이 있다고 확신할 수 있다. 이제 물속에서 운석을 살살 부수면서 그 속의 분자들을 떨어져 나오게 한다. 그중에는 탄소 원자들이 결합해 긴 사슬 모양으로 늘어선 분자가 있다. 이 혼합물에서 카복실산 분자들을 추출해 물속에 집어넣으면, 눈앞에서 이 분자들이 합쳐져 소포를 형성한다. 현미경으로 보면, 이 소포들이 맥동하면서 둥둥 떠다닌다. 이 분자들은 오늘날의 세포막과 같은 복잡성을 띠고 있진 않은데, 세포막은 30억 년 이상의 진화를 거쳐 완성된 구조이기 때문이다. 하지만 태양계의 먼지와 가스 구름에서 만들어진 카복실산은 가장 단순한 생명의 주머니이다.

　　정확히 어떤 과정을 거쳐 카복실산이 만들어졌는지는 아직 수수께끼로 남아 있지만, 우주에 탄소 화학이 풍부하게 일어난다는 사실은 잘 알려져 있다. 주기적으로 발작을 일으키면서 탄소를 포함한 물질이 가득한 바깥쪽 가스층을 우주 공간으로 방출하는 기묘한 〈탄소 별〉을 포함해 별의 핵융합 반응에서 생성된 탄소 원자는 우주 전체에 풍부하게 퍼져 있다. 가장 단순한 탄소 분자 중 하나인 일산화탄소는 성간 공간에서 풍부하게 발견된다. 축구공 모양의 기묘한 분자인 〈버키볼〉이나 탄소 원자가 무려 60개 이상 포함된 풀러렌에 이르기까지 더 복잡한 분자들도 우주 공간을 떠돌아다니고 있다.

　　우주 곳곳에서 탄소는 화학 반응을 자극하는 조건이라면 어디서나 다른 원소들과 접촉했다. 지구와 태양계의 모든 천체가 탄생한 성운도 그런 만남의 장소 중 하나였다. 적절한 온도와 압력 기울기(그리고 추가로 적당한 복사까지)를 가진 행성 간 규모의 이 화학 공장에서는 수많은 화학 실험이 일어났다. 얼음 알갱이는 탄소 화학이 분자의 다양성을 증폭시킬 수 있는 표면을 제공했는데, 그렇게 생성된 분자 중에는 원시적인 막을 만들 수 있는 카복실산도 포함돼 있었다.

이 모든 분자들의 반응과 생성이 복잡해 보이겠지만, 실제로는 그렇지 않다. 단지 그렇게 보일 뿐이다. 생명의 탄생에 필요한 최초의 성분들을 만드는 것은 그렇게 어렵지 않았다. 카복실산을 만드는 데 필요한 화합물과 에너지원은 우주 도처에서 쉽게 발견된다. 이 과정을 누가 직접 관리할 필요도 없다. 적절한 물질과 에너지, 그리고 충분한 시간만 있으면, 생명의 분자를 담는 데 적합한 주머니가 쉽게 만들어질 수 있다.

하지만 생명은 주머니에 불과한 게 아니다. 복제 능력을 가진 세포가 만들어지려면, 그 밖에도 여러 가지가 필요하다. 특히 화학 반응을 일어나게 하고, 그 속도를 높이고, 자연 환경에서 희귀하거나 존재하지 않지만 생명에 필수적인 다양한 분자를 만들어 내는 분자들이 있으면 좋다. 이렇게 촉매 역할을 하는 분자들을 효소라고 한다. 효소는 종류가 다른 분자들의 결합을 촉진해 그 결과로 새로운 화합물이 생겨나게 한다. 우리가 아는 모든 생물 속에 들어 있는 효소는 거의 다 단백질로 만들어지는데, 단백질은 아미노산들이 실에 꿰인 구슬처럼 길게 사슬처럼 늘어선 것에 불과하다. 이 사슬이 접히면서 작은 3차원 분자(단백질)로 변해 이런저런 종류의 작업을 수행한다.

아미노산은 단순한 분자로, 중앙에 탄소 원자가 자리 잡고 있고 거기에 다른 작용기(작은 원자단)가 붙어 있는 간소한 구조로 이루어져 있다. 작용기는 거기에 무엇이 붙어 있느냐에 따라 다양한 구조가 존재한다. 작용기마다 각자 하는 일이 다르다. 물을 좋아하는 작용기도 있고, 물을 싫어하는 작용기도 있다. 양전하를 띤 작용기도 있고, 음전하를 띤 작용기도 있다. 크기가 작은 작용기도 있고, 큰 작용기도 있다. 이렇게 다양한 작용기들의 상호 작용 때문에 긴 아미노산 사슬은 특정 방식으로 접히게 된다. 일부 아미노산 사슬은 비계처럼 지지 구조를 형성하여 손톱이나 머리카락 같은 것을 만드는 데 유용하게 쓰인다. 다른 사슬들은 세포가 수행하는 중요한 반응에 참여한다. 놀랍게도 단 20가지의 아미노산만으로 이 모든 일을 할 수 있다. 하지만 단백질은 아미노산 수백 개가 모여 만들어질 수 있는데, 그 사슬의 각 위치에 20가지 아미노산 중 하나가 들어갈 수 있다면, 그렇게 만들어질 수 있는 단백질의 종류는 어마어마하게 많다. 그것은 생명체가 세포를 만드는 데 필요한 분자의 종류보다 훨씬 많다.

머치슨 운석 이야기로 되돌아가 보자. 세포 주머니를 만드는 막 분자를 얻기 위해 필요한 추출 작업을 했을 때, 놀라운 사실이 또 한 가지 발견되었는데, 그것은 운석에 아미노산이 아주 많이 포함돼 있다는 것이었다. 실제로 70가지 이상의 아미노산이 발견되었다. 단백질의 기본 요소인 아미노산은 초기 태양계의 화학 공장에서 합성되었다. 아미노산은 결국 행성을 만든 암석과 그 밖의 물질에 포함되었다. 일부 암석은 우주를 돌아다니다가 40억 년이 지난 뒤에 결국 지구에 도착했고, 그것을 손에 넣은 과학자들은 그 속에서 생명체의 가장 단순한 구성 성분(행성 간 화학의 산물인)을 발견했다.

운석에는 생명체에 필요한 20가지보다 훨씬 많은 아미노산이 포함돼 있다. 만약 생명체가 정말로 이 행성 간 창고에서 최초의 분자를 얻었다면, 왜 그렇게 까탈스럽게 굴었을까? 그것은 어떤 일을 하려고 할 때 구할 수 있는 재료를 굳이 다 사용하지 않아도 되기 때문이다. 건축가가 집을 설계할 때, 모든 종류의 벽돌과 기와를 다 사용하려고 하진 않는다. 그중에서 몇 가지만 선택해(종종 최소한만 선택해) 그 일을 해낸다. 그렇게 하는 것이 가장 효율적인 방법이며, 건축 재료 사이의 부조화를 방지할 수 있다. 마찬가지로 생명체에서 발견되는 아미노산보다 훨씬 많은 아미노산이 자연에 존재한다는 사실은 실제적으로 별로 중요하지 않다. 진화는 모든 차원에서 최대화를 추구하는 과정이 아니다. 세포가 필요를 충족하고 번식할 수 있는 한, 아미노산을 더 많이 포함해 봤자 더 얻을 것이 없기 때문이다. 그러니 풍부한 화학 물질 저장실에서 생명체가 일부 분자만 선택한 이유는 충분히 이해할 수 있다.

외계에서 온 전령에게는 그 밖에도 놀라운 것이 들어 있는데, 그것은 바로 핵염기이다. 여러분의 세포는 물론이고 가장 원시적인 생명체가 하는 모든 일에서 핵심 역할을 하는 것은 정보를 저장하는 부호인데, 정보 저장을 가능하게 하는 것이 바로 핵염기이다. 대부분의 생명체는 우리에게 친숙한 DNA(디옥시리보핵산)를 사용하거나 그 자매 분자인 RNA(리보핵산)를 사용한다. 단백질과 마찬가지로 DNA와 RNA 역시 기다란 분자 가닥으로 이루어지는데, 그 분자가 바로 핵염기이다. 단백질을 만드는 아미노산은 20가지가 있지만, DNA를 만드는 핵염기는 단

네 가지뿐이다. 사슬을 따라 늘어서 있는 이 네 가지 핵염기의 순서는 눈에서부터 꼬리에 이르기까지 모든 것을 만드는 지시가 암호화돼 있는 부호이다. 암호화된 이 정보를 세포 기구가 해독해 그 생물을 만드는 데 필요한 〈청사진〉을 드러낸다.

핵염기는 초기 태양계의 사이안화물과 그 밖의 여러 화합물이 관여하는 화학 반응에서 만들어졌다. 이렇게 해서 핵염기는 우주를 돌아다니는 운석과 그 밖의 물질에 들어가게 되었다. 그리고 아미노산과 마찬가지로 이 행성 간 물체들에는 생명체의 세포에 들어 있는 것보다 더 많은 종류의 핵염기가 존재한다. 진화 과정을 통해 그 수는 점점 줄어들었고, 결국 지구상의 생명체는 꼭 필요한 핵염기만 갖게 되었다.

이 모든 것에는 특별한 것이 있다. 생명의 모든 복잡성을 꿰뚫고 그 이면의 상부 구조, 즉 모든 것을 지탱하는 대들보와 벽돌과 모르타르를 들여다보면, 생명의 주요 분자들 중 가장 단순한 부분들은 모두 운석에 들어 있다는 사실을 알 수 있다. 이 운석들은 태양계가 태어나던 시기에 우주에 존재했고, 막 태어난 지구 표면에 떨어져 웅덩이에 모이거나 물에 실려 해변과 강으로 밀려갔을 것이다. 이러한 가능성에 흥분한 과학자들은 암석 금고에서 생명의 기본 물질을 끄집어낸 반응을 실험실에서 재현하려고 시도했다. 실제로 알코올이나 사이안화물 같은 단순한 분자를 포함하고 있는 광물 알갱이 표면에 빛을 비추자, 아미노산을 비롯해 생명에 중요한 분자들이 여러 가지 튀어나왔다.

이게 다가 아니다. 지구 자체도 우주를 떠도는 암석이라는 사실을 잊지 말아야 한다. 생명의 기본 재료는 우주에서 쏟아지는 동시에 갓 태어난 지구의 육지와 바다, 대기 전체에서 일어난 화학 반응에서 만들어질 수 있었고, 실제로도 만들어졌을 가능성이 높다. 탄소 화학의 굴레에서 벗어나기는 어렵다. 지구는 깊은 우주와 자신의 풍경 속에서 가장 단순한 생명의 필요 성분을 충분히 공급받았고, 그 결과로 다양한 발생원에서 유래한 생물권의 기본 뼈대가 그 표면에 축적되었다.

이 모든 것은 아주 흥미로우며, 생명의 기본 요소들이 처음에 어떻게 생겨났는지 그럴듯한 설명을 제공한다. 하지만 적절한 조건만 주어진다면 생명의 출현은 필연적인가라는 질문에 대한 답은 아직 나오지 않았다. 왜 이 화합물들은 세포를 만드는 대신에 그냥 조수에 실려 왔다 갔다 하면서 균열과 틈새를 메우는 데 그치지 않았을까? 이 지점이 바로 지금까지의 연구에도 불구하고 명확하게 밝혀내지 못한 부분이다. 단서와 가능성은 많이 널려 있지만, 생명을 유지하는 데 필요한 화합물이 실제로 생명체가 되기 위해 넘어야 할 문턱이 무엇이었는지에 대해서는 아직까지 일치된 견해가 없다.

물론 과학자들은 나름의 추측, 즉 무엇이 생명의 탄생에 핵심을 이루는 반응을 일어나게 했는지 설명하는 가설들을 내놓았다. 이 가설들은 지구의 특정 장소, 즉 물질이 에너지와 적합한 방식으로 만날 수 있었던 장소와 관련이 있는 경우가 많다. 일부 과학자들은 해저에 난 균열인 열수 분출공을 선호하는데, 이곳은 지각에서 뜨거운 액체가 솟아 나오는 부분으로, 액체에 섞인 광물이 쌓여 우뚝 솟은 기둥이 생긴다. 여기서 일어난 화학 반응으로 생명의 기본 요소가 만들어졌을 수 있다. 그리고 더 중요한 것은 이곳에서 최초의 대사 반응이 일어났을 가능성인데, 이 반응에서 합성된 분자들로부터 생물학적 에너지 생산 기계가 만들어졌다.

다른 과학자들은 해변을 선호한다. 밀물 때마다 해변의 바위에 부딪치는 파도는 바다에서 필수 아미노산 중 일부를 표면으로 운반해 그곳에 모이게 했을 것이다. 썰물이 되면, 표면에서 말라붙은 분자들이 서로 들러붙었을 텐데, 물방울이 증발하자 분자들이 서로 접근하면서 결국 결합했을 것이다. 각각의 조석 주기는 점점 자라나는 사슬에 분자를 추가했고, 결국 최초의 살아 있는 분자가 해변의 바위 표면에서 생겨났을 것이다.

하지만 어떤 과학자들은 해변의 바위 대신에 하늘로 시선을 돌렸다. 바다 표면에서 터지는 거품 겉면과 속에는 가장 작은 생명의 분자가 포함돼 있었을 것이다. 이 분자들이 대기를 떠돌다가 태양 자외선에 노출되면, 화학 반응이 일어나면서 돌연변이의 발생과 함께 진화 과정이 시작될 수 있다. 새로 생겨난 이 복잡한 분자들은 비를 통해 다시 바다로 돌아가 전체 순환 과정이 반복되었는데, 여기서 생명의 원재료가 만들어졌다.

이 모든 가설은 각자 나름의 장점이 있으며, 이 중 어느 것도 서로 배타적이지 않다. 이 모든 곳 ─심해 열수 분출공, 해변, 바다 표면 ─에서 생명의 출현을 낳은 초기의 화학 물질이 각각 만들어졌을 가능성이 있다. 어쩌면 초기의 지구 전체가 생명의 탄생에 기여한 거대한 반응로였을지도 모른다.

선호하는 가설이야 무엇이건, 어느 시점에 이 분자들이 한데 모인 게 분명한데, 그러지 않았더라면 바다에 던져진 대다수 물질과 같은 운명을 맞이했을 것이다. 즉, 희석되고 말았을 것이다. 그러다가 막이 있는 초기의 분자가 복제 능력이 있는 분자를 둘러쌌을 것이다. 시간이 지나자 복제 능력이 있는 분자가 막으로 둘러싸인 주머니를 장악하면서 분자 형태에 새로운 복잡성을 추가했을 것이다. 이렇게 단순한 시작으로부터 오류와 변이가 일어나면서 다양한 종류의 세포가 생겨났고, 결국 지구 최초의 세포가 태어났을 것이다.

이 단계, 즉 화학 물질 수프에서 복제 능력이 있는 세포로 도약하는 이 단계는 필연적인 과정이었을까? 우리는 그 답을 모른다. 그 과정은 쉽게 일어났을 수도 있다. 운석에 실려온 유기 화합물과 그 표면에서 생겨난 유기 화합물 집단이 지구 곳곳에 널려 있다고 상상해 보라. 막이 있는 분자들의 혼합물 속에서는 매일 수십억 번의 실험이 일어났다. 그중에서 복제 능력을 지닌 단순한 세포가 단 하나만 만들어지면 되었다. 그것은 곧 진화할 수 있는 기본 단위가 되었다. 아마도 생명이 출현하는 데에는 단 하루도 걸리지 않았을 것이다.

이 질문들에는 다른 질문들이 수많이 숨어 있다. 단백질과 DNA와 RNA 중에서 어느 것이 먼저 나타났을까? 만약 단백질이 먼저 나타났다면, 세포는 암호화된 청사진이 없는 상태에서 단백질을 만드는 데 필요한 정보를 어떻게 얻었을까? 좋다, 그러면 부호가 먼저 나타났을 수도 있다. 하지만 유전 부호, 즉 처음으로 퍼덕이며 돌아다닌 RNA나 DNA 조각이 생명의 시조라고 한다면, 특별히 무엇을 만드는 데 필요한 암호화 작업도 전혀 하지 못하고 그저 죽 늘어선 아리송한 화학 물질들에 불과한 그것이 도대체 무슨 소용이 있었겠는가? 어쩌면 초기의 부호는 그 자체가 화학적 반응로였을지도 모르는데, 키메라(한 개체 내에 서로 다른 유전적 성질을 가지는 동종의 조직이 함께 존재하는 현상 또는 물체)처럼 단일 형태로 존재하면서 부호를 만들고 촉매 역할도 했을 수 있다. 이 경우, 촉매 단백질이 나중에 합류해 생명의 구조에 복잡성과 가능성을 추가했을 수 있다.

이 수수께끼들은 두 가지로 해석할 수 있다. 한편으로는 이 것은 초기 생명체의 구조가 다양했다고 말해 준다. 단백질이 먼저 나타났을 수도 있고, 핵산이 먼저 나타났을 수도 있고, 혹은 둘이 동시에 나타나 각자 독립적으로 작용했을 수 있다. 어쩌면 수십억 번의 실험이 일어나는 와중에 그것은 그다지 중요하지 않을 수도 있다. 그 실험에서는 분자 차원의 모든 순열이 나타났을 텐데, 이 행성의 수프 어딘가에서 특정 화학 물질의 조합이 세포를 만들 때까지 그런 일이 반복되었을 것이다. 아마도 초기 지구는 도처에서 이러한 원시 생명 단위들 간의 경쟁이 벌어졌을 테고, 그중 어느 하나가 지구에서 살아갈 모든 생명의 시조가 되었을 것이다.

반면에 우리가 초기 지구에 대해 알아냈거나 알아냈다고 생각하는 사실들은 이 분자 수프에 매우 특별한 상황이 발생하기 이전에는 생명체가 존재하지 않았다는 가설과 양립할 수 있다. 이 가설에 따르면, 단백질과 DNA와 RNA, 세포막을 비롯해 생명의 구성 요소들은 주변의 에너지가 강한 힘들에 이끌려 끊임없이 뒤섞이다가 마침내 이 모든 것이 딱 적합한 구조로 정렬되면서 최초의 세포가 생겨났다고 한다. 만약 실제로 그랬다면, 지구에는 원시적인 유기 물질 수프가 도처에 여전히 널려 있었지만, 그중 대부분은 빈사 상태로 존재했다. 생명 형태들 사이의 경쟁도 없었고, 진화의 실험이 일어나는 온상도 없었다. 대신에 어딘가에서 무작위적으로 승리를 거두는 사건이 일어났다. 생명에 꼭 필요한 구성 요소들이 아무 이유도 없이 막 속에 함께 모이는 일이 일어난 것이다. 그것들은 각자 제 역할(그것이 무엇이건)을 다했고, 불룩하게 부풀어오르면서 지구 역사상 처음으로 막이 둘로 갈라졌는데, 이렇게 새로 생긴 한 쌍의 개체는 각각 막 속에 복제 능력을 지닌 동일한 분자들의 집단이 들어 있었다. 그리고 거기서 다시 같은 일이 일어났다. 그리고 또다시. 그리고 또다시. 이제 이 세포들 16개가 지구에 존재했고, 각자 몇 분마다 한 번씩 분열했다. 그리고 같은 일이 계속 반복되었다. 이제 세포의 수는 128개가 되었다. 그리고 같은 일이 계속 반복되어 이제 세포의 수가 1000개가 넘었다. 하루 만에 이들은 세계를 정복했다. 지구는 생명의 세계가 되었다. 즉, 생물권이 탄생한 것이다.

어쩌면 저 밖의 우주에는 해안선에 파도가 철썩이는 바다와 열수 분출공과 거품이 곳곳에 널려 있고, 이곳들에서 아미노산에서부터 세포막에 이르기까지 생명의 구성 요소가 매일 순환되지만, 단 하나의 세포조차 눈에 띄지 않을 수도 있다. 어쩌면 단 하나의 세포도 나타나지 않았을 수 있다. 적절한 화합물과 함께 풍부한 에너지가 존재하기 때문에, 생명이 출현할 잠재력은 얼마든지 있다. 하지만 지구 밖에서는 생명의 기본 요소들과 생명체 자체 사이의 간극이 아이가 버린 블록들과 그것들로 만들 수 있는 대성당 사이의 간극만큼이나 넓다.

다른 세계를 관찰하면서 생명체를 찾고, 실험실에서 실험을 계속함으로써 우리는 결국 우리가 예외적으로 운이 좋은지 평범한지, 우리와 같은 세계에 널려 있는 단순한 분자들에서 생명이 출현하는 것이 필연적인지, 아니면 우리가 아주 특별한 순간에 탄생한 존재인지 짐작할 수 있을 것이다. 지적 외계인과 지적, 문화적 교류를 할 가능성은 우리를 흥분시키지만, 다른 세계에서 생명체를 찾는 데에는 더 기본적인 과학적 이유도 있다. 우리는 거기서 지구가 어떻게 지금과 같은 세계가 되었는지 그 비밀을 푸는 데 도움을 줄 놀라운 단서를 발견할지도 모른다.

기차역에서 코퍼스 크리스티 칼리지까지 단 몇 분간의 짧은 여행 동안 나는 택시 기사에게 이 길고도 불확실한 역사를 설명할 시간이 없었다. 생명의 필연성에 관한 질문에 맞닥뜨렸을 때, 나는 패배를 인정할 수밖에 없었다. 「나는 당신의 질문에 답을 할 수 없습니다. 아직은 아무도 당신의 질문에 답을 내놓을 수 없습니다. 그래서 이 질문은 아주 흥미롭지요. 우리는 아직 생명이 희귀한 것인지 평범한 것인지 모릅니다.」 코퍼스 크리스티 칼리지 앞에 차를 세우면서 택시 기사는 미소와 함께 고개를 저었다. 「그래요, 그런 단순한 것들을 우리는 잘 몰라요.」 나는 동의의 뜻으로 고개를 끄덕이면서 고맙다는 인사를 건넸다. 그가 한 이 마지막 말 속에 복잡하지 않으면서도 설득력 있는 진실이 담겨 있었다. 우리는 어려운 질문들에 대한 답을 많이 알아냈다. 우리는 우리 몸과 환경, 우주 전반의 복잡한 문제들을 자세히 설명할 수 있다. 하지만 가장 기본적인 질문들에 대한 답은 아직 알아내지 못했다. 우리는 수천 세대에 걸친 종의 진화를 추적할 수 있지만, 왜 지구에 생명이 존재하는지 그 이유는 아직 확실하게 알지 못한다. 나는 택시 기사에게 요금을 건네고 거리로 나섰다.

제16장

왜 우리는 숨 쉬는 데 산소가 필요한가?

에든버러 왕립 교도소에서 재소자를 위한

강연을 한 뒤에 브런츠필드로 가는 택시 여행

아름다운 하늘은 우리의 숨을 멎게 한다. 우리가 숨 쉬는 물질이 거기에 포함돼 있는데도 말이다. 지구 대기의 산소는 우리와 생물권 대부분을 살아가게 하는, 보이지 않는 연료이다. 이 때문에 과학자들은 다른 행성에도 산소가 있는지 확인하려고 한다.

쌀쌀한 아침이었다. 공기는 습기 때문에 거의 시럽처럼 걸쭉했다. 이런 날이면 내가 대기 속에서 살고 있다는 사실을 실감한다.

「날씨가 춥네요.」택시가 교도소 문을 나설 때, 택시 기사가 기침을 하며 말했다. 나는 일부 재소자들이 달 기지를 설계하는 일을 도와주고 돌아가는 길이었다. 이 과정은 재소자들에게 우주 탐사라는 렌즈를 통해 과학적 개념을 가르치는 교육 프로그램인 라이프 비욘드Life Beyond 프로젝트의 일부이다.

「공기를 거의 먹을 수 있을 것 같아요.」내가 이렇게 대꾸했는데, 아마도 이상하게 들렸을 것이다. 「그 정도로 춥다는 말이에요.」

「그건 아주 재미있는 소재죠. 우리는 공기의 존재를 너무나도 당연하게 여겨요.」그러고 나서 택시 기사는 내게 직업이 뭐냐고 물었다. 나는 그가 호기심이 많은 사람이라는 걸 알아챘다. 가끔 택시 기사에게서 그런 특성을 발견할 때가 있다. 택시에 올라타서 자리에 앉아 일상적인 인삿말에서 벗어나는 말을 꺼내자마자 택시 기사는 대화를 나눌 기회를 엿본다. 거울에 텁수룩하고 짙은 검은색 눈썹이 비쳐 보이는 그는 말을 하면서도 허리를 꼿꼿이 세운 자세를 유지했는데, 핸들을 거칠게 휙휙 꺾는 버릇이 있었다. 높은 칼라가 달린 노란색 코트를 입었는데, 칼라는 희끗희끗 변해 가는 검은색 머리 아래쪽을 빙 두르고 있었다. 나는 어떤 일을 하는지 설명했다.

「그러니까 과학자로군요. 그렇다면 공기에 대해 이야기해 보세요. 공기는 어떻게 생겨났고, 우리는 어떻게 공기로 숨을 쉴 수 있나요?」

택시 안에서 받는 질문 치고는 이상한 질문이었다. 사실, 대다수 상황에서도 약간 초현실적인 질문이긴 하다. 그렇긴 하지만 지구 대기의 역사는 아주 흥미롭다. 나는 매년 천체 생물학을 배우는 학생들에게 이것을 가르치는데, 한동안 그런 일을 하다 보면, 이것 — 애초에 그 모든 산소가 대기에 〈어떻게 생겨나 우리가 공짜로 숨을 쉬게 되었는가〉라는 질문 — 은 많은 사람들이 생각조차 하지 않는 문제라는 사실을 잊어버리게 된다. 하지만 일부 택시 기사들은 이것을 궁금해한다.

추운 겨울날 아침에 발밑의 풀 위로 상큼한 서리가 깔린 들판을 바라보면서 가만히 서 있어 보라. 옅은 안개 사이로 새들이 부드럽게 지저귀는 소리가 들려오는데, 안개 속에서 그 소리는 희미해지고 나무들은 윤곽만 어렴풋이 보인다. 신선한 공기를 한 번 깊이 들이마셔 보라. 그것은 아주 경이로운 경험이다. 하지만 시골 풍경이 항상 이랬던 것은 아니다. 잠시 과거로 돌아가면, 정확하게는 45억 년 전으로 거슬러 올라가면, 그 풍경은 아주 딴판이다. 모든 행성들이 생겨난 가스 원반에서 지구 표면이 응축되었고, 지금 여러분은 최초의 화산 지대 중 한 곳에 서 있다. 발밑에는 얼마 전에 녹은 암석이 지평선 끝까지 바싹 마른 상태로 갈색 풍경을 이루며 뻗어 있다. 여기저기서 작은 구멍을 통해 증기가 뿜어져 나오는데, 이 구멍들은 화산 가스가 분출되는 분기공이다. 이것은 죽은 지구의 모습으로, 아직 최초의 생명체가 출현하기 이전이다. 또 한 가지 큰 차이점이 있는데, 지금 여러분은 얼굴 전체를 덮은 인공 호흡용 헬멧의 얼굴 가리개를 통해 풍경을 바라보고 있다. 헬멧의 반대쪽 끝에는 산소통이 달려 있다. 절대로 헬멧을 벗어서는 안 된다. 그랬다간 순식간에 질식해 사망할 것이다.

교도소 문을 빠져나올 때, 나는 이야기를 시작했다. 「그렇다면 지구가 막 생겨난 순간에 뜨거운 암석 덩어리 위에 서 있다고 상상해 보세요. 대기에는 산소가 전혀 없었기 때문에, 아무도 제대로 숨을 쉴 수 없었죠. 지구는 초기의 기체로 둘러싸여 있었는데, 그 기체는 지구 내부에서 나왔거나 지구를 만들고 남은 물질이었죠.」

「백열 상태로 빛나는 암석 덩어리였던 이 초기의 지구에는 아마도 수소와 헬륨이 주성분인 대기가 있었을 겁니다. 수소와 헬륨은 매우 가벼워서 빠르게 위로 날아올라 우주 공간으로 빠져나가고, 지구 내부에서 부글거리던 기체 성분만 남았겠지요.

이 기체들은 유독했는데, 빠르게 두꺼운 대기를 형성했습니다. 대기는 일산화탄소와 이산화황, 황화수소, 수소, 이산화탄소와 그 밖의 여러 기체 성분으로 이루어졌지요. 이 성분들은 지금도 지구 내부에서 뿜어져 나오지만, 그 농도는 아주 미미하지요.」

「기본적으로 아주 치명적인 대기였군요.」 택시 기사가 말을 보탰다.

「예, 맞아요, 완전히 유독한 대기였지요.」

적어도 사람과 오늘날 지구에 살고 있는 생명체에게는 유독한 것이었다. 하지만 초기의 지구가 생명체가 전혀 살 수 없는 환경이었던 것은 아니다. 일단 미생물의 형태로 생명체가 생겨났을 때, 많은 생명체는 기체를 먹이로 사용했다. 미생물은 대기 중에서 필요한 기체를 흡수함으로써 성장과 분열에 필요한 에너지와 영양분을 얻을 수 있었다. 미생물은 수소와 이산화탄소를 섭취하고 메탄을 노폐물로 배출했는데, 오늘날 우리는 메탄이라고 하면 원시 지구보다는 소의 방귀를 더 많이 떠올린다. 다른 미생물들은 황산염 광물을 섭취하면서 황화수소 기체를 만들었는데, 이 기체는 다시 다른 미생물들이 자신의 대사 과정에 사용했다. 이런 식으로 원소들(탄소, 황, 질소 등)의 거대한 순환이 시작되어 생물권을 먹여 살리기 시작했다. 물론 이 과정은 지금도 같은 종류의 미생물과 거기서 크게 변하지 않은 후손들이 계속 수행하고 있다.

산소가 없는 이 상태는 혹독한 환경이었다. 기체는 풍부했지만, 기체로 만들 수 있는 에너지는 많지 않았기 때문에, 초기의 미생물이 원시적인 먹이에서 얻는 에너지는 우리가 산소로 대사를 함으로써 샌드위치에서 얻는 에너지에 비해 10분의 1에 불과했다. 철 원소의 변형 형태를 띤 일부 먹이는 그보다 에너지 효율이 훨씬 적어 100분의 1에 불과했을 것이다. 그럼에도 불구하고, 진화의 원시 단계에서는 생명을 근근이 지탱할 만한 에너지가 있었다.

「그 뒤에도 대기의 환경은 그렇게 똑같은 기체 혼합물 상태로 유지되었나요?」택시 기사가 물었다.

「오랫동안 그랬지요. 그래서 지구상의 생명체도 10억 년, 어쩌면 그보다 더 오랫동안 그런 상태로 유지되었고, 큰 변화가 일어나지 않았어요. 생물계는 대체로 미생물이 모인 점액이 곳곳에 널려 있는 세계였지요.」산소가 없는 곳에서도 살아가는 이 혐기성 미생물은 바다에서 살다가 육지로 올라와 살아가기 시작했고, 암석을 갉아 먹으면서 땅속 깊은 곳까지 들어갔다. 하지만 「그때 정말로 놀라운 일이 일어났지요」라고 내가 설명했다. 「한 미생물이 아주 환상적인 것을 발견했어요. 물을 이용해 에너지를 얻는 방법을 발견한 것입니다.」

물속에는 이론적으로 생명체가 에너지를 모으는 데 사용할 수 있는 전자가 들어 있다. 하지만 그러려면 마술 같은 화학의 재주가 필요하다. 먼저 전자를 얻기 위해 물 분자를 분해해야 하는데, 이것은 결코 쉬운 일이 아니다. 여기에는 특별한 촉매가 필요하다. 그런 다음, 햇빛을 이용해 전자 자체의 에너지를 끌어올려야 한다. 전자를 사용하는 데 필요한 화학적 경로를 만들어

내는 과정에는 유전자 혼합과 짝짓기가 필요했다. 생명체가 10억 년 동안이나 이 문제에서 별다른 진전을 이루지 못한 이유는 여기에 있을지 모른다. 물을 사용해 태양 에너지를 얻는 세균의 탄생에, 적합한 생화학적 마법이 우연히 발견되기까지 그만큼 오랜 시간이 걸렸기 때문이다. 이 새로운 생물은 산소를 생산한 최초의 광합성 생물이었다. 이들은 햇빛과 물을 사용해 지구 곳곳에서 성장하고 증식해 갔다.

택시 기사는 주의 깊게 경청했다. 「그런데 왜 물인가요? 물은 어디에나 있잖아요. 그러니 구하기도 매우 쉬웠을 텐데요.」

「햇빛도 마찬가지지요.」 내가 설명을 계속 이어 갔다. 지구 표면 위에서 살아가는 한, 햇빛은 어디에나 비친다. 물의 경우, 지표면의 약 4분의 3이 물로 덮여 있다. 바다와 호수, 강, 연못은 이전에 생명체의 접근이 제한돼 있었던 황화수소나 수소 거품보다 훨씬 풍부한 양의 물을 제공한다. 이전의 에너지원인 황화수소나 수소는 아주 드물지는 않았지만, 그런 기체가 스며 나오는 화산 지대의 웅덩이나 심해 열수 분출공 근처에 있어야만 얻을 수 있었다. 혹은 누가 나보다 먼저 그것을 먹어 치울 수도 있었다. 하지만 물은 어디에나 있었다.

최초의 광합성 생물이 자신의 특별한 능력을 발견한 직후에는 경쟁자가 아무도 없었다. 기체를 섭취하는 미생물이 계속 살아남았지만, 전 세계에 공짜 식사가 널려 있는 생명체를 이길 수는 없었다. 이 새로운 미생물인 남세균은 매우 빠르게 모든 수역으로 퍼져 나가면서 위대한 진화의 길을 걸어갔다. 남세균은 자신을 집어삼킨 다른 세포들과 동맹을 맺어 조류가 되었다. 시간이 지나자 조류는 식물로 진화했고, 결국 장미와 산딸기 등으로 분화하면서 육지를 정복해 갔다. 육지와 바다에서 햇빛으로 광합성을 하는 모든 녹색 생명체는 수십억 년 전에 물이 전자의 원천이라는 사실을 발견한 조상 덕분에 존재하게 된 것이다. 하지만 남세균이 원시 지구에서 각자 자기 방식대로 살아가던(증식과 복제, 대사를 하면서) 단세포 생물 중 하나에 불과했던 초기 시절로 다시 돌아가 보자.

「여기서 놀라운 일이 일어났어요.」 내가 택시 기사에게 말했다. 「이 새로운 생명체는 그저 또 하나의 미생물에 불과한 게 아니었어요. 필요한 영양분을 얻기 위해 물을 분해하고 햇빛을 흡수하는 과정에서 노폐물이 발생했지요. 그 노폐물은 바로 산소 기체였습니다. 작은 호수와 바다 표면 곳곳에 이 산소 기체가 축적되기 시작했지요.」

이 축적 과정에는 오랜 시간이 걸렸는데, 한 가지 이유는 산소 기체가 사라지는 경향이 있었기 때문이다. 초기의 대기에는 화산에서 나온 화합물이 가득했는데, 반응성이 높은 이 화합물 사이에서 산소는 오래 살아남지 못했다. 산소 기체는 메탄과 수소 같은 기체와 반응하면서 대기에서 사라져 갔다. 심지어 바닷물 속에 포함된 철도 산소 기체를 게걸스럽게 잡아먹는 습성이 있었다. 산소를 배출하는 미생물은 꾸준히 자기 할 일을 했지만, 주변 세계에는 거의 아무런 영향도 미치지 못했다.

오늘의 택시 여행은 지구 초기의 사건 현장으로 시간 여행을 떠나는 것과 같았다. 집으로 돌아가는 여정에서 각각의 1킬로미터 구간은 지구 역사에서 10억 년의 시간에 해당한다고 볼 수 있다. 교도소 문에서 막 나온 순간은 지구가 막 생겨난 시점이고, 고지 로드에 이르렀을 때에는 미생물이 물을 분해하는 방법을 알아낸 시점이며, 헤이마켓에 도착했을 때에는 대기 중에 산소가 크게 증가하여 지구가 동물이 살기에 적합한 환경으로 변하던 시점에 해당한다.

하지만 이 이야기는 동화처럼 꾸며낸 이야기가 아닐까? 내가 한 이야기가 사실인지 어떻게 아는가? 그 답은 일종의 시간 여행에 있다. 진짜 타임머신이 있는 것은 아니지만, 지질학자는 우회적인 방법으로 시간 여행을 할 수 있다. 지질학자는 암석을 파내어 거품이 부글거리고 운석 구덩이가 생기던 초기 지구에 어떤 종류의 광물이 존재했는지 확인할 수 있다. 이 광물들에는 그 당시의 대기 중에 어떤 기체 성분이 있었는지 알려 주는 단서가 들어 있는데, 광물은 어떤 기체에 노출되었느냐에 따라 행동 양상이 다르기 때문이다. 예를 들어 산소에 노출된 암석은 산화물을 생성하는 경향이 있다. 이것은 사실상 암석에 녹이 스는 것과 같다. 산소는 암석을 마구 공격하는 성향이 있어 암석은 자전거 금속처럼 녹이 슨다.

이제 시간 여행의 요소를 살펴보자. 오랜 세월이 지나면, 산화된 광물은 지표면에서 이동하는 모래 아래에 묻히게 된다. 수십억 년 뒤에 지질학자가 땅속에서 그 암석을 파내면, 그것은 타임캡슐이 된다. 이 암석들을 조사하면, 먼 옛날에 이 암석이 어떤 종류의 기체로 둘러싸여 있었는지 알아낼 수 있으며, 그 당시에 지구에서 어떤 일이 일어났는지 중요한 단서를 얻을 수 있다. 여기서 알아낸 한 가지 사실은 약 25억 년 전에는 이러한 산화 광물이 어디에서도 그다지 풍부하게 존재하지 않았다는 것이다. 대신에 그 당시에 흔하게 존재한 광물들은 산소가 부족한 대기에서 생기는 것들이었다. 다시 말해서, 깊은 땅속에서 파낸 25억 년 이전의 암석 표본(이 경우에는 대용물proxy이라 부르는 표본)에서는 산화된 암석이 거의 발견되지 않지만, 그 이후의 암석에서는 많이 발견된다. 이를 통해 초기 지구에는 오늘날 우리가 너무나도 당연하게 여기는 산소가 사실상 존재하지 않았다는 사실을 알 수 있다.

산소는 그보다 나중에 또 하나의 중요한 사건 덕분에 나타났다. 남세균이 산소를 만들어 냈을 때 대기와 바다의 철이 그것을 흡수했다고 한 이야기를 기억하는가? 하지만 높은 반응성으로 산소와 결합하는 화학 물질도 결국에는 거의 다 소모되어 계속 생산되는 산소를 더 이상 흡수할 수 없게 되었다. 그래서 산소가 대기 중에 쌓이기 시작했다. 그러거나 말거나 남세균은 존재하는 모든 곳에서 산소 기체를 계속 내뿜었다. 얼마 지나지 않아 대기 중의 산소 농도가 증가하기 시작했다.

이 이야기만 들으면 이 과정이 아주 단순하게 일어난 것처럼 보이지만, 실제로는 그렇지 않다. 만약 실제로 그렇게 단순하게 일어났다면, 지질학적 증거는 오늘날 발견되는 것과는 다소 달라야 한다. 만약 이 역사에 내가 위에서 설명한 것 외에 다른 사건이 없었다면, 산소 고정 반응이 점점 느려지고, 미생물이 점점 더 많은 기체를 계속 공급해 대기 중의 산소 농도가 꾸준히 증가했을 것이다. 하지만 대용물 표본이 알려 주는 이야기는 그렇지 않다. 대신에 산소 농도의 증가는 매우 빠르게 증가했는데, 적어도 지질학적 척도에서 볼 때에는 그렇다. 지구는 산소가 거의 없던 행성에서 빠르게 산소가 많이 존재하는 행성으로 변했는데, 그 최대 농도는 현재 산소 농도의 10퍼센트에 이르렀다. 이것은 갑자기 일어난 큰 변화였는데, 뭔가가 급진적인 사건이 일어나 균형을 깨뜨린 것이 틀림없다.

산소 농도 증가의 촉매 역할을 한 것이 정확하게 무엇인지는 과학자들 사이에 논란이 되고 있다. 그럼에도 불구하고, 실제로 어떤 스위치가 작동했고, 지구의 대기는 약 25억 년 전에 결정적 전환이 일어나 산소가 풍부해졌다. 이 새로운 상태는 약 18억 년 동안 지속되었다. 그러고 나서 대규모 산소 공급이 또 한 번 일어났다. 약 7억 년 전에 산소 농도는 오늘날과 비슷한 수준으로 갑자기 치솟았다. 이번에도 이 갑작스러운 변화의 이유는 완전히 밝혀지지 않았다. 하지만 이를 통해 지구는 오늘날과 비슷한 모습을 갖추게 되었다.

「그렇군요.」택시 기사가 말했다.「그렇게 해서 산소 기체가 생겨났군요. 그래서 동물과 당신과 내가 지금처럼 산소 기체를 사용할 수 있게 되었군요. 이제 알겠어요.」

「흥미로운 사실은 산소가 그저 오래된 기체가 아니라는 것입니다. 우리가 하는 모든 일에 산소를 사용해 동력을 공급할 수 있는 이유는 산소가 매우 강력한 산화제이기 때문입니다. 우리는 모닥불을 피우거나 바비큐를 할 때마다 이 사실을 확인하지요. 신문지와 석탄은 불탈 때 산소를 산화제로 사용해 에너지를 방출합니다. 생명체도 이와 똑같은 반응을 사용해 에너지를 얻습니다.」

생명체에서도 바비큐를 할 때와 같은 반응이 일어난다는 말은 문자 그대로 그런 뜻이다. 우리 몸에서도 모닥불이 탈 때와 똑같은 화학적 변화가 일어나는데, 이를 통해 유기 물질(고기나 피클처럼 우리가 먹는 음식물)이 산소와 결합해 연소한다. 우리 몸과 모닥불의 큰 차이점은 세포 안에서 이 반응이 제어된 상태로 일어난다는 점이다. 만약 이 반응이 적절히 제어되지 않는다면, 우리 몸은 자연 발화가 일어나 활활 타고 말 것이다.

「결국 우리는 이 산화 반응에서 많은 에너지를 얻는 거로군요.」 택시 기사가 핵심을 찌르며 결론을 내렸다.

「맞습니다. 모닥불이 보여 주듯이, 산소 중에서 뭔가를 태우면 엄청난 양의 에너지가 나오죠. 생명체가 이 방법을 알아냈을 때, 초기 지구의 미약한 기체와 암석으로 할 수 있는 것보다 훨씬 많은 양의 에너지를 생산하는 반응을 손에 쥐게 되었죠. 남세균은 물을 분해해 에너지를 얻는 놀라운 발견을 했고, 그 노폐물로 산소를 뱉어 내면서 에너지 혁명을 가져왔지요.」

그 결과는 엄청난 것이었는데, 새로운 산화제는 생명의 거대한 확장을 가능하게 했기 때문이다. 무엇보다 중요한 사실은 새로운 에너지원 덕분에 생명체의 몸이 더 커지게 되었다는 점이다. 세포들이 협력하여 더 큰 구조를 만들게 되었다. 결국 여러분과 나를 탄생시킨 다세포 생물과 동물의 출현은 약 5억 5000만 년 전의 화석에서 분명히 나타나기 시작한다. 많은 사람들은 결국에는 골격을 가진 동물의 출현을 포함한 생물의 개화가 이 시기 직전에(다시 한 번 말하지만, 어디까지나 지질학적 척도에서) 일어난 산소 농도 증가와 밀접한 관련이 있다고 생각한다.

몸 크기와 진화는 매우 밀접한 관계에 있다. 몸집이 커진다는 것은 새로운 것을 의미한다. 그것은 새로운 능력, 즉 주변 생태계를 비롯해 그 안의 다른 동물들과 상호 작용할 새 기회가 생긴다는 것을 의미한다. 중요한 점은 몸집이 커지면 다른 동물을 잡아먹을 수 있다는 사실이다. 다소 불쾌한 이 행동의 대상이 되는 동물도 몸집을 불렸는데, 포식 동물의 먹이가 되는 것을 피하는 데 도움이 되었기 때문이다. 또, 더 큰 동물일수록 번식하고 유전자를 퍼뜨리는 데 유리했다. 산소는 크기와 복잡성의 군비 경쟁을 촉발시켰다.

그 결과로 캄브리아기 폭발이 일어났는데, 이것은 지질 기록에서 갑자기 복잡한 동물의 화석이 많이 발견되는 시기를 가리킨다. 흔히 동물이 나타나기 시작한 시기가 캄브리아기라고 혼동하지만, 그 직전의 에디아카라기* 화석 기록에서도 팬케이크와 양치식물 잎처럼 생긴 기묘한 동물이 발견된다. 하지만 캄브리아기는 동물이 처음 등장한 시기가 아니라 하더라도, 몸 크

* 선캄브리아 시대의 마지막 기로, 캄브리아기 직전의 지질 시대.

기 증가와 골격을 가진 동물의 출현을 포함해 중요한 진화적 발전이 일어난 시기였다. 골격은 암석 속에 화석으로 잘 보존되기 때문에, 이 시기에 동물의 수가 〈폭발적으로〉 증가했다는 사실을 알 수 있다.

캄브리아기 폭발 동안 동물들은 단지 몸집만 커진 게 아니었다. 에너지를 더 많이 축적함에 따라 먹이 사슬도 더 길어졌다. 한 동물이 다른 동물을 잡아먹는가 하면, 자신도 다른 동물에게 잡아먹히고, 자신을 잡아먹은 동물이 다시 다른 포식자의 먹이가 되기도 했다. 이러한 먹이 사슬은 더 복잡해지고 더 에너지 집약적으로 변하면서 더 광범위하게 퍼져 갔다. 사실, 생물들 간의 의존 관계는 더 강하고 복잡한 동물이 자신보다 한 단계 아래 동물을 잡아먹는 식으로 완전히 위계적으로 작동하지 않기 때문에, 먹이 사슬이란 용어는 정확한 은유라고 할 수 없다. 캄브리아기에 실제로 나타난 것은 서로 교차하는 수많은 생명의 그물에 가까웠다. 그래서 이 짧은 변화 순간을 거치면서 수십억 년 동안 미생물 집단의 점액만 존재했던 생물권에 많은 생물이 생겨났고, 그 후손들이 오늘날 우리가 알고 있는 세상을 뒤덮고 있다. 개와 잠자리, 개미핥기, 땅돼지의 탄생을 가능하게 한 것은 바로 산소였다.

그래서 우리가 에든버러 교도소를 떠난 지 약 20분 뒤에 브런츠필드 플레이스에 도착했을 때, 산소 기체의 농도 증가가 두 번째로 일어났고, 동물들이 지구 점령에 나서 물속에서 어른거리며 퍼져 나가는 동시에 계속 진격해 육지에까지 상륙했다. 택시 기사는「그 상황은 우리에게도 필요했을 것 같군요. 우리도 많은 에너지가 필요하니, 산소 농도의 상승은 우리의 출현에도 도움이 되었겠군요」라고 말했다.

「우리 뇌는 이 모든 것과 밀접한 관련이 있습니다.」나는 그의 말에 동의했다.「뇌가 작동하려면 일반 전구의 소비 전력보다 적은 약 25와트의 에너지가 필요합니다. 나는 학생들에게 우리 모두가 상당히 어두침침하다는 사실을 상기시키길 좋아하지요. 어쨌든 우리 몸은 달리고 점프를 하고 깡충 뛰려면 약 75와트의 에너지가 필요합니다. 따라서 우주선을 만들고 인터넷에서 고양이 동영상을 볼 수 있는 지능을 유지하려면, 약 100와트의 에너지가 필요합니다. 이것은 현대 가정에 필요한 전력에 비하면 별것 아닌 것처럼 보일 수 있지만, 생명체에게는 결코 적은 양이 아닙니다. 산소가 이것을 가능하게 하지요.」

따라서 산소는 우리가 많은 에너지를 사용하는 생명체가 되게 해주지만, 산소는 과연 꼭 필요할까? 이것은 중요한 질문이다. 산소가 없었다면, 생물의 번성과 지능의 출현이 가능했을까? 두 번째 산소 농도 증가의 결과로 동물이 출현한 것은 우연의 일치일지도 모른다. 산소가 없어도 복잡한 생물권이 나타날 수 있었으리란 것은 의심의 여지가 없다. 하지만 그런 상황을 상상하기는 다소 어렵다. 우선 암석을 먹고 살려면, 항상 암석을 찾으러 다녀야 하는데, 그것은 매우 불편해 살아갈 수 있는 장소와 서식지 범위가 제한된다. 반면에 산소는 대기 중에 거의 어디나 존재한다. 어느 장소에서건, 산소를 들이마실 수 있다. 황화수소처럼 다른 기체도 같은 일을 할 수 있지만, 거기서 얻을 수 있는 에너지가 산소보다 훨씬 적다. 그 결과로 많은 일을 할 수 없거나, 25와트의 뇌를 유지하려면 먹는 데 엄청나게 많은 시간을 써야 할 것이다. 하지만 하루 종일 먹는 데 시간을 보내는 것은 그다지 효율적인 삶이 아니다. 즉, 사냥하고 식물을 재배하고 음식을 먹느라고 있는 시간을 다 보내게 될 것이다.

완전히 확실하다고 말할 수는 없지만, 동물의 출현과 그에 이은 지능 생명체의 출현은 산소 농도의 증가에서 비롯된 것으로 보인다. 이것이 현재로서는 가장 합리적인 가설이다. 이 가설이 옳다면. 왜 세상이 그렇게 오랫동안 미생물의 생활 방식에 머물러 있었는지 그 이유도 설명할 수 있다. 만약 동물이 미생물에서 필연적으로 진화해야 할 결과물이고, 산소 부족이 그 진화 과정에 아무런 제약이 되지 않는다면, 왜 동물은 수십억 년 더 일찍 나타나지 않았을까? 그토록 오랜 세월 동안 지구에 오직 미생물만 존재했다는 사실은 무언가가 진화의 발목을 잡고 있었다는 것을 암시한다. 산소 농도 증가가 생명의 복잡성 혁명에 방아쇠를 당겼다는 가설은 에너지 관점에서 볼 때 충분히 일리가 있다.

흥미롭게도 더 크고 더 유능한 동물이 출현하기 전인 약 7억 년 전에 일어난 두 번째 산소 증가 사건은 마지막이 아니었다. 약 3억 5000만 년 전에 대기 중 산소 농도는 약 35%까지 치솟았다가 약 1억 년 뒤에 현재와 비슷한 수준으로 떨어진 것으로 보인다.

여기서 여러분은 산소 농도가 더 높아졌으니 더 큰 동물이 등장하지 않았을까 하고 생각할 수 있다. 공기 중에 산소가 더 많으면, 더 많은 에너지를 얻을 수 있을 것이기 때문이다. 대다수 곤충처럼 확산에 의존해 산소를 얻는 동물의 경우에는 그럴 수 있다. 대다수 곤충은 산소를 적극적으로 펌프질해 몸속 깊숙이 집어넣을 수 없기 때문에(개중에는 바퀴벌레처럼 배를 접으면서 산소를 펌프질하는 곤충도 있긴 하다), 기체가 좁은 통로를 통해 해부학적 구조의 가장 깊숙한 곳까지 스며드는 방식에 의존해 호흡을 한다. 대기 중 산소 농도가 증가하면, 산소가 다 소모되기 전에 몸속으로 더 깊이 확산되어 그 결과로 곤충의 몸집이 더 커질 수 있다.

실제로 이 가설을 뒷받침하는 증거가 있다. 화석 기록을 보면, 3억 년 전에 거대한 곤충들이 등장하는데, 그중에는 거대한 잠자리도 있었다. 멸종한 메가네우라는 날개폭이 1미터가 넘었는데, 강력한 포식자였을 것이다. 석탄기의 거대한 숲을 날아다니다가 덤불 속으로 급강하하면서 다른 곤충과 심지어 네 발 달린 최초의 파충류까지 잡아먹었을 것이다. 길이가 1미터가 넘는 기괴한 노래기나 지네도 이 시기에 지구 곳곳에 살았는데, 먹이를 찾아 무수히 많은 기다란 다리로 바스락거리는 소리를 내면서 숲 바닥을 돌아다녔다.

고질라처럼 거대한 몸집으로 성장할 수 있었던 이 곤충들은 산소 폭식의 산물이었을까? 직관적으로는 그럴듯해 보이지만, 일부 과학자들은 이의를 제기한다. 더 많은 산소는 더 많은 에너지를 공급했겠지만, 해로운 자유 라디칼(생명의 필수 분자들을 분해할 수 있는 활성 산소)도 더 많이 만들어 냈을 것이다. 따라서 대기 중의 산소 농도가 증가하면, 곤충 같은 수동적인 호흡을 하는 동물은 더 커지는 대신에 오히려 더 작아질 수 있다는 주장도 나올 수 있다.

때로는 그럴듯한 이야기는 무시하기가 어렵고, 산소에서 에너지를 얻는 거대한 잠자리는 분명히 매력적이다. 진실이야 무엇이건, 과학자들은 대체로 지구에서 생명체의 진화를 설명하는 데 산소가 중심적 역할을 한다고 믿는다. 산소는 진화를 유발한 용의자 선상에 항상 오르는데, 중요한 사건들이 일어난 모든 현장에서 늘 목격되었기 때문이다. 이 모든 생명의 이야기에서 범행이 일어나던 날 밤에 목격된 자는 누구인가? 바로 산소였다!

이 모든 것은 외계인 이야기와 관련이 있다. 산소에 대한 이러한 집착은 천문학자들이 왜 다른 행성에서 산소를 찾는 데 특별한 관심을 보이는지 그 이유를 설명해 준다. 외계 행성의 대기에서 산소가 발견된다면, 그리고 이 산소가 지질학적 과정에서 생겨난 것이 아니라면, 생명의 진화를 뒷받침하는 결정적 증거를 찾은 셈이다. 산소의 존재가 동물이나 지능 생명체의 존재를 증명하는 것은 아닌데, 산소가 풍부하더라도 복잡한 생명체가 번성하기 이전의 지구와 같은 상태에 머물 수 있기 때문이다. 하지만 외계 행성의 산소는 동물과 뇌가 진화할 잠재력이 있는 세계를 시사한다. 산소 농도가 높은 행성이 많이 발견된다면, 그중에서 지구와 같은 생물권을 가졌거나 어쩌면 지능 생명체가 진화한 행성이 한두 개 존재할 가능성이 높다. 만약 산소 농도가 높은 외계 행성이 거의 발견되지 않는다면, 산소를 사용하는 지능 생명체가 드물다고 추정할 수 있다.

집에 도착해 요금을 지불하면서 우리의 시간 여행은 끝났다. 지구는 우리가 의존해 살아가고 있는 현재의 대기를 갖게 되었다. 나는 차에서 내려 택시 기사에게 고맙다는 인사를 하고, 차가운 신생대의 공기를 한 모금 음미하며 들이마시고 나서 내 갈 길을 갔다.

제17장
생명의 의미는 무엇인가?

교도소에서 교육용 강연을 하기 위해
글래스고행 기차를 타러 헤이마켓으로 가는 택시 여행

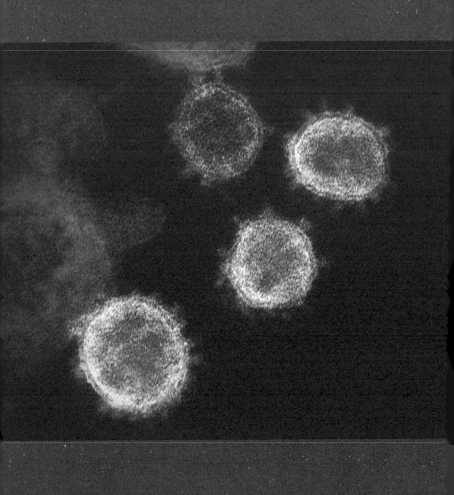

코로나 바이러스(SARS-CoV2)는 그 자체만으로는 폭이 약 100나노미터인
무해한 비활성 분자 덩어리이다. 하지만 세포 속으로 들어가면, 복제를 시작
하면서 전 세계적인 팬데믹을 초래한다. 이 바이러스는 생명체의 한 예일까,
아니면 생명체가 아닌 다른 것일까?

우주 탐사만큼 경이로움을 불러일으키는 것도 드물다. 요즘 어린이들에게는 먼 옛날의 역사처럼 들리겠지만 달 표면을 거닐닐 암스트롱의 달 여행에서부터 화성 표면을 돌아다닌 화성 탐사차의 모험에 이르기까지, 우주 탐사에는 우주 연구의 과학적 목적을 잘 모르는 사람들에게도 영감을 줄 수 있는 것이 많다. 우주의 광활함, 저 밖의 어딘가에 생명체가 존재할 가능성, 지구 밖의 세계에서 펼쳐질 인류의 미래에 대한 흥분은 그것 말고는 공통점이 거의 없을 것 같은 사람들의 마음을 사로잡는다. 우주에는 모든 사람의 마음을 끄는 것이 있다. 설령 그것이 그저 흥밋거리에 불과하더라도 말이다.

앞장에서 간략하게 언급한 재소자 교육 프로그램인 라이프 비욘드를 2016년에 시작할 때, 나는 이 점을 염두에 두고 있었다. 스코틀랜드 교정국과 파이프 칼리지와 협력해 진행한 라이프 비욘드는 재소자들을 미래의 우주 정착민 입장에서 생각하고 행동하게 한다. 참가자들은 달과 화성의 기지를 설계하는

데, 이것은 과학과 예술을 비롯해 그 밖의 다양한 관심사와 직업과 관련이 있는 활동이다. 참가자들은 기지 모형을 그리고, 화성에서 보내는 가상의 이메일을 작성하고, 달의 블루스 음악을 작곡했다. 이 과정에서 재소자들은 다른 행성에 정착하려는 우리의 야심 찬 계획에 기여했다. 이들의 설계를 담은 책이 두 권 출판되었고, 이들의 성과는 국가적인 상과 우주 비행사들의 찬사를 받았다. 개인적으로는 재소자들과 함께 일하면서 큰 보람을 느꼈는데, 이 일은 학계의 기대를 뒤로하는 대신에, 이 프로그램이 아니었더라면 우주 생물학자로 살아가는 나의 삶에 관여할 길이 전혀 없는 사람들을 위해 기여할 수 있는 기회였다.

나는 과학에 관한 강연을 많이 하지만, 이날은 교도소에 관련된 일을 할 예정이었다. 나는 프로젝트 지원에 관심이 있는 동료들과 라이프 비욘드에 대해 논의하기 위해 글래스고로 향했다. 검은색 택시 뒷좌석에 올라타자마자 수다스러운 사람을 만났다. 이건 늘 있는 일이다. 과묵한 택시 기사도 있지만, 수다를 떨기 좋아하는 택시 기사도 많다. 40대로 보이는 이 열정적인 남자는 즉각 말을 하기 시작했다. 「참 재미있는 세상이에요. 오늘 아침에는 불교 수업에 가는 한 여성을 태워다 주었지요. 그녀는 동물에게도 영혼이 있다는 이야기를 했어요. 우리는 모두 환생했기 때문에, 다음 생을 기다리는 것 외에는 아무 의미가 없다고 했지요.」

그것은 내가 보낼 하루 일과와 전혀 무관한 이야기는 아니었다. 그 목적은 무엇인가? 왜 나는 교도소에서 화성 기지를 설계하고 있는 것일까? 왜 나는 누군가 이 일을 해야 한다고 생각할까? 왜 나는 화성에 가는 것이 우리 문명의 가치 있는 목표라고 생각할까? 내가 무슨 특별한 목적이 있어서 재소자들에게 우주 탐사에 관심을 갖게 한 것은 아니지만, 그것이 내 시간을 가치 있게 쓰는 활동이라고 느꼈다. 생명 자체에는 목적이 없다는 게 나의 오랜 믿음이다. 생식과 변이의 순환, 진화의 여정은 그저 일어날 뿐이고, 우리는 이 돌연변이의 롤러코스터를 타고 있다. 그것은 그냥 그렇다. 나는 택시 기사의 생각이 궁금했다.

그래서 「당신은 어떻게 생각하나요? 생명의 목적이 무엇이라고 생각하나요?」라고 물었다.

「그건 생명이 무엇을 뜻하느냐에 따라 달라지죠. 그러니까 우리는 실제로 무엇인가요?」그의 답변은 단순하면서도 심오한 의미를 품고 있었다. 〈생명〉이라는 단어가 실제로 의미하는 바는 무엇일까? 이 질문은 우리를 흥미로운 주제로 이끈다.

〈생명life〉은 수많은 의미를 가진 단어 중 하나이다.* 이 단어는 수천 년 동안 우리를 깊은 고민에 빠뜨렸다. 우리 모두는 생명의 목적이 무엇이냐는 질문을 붙잡고 씨름한다. 일상적인 차원에서 생각할 때, 우리는 생계를 유지하면서 살아가려면 이 질문에 답해야 한다. 목적에 관한 큰 질문은 좀 더 구체적인 질문으로 축소된다. 어떤 일을 해야 할까? 어디에서 살아야 할까? 이 질문들은 〈생명〉이라는 단어가 일상 경험 속에서 구체적으

* life는 생명 외에도 삶이나 인생이라는 뜻을 지니고 있다. 그러니 이 장에서 이야기하는 생명은 맥락에 따라 삶이나 인생으로 해석해야 자연스러운 것도 있다.

로 표현된 것이다. 이 질문들은 존재의 의미를 확립하려는 충동과 필요를 세속적인 표현으로 구체화한 것이다.

그런데 이러한 일상적인 관심사들 아래에서 해류처럼 끊임없이 흐르면서 끌어당기는 것이 있는데, 그것은 바로 이 단어의 더 깊은 의미이다. 일반적인 생명의 목적은 무엇일까? 우리는 차갑고 계산하지 않는 우주나 전지전능한 신이 결정한 운명의 파도에 올라탄 승객일까? 아니면 의도나 방향도 없이 날이면 날마다 작동하는 맹목적인 진화의 결정론만 존재할까? 만약 우리의 존재에 관해 순전히 결정론적인 견해를 받아들인다면, 우리는 자신의 목적을 만들어 내고 믿음으로써 개인으로서 그리고 문명으로서 자신의 삶에 의미를 부여할 수 있을까?

하지만 택시 기사가 내게 생명이 무엇이냐고 물었을 때 염두에 둔 것은 이 여러 가지 버전의 삶 중 어느 것도 아니었을 것이다. 그가 생각한 것은 벌레와 달팽이, 표범, 사람에 관한 흥미로운 질문이었다. 그는 우리가 생명이라고 부르는 물리적 물질에 대해 생각하고 있었다. 이 모든 것은 무엇일까? 생물과 단순한 물체의 차이점은 무엇일까? 즉, 살아 있는 생물과 살아 있지 않은 무생물의 차이점은 무엇일까?

이 질문 역시 아득히 먼 옛날부터 물에 잠긴 암초처럼 사상가들의 마음을 계속 좌초시켰다. 아무리 물리적 실재에 완전히 집중하려고 노력하더라도, 아무리 객관적이고 환원주의적 태도를 유지하려고 하더라도, 생명에는 테이블이나 의자와 구별되는 무언가가 들어 있다는 느낌을 지울 수 없었다. 우리가 살아 있다고 생각하는 물체를 구체화하고 활력을 불어넣는 그 본질은 무엇일까?

오늘날 우리가 생각하는 원자와 원소에 대한 개념이 등장하기 전에 고대 그리스인은 생명에는 특별한 성분이 있다고 확신했다. 이것은 우주를 이루는 기본 요소에 관한 이론을 통해 쉽게 설명할 수 있다. 기원전 5세기에 활동한 철학자 엠페도클레스Empedocles는 다양한 물체가 서로 다른 재료로 만들어진 이유를 설명하기 위해 만물이 공기와, 물, 흙, (그리고 가장 중요한) 불의 네 가지 원소로 이루어져 있다는 기발한 개념을 생각했다. 그리고 이 네 가지 원소의 혼합을 통해 바다와 육지에서부터 테이블과 수레에 이르기까지 다양한 종류의 물질이 만들어진다고 주장했다. 생명도 전혀 불가사의한 존재가 아니었다. 불이 더해지면서 생명은 활기차고 예측할 수 없는 기질을 갖게 된다고 보았다.

아리스토텔레스도 비슷한 생각을 했다. 그는 우주 만물이 질료matter로 이루어져 있다고 생각했다. 그는 올바른 길을 가고 있었다. 그의 질료 개념은 현대의 물질 개념과 비슷하다. 하지만 이 질료에 더해 형상form이라는 신비한 물질이 또 존재했고, 형상은 영혼으로 이루어져 있다고 했다. 질료가 생각을 할 수 있도록 만드는 것이 바로 영혼이다. 영혼이 조금만 있으면 식물이 되고, 조금 더 많이 있으면 동물이 된다. 그리고 가장 많이 가진 존재가 의식을 가진 사람이다. 이 두 가지 견해(아리스토텔레스와 엠페도클레스, 그리고 그 밖의 많은 학자들이 주장한)의 바탕에는 생물과 무생물 사이에는 절대적인 차이가 존재한다는 확고한 신념이 자리 잡고 있다.

하지만 17세기가 되자, 생물과 무생물의 차이는 설령 존재한다 하더라도 그렇게 기본적인 차이가 아니라는 사실이 점점 더 분명해졌다. 이 무렵에 화학자들은 더 신중하고 체계적으로 실험을 하기 시작했고, 이런 노력을 통해 원소들의 속성이 밝혀졌다. 물질을 으깨거나 부수고, 가열하거나 냉각하고, 빛을 비추거나 반응을 시키면서 수백 년에 걸친 노력 끝에 개나 테이블이나 다 같은 물질로(탄소와 수소, 산소 등의 원소들로) 이루어졌다는 사실이 밝혀졌다. 세상의 모든 것은 동일한 원자와 동일한 아원자 입자로 이루어져 있었다. 생물과 무생물 사이에는 번득이는 한 줄기 빛도 없었고, 심지어 경계선도 없었다. 화학자들의 시험관에서는 불 원자나 영혼 같은 것이 전혀 나타나지 않았다. 이 모든 사실은 다소 불편했다.

물질의 평범성에서 벗어나려면 새로운 것이 필요했다. 생명에 숭고한 자리를 부여하길 갈망하던 사람들은 아리스토텔레스의 영혼을 엘랑 비탈élan vital*로 바꾸어 해석했는데, 그럼으로써 우리와 동료 생물들을 주기율표에 조직된 원자들의 집합체에 불과한 존재라는 불명예로부터 구하려고 시도했다. 이 특이한 성분이 무엇인지 설명하는 이론을 제시하려는 괴짜 과학

---

* 〈생명의 약동〉이란 뜻으로, 생명의 내부에서 분출되는 힘을 뜻한다. 프랑스 철학자 앙리 베르그송Henri Bergson이 주장한 개념으로, 그는 이 힘을 생명의 근원이라고 규정했다.

자와 진지한 과학자가 넘쳐 났다. 어쩌면 일종의 전기가 생명의 불꽃을 불어넣어 생명을 탄생시켰을지도 모른다. 그들은 동물 기관에 새로운 전기 장비를 붙이는 야만적이고 놀라운 실험을 통해 이 생명력의 본질을 발견할 수 있을 것이라고 생각했다. 하지만 수많은 추측이 넘실거린 바다에서 건져낸 것은 결국 아무 것도 없었다. 무생물에 없는 것이 생명에 있다는 것을 발견한 실험은 하나도 없었다.

하지만 생기론(生氣論)vitalism의 실패에도 불구하고, 생물과 무생물 사이의 절대적 차이점을 찾으려는 노력은 계속 이어졌는데, 이번에는 연구자들이 생물의 행동으로 눈을 돌렸다. 그들은 여기서 생물을 무생물을 구분할 수 있는 결정적 차이점을 분명히 발견할 수 있을 것이라고 믿었다. 길을 걸어가는 개를 보고서 〈저 개가 살아 있다고 생각하는 이유는 무엇일까〉라는 질문을 던져 보라. 혹시 갖고 있더라도 종교적 성향은 잠시 잊어버리고, 형이상학적인 미묘한 차이도 배제하고서 아주 실용적인 방식으로 스스로에게 이 질문을 던져 보라. 몇 가지 대답이 나올 수 있다. 우선, 개는 행동이 복잡하고 예측할 수 없다는 점을 지적할 수 있다. 개의 행동은 움직이지 않은 채 가만히 놓여 있고 오로지 사용과 쇠퇴에 따라 변하는 테이블과는 달라 보인다. 또 개는 번식을 한다고 말할 수 있다. 두 테이블이 합쳐져 아기 테이블이 탄생하는 이야기는 핼러윈 공포 영화에서나 나올 법하다. 그리고 두 개의 결합에서 탄생한 강아지는 비틀거리며 기어다니던 털북숭이에서 자신감 넘치는 어른으로 성장한다. 덧판을 추가하면 테이블을 더 크게 만들 수는 있지만, 테이블 자체가 성장하는 것은 아니다.

하지만 개와 테이블을 구분하는 속성들을 나열한 목록을 살펴보면, 이러한 속성 중 많은 것은 생물과 무생물을 구분하는 속성으로 일반화할 수 없다는 사실을 알 수 있다. 빙빙 도는 소용돌이를 이루어 뱀처럼 구불구불 나아가면서 주변 지역을 휘젓고 다니는 토네이도는 개와 마찬가지로 그 행동을 예측하기 어렵다. 복잡한 행동은 생물의 전유물이 아니다. 그리고 테이블은 번식을 하지 않지만, 일부 무생물은 증식한다. 화학적 재료가 담긴 용기에서 자라는 결정은 어느 정도 커지면 일부가 떨어져 나가 각자 따로 존재할 수 있는데, 이것은 번식과 비슷해 보이는 행동이다. 또한 결정을 액체 용기 속에 그대로 놓아두면, 작은 결정핵이 성장을 계속하여 주먹만 한 크기의 덩어리로 커질 수 있다.

이런 식으로 생명의 특별한 본질을 확인하기 위해 생명의 모든 특징을 나열할 수는 있지만, 그런 특징 중에 예외가 없는 것은 하나도 없다. 분명히 생화학 영역에 속하는 대사도 생물에게만 국한된 현상이 아니다. 앞에서 설명했듯이, 우리가 에너지를 얻기 위해 몸속에서 샌드위치를 〈태우는〉 것과 숲을 태우는 것은 큰 차이가 없다. 산불은 나무 같은 유기물을 산소와 결합시켜 태우고, 이산화탄소와 물을 부산물로 방출한다. 우리 몸에서도 정확하게 똑같은 화학 반응이 일어나는데, 다만 그것이 살아 있는 세포 속에서 일어난다는 점이 다를 뿐이다.

그렇다면 진화가 마지막 보루처럼 보일 수 있다. 멈출 줄 모르는 돌연변이와 선택 과정은 생물의 전유물처럼 보인다. 유전자 코드가 없으면 진화도 없다. 하지만 진화는 생태학이나 생물학에만 국한된 것이 아니라는 사실이 밝혀졌다. 일부 연구자들은 실험실에서 분자를 진화하게 하는 데 성공했다. 컴퓨터 소프트웨어도 유전자 코드와 비슷하게 초보적인 방식으로 진화하도록 만들 수 있었지만, 어떤 사람들은 이러한 프로그램은 진화한 정신이 만들어 낸 산물이므로, 분명한 무생물 세계의 진화 사례는 아니라고 주장할 것이다.

이 동전의 이면에도 눈여겨보아야 할 것이 있다. 우리가 살아 있는 생물로 생각하는 것 중에는 생물의 특성을 갖추지 못한 것도 많다. 커피 테이블은 번식하지 않으므로, 이 점은 생물 클럽에서 제외해야 할 기준으로 삼기에 충분해 보인다. 그런데 노새도 번식을 하지 않는다. 하지만 흙길에서 수레를 끌고 가는 노새를 본다면, 태어날 때부터 불임이라는 이유로 노새는 생물이 아니라는 주장을 옹호하고 싶진 않을 것이다. 당신과 나와 토끼는 또 어떤가? 우리도 번식할 수 없다. 번식을 하려면 짝이 필요하다. 들판에서 외롭게 깡충깡충 뛰어다니는 토끼는 죽어 있는 토끼이고, 운 좋게 짝을 만날 때에만 살아나 생물이 되는가? 우리는 부조리에 빠졌고, 그러면서 생명의 독특성을 선언하기 위한 전투에서 더 많은 근거를 잃었다.

앞에서 나온, 고양이 사고 실험으로 유명한 물리학자 에르빈 슈뢰딩거도 이 난장판에 뛰어들었지만, 큰 성공을 거두진 못했다. 슈뢰딩거는 생명이 주변 환경에서 에너지를 추출해 우주에서 질서를 만들어 낸다는(우리 세계에서는 주로 태양 에너지를 사용해 자신을 조립하고, 원자들을 강아지와 나무로 만드는 등의 활동을 통해) 개념을 붙들고 씨름했다. 하지만 생명이 우주의 에너지를 복잡한 기계들의 조립에 투입하는 것은 틀림없지만, 생명만 그런 일을 하는 것은 아니다. 커피 잔 속의 소용돌이, 태양 표면에서 격렬하게 요동치는 기체 덩어리에서도 복잡성이 나타난다. 우주에서 에너지가 흩어짐에 따라 그 과정에서 일시적인 복잡성이 나타난다. 그 결과로 여기서는 새끼 고양이가, 저기서는 태양풍 때문에 거대하고 아름다운 자기 왜곡이 나타난다. 창발적 복잡성emergent complexity이라는 이 보편적인 현상은 생명체에서 정교한 형태로 나타날 수 있지만, 많은 무생물에서도 동일한 물리학이 작용한다. 창발적 복잡성을 탐구한 슈뢰딩거와 그의 추종자들은 생명을 위한 왕좌를 발견할 수 없었다. 여러분은 이 모든 시도에서 절망감을 느끼는가? 어떤 것이라도 좋으니 생물을 무생물과 구분할 수 있는 특성을 찾으려는 시도는 결국 헛된 것일까? 그렇게 느끼는 사람은 여러분뿐만이 아니다. 나도 그렇게 느끼며, 그 밖에도 많은 사람들이 똑같이 느낀다.

생물과 무생물을 절대적으로 구분할 수 있는 방식으로 생명을 정의하려는 시도의 문제점은 생명이 우리가 붙잡을 때까지 기다리면서 저기에 그냥 존재하고 있는 게 아니라는 데 있다. 우리가 손으로 가리키며 〈저기 있는 저것이 바로 생명이다〉라고 말할 수 있는 물리적 존재는 없다. 오히려 생명은 우리가 직관적으로 아는 사물의 속성이며, 많은 사람들이 다양한 사물에서 이 속성을 발견했다고 주장했다. 인간이 이 용어를 발명한 것은 그것이 유용하기 때문이었지만, 이 용어가 가리키는 대상의 정확한 윤곽은 확립된 적이 없다. 이 때문에 생명은 더 쉽게 정의할 수 있는 것들과 차이가 있다. 예를 들어 금을 생각해 보자. 여러분은 금이 무엇인지 내게 쉽게 말할 수 있다. 물론 머릿속에 금방 떠오르지 않을 수도 있지만, 인터넷 검색을 통해 금이 정확하게 어떤 물질인지 알려 주는 정보를 금방 얻을 수 있다. 여러분은 내게 금의 끓는점과 원자 번호, 전자 구조를 비롯해 많은 것을 알려 줄 수 있다. 철학자는 금과 같은 대상을 〈자연종natural kind〉이라 부르는데, 그 특성이 우리가 정확하게 정의하고 열거할 수 있는 기본적인 물리적 특성에 뿌리를 둔 물체나 물질을 말한다. 그런 의미에서 본다면 생명은 자연종이 아니다.

적어도 지금은 아니다. 어떤 사람들은 언젠가는 금을 정의하는 방식으로 생명을 정의할 수 있을 것이라고 생각한다. 결국 금도 늘 자연종이었던 것은 아니다(음, 이것은 어떤 철학자에게 물어보느냐에 따라 이야기가 달라지지만, 그냥 넘어가기로 하자). 아리스토텔레스에게 금이 무엇이냐고 물었다면, 그는 질료와 형상에 대해 뭐라고 중얼거리고, 아마도 영혼과 불의 원자도 언급했을 것이다. 그러면 여러분은 그의 조언을 구하려고 아테네의 햇살 아래에 앉기 이전만큼이나 당혹스러운 표정을 감추지 못할 것이다. 하지만 시대가 변했다. 화학자들은 충분히 많은 금을 충분히 주의 깊게 쑤시고 찔러 본 끝에 마침내 금이 어떻게 만들어졌는지 알아냈다. 이제 어렵게 얻은 이 지식을 바탕으로 우리는 금의 속성을 정확하게 말할 수 있게 되었다. 이것은 생명에도 똑같이 적용될까? 아마도 생물학과 물리학이 충분히 발전하면, 언젠가는 예외와 반론을 허용하지 않는 정의를 제시하면서 생명이 정확하게 무엇인지 말할 수 있게 될 것이다.

하지만 다른 가능성도 있다. 우리는 결코 생명을 제대로 정의하지 못할 수도 있다. 만약 내가 여러분에게 금 대신에 테이블에 대한 정의를 말해 보라고 한다면, 어떤 일이 벌어질까? 여러분은 〈물건을 올려놓는 일종의 가구〉라는 식으로 대답할 수 있을 것이다. 그리고 나서 작은 테이블과 아주 비슷해 보이는 스툴 사진을 보여 주면서 짓궂은 표정을 지으면 어떻게 될까? 여러분은 〈음······〉 하고 말문이 막힐 수 있다. 그렇다, 실제로 〈음······〉 하는 말밖에 나오지 않을 수 있다. 그러면 우리는 테이블이 무엇이냐를 놓고 몇 시간 동안 논쟁을 벌일 수도 있고, 아마도 스툴과 의자가 무엇인지에 대해, 그리고 커피 테이블에 앉으면 그것이 의자가 되는가를 놓고 논쟁이 다른 쟁점으로 번져 갈 수도 있다. 왜 우리의 대화가 이렇게 막다른 골목에 이르렀을까? 그 이유는 간단하다. 〈테이블〉이라는 단어는 금처럼 특정 원소나 원자 구조를 가리키는 것이 아니라, 어떤 속성을 공통적으로 가진 물체들을 가리키기 위해 인간이 만들어 낸 단어이기 때문이다. 비록 여러분의 주방에 있는 식탁과 여왕의 국빈 만찬 테이블 사이에는 큰 차이가 있겠지만, 이 물체들, 즉 대부분의 테이블은 우리 모두가 아주 분명하게 알아볼 수 있는 대상이다. 하지만 주변을 살펴보면, 〈테이블〉이라는 단어가 많은 수수께끼와 모순을 포함한 언어적 편의에 불과하다는 것을 놀랍도록 단순하게 보여 주는 물체를 많이 발견할 수 있다. 테이블을 그것을 어떤 용도로 사용하려는 의도를 배제하고 오로지 물리적으로 정의하려고 해 보라. 그러면 거기에 스툴이 포함되는 것을 배제할 수 없을 것이다.

어쩌면 생명은 테이블처럼 자연종이 아닐 수도 있다. 우리의 불충분한 정의 속에서는 존재하지만, 물리적 세계의 관점에서 보면 생물과 무생물은 실제로 구분되지 않는다. 대신에 단순한 분자에서 시작해 사람에 이르기까지 점진적으로 복잡성이 증가하는 단계들이 존재한다고 생각하는 편이 더 유용할 수 있다. 물질의 복잡성이 증가함에 따라 생명의 특징들이 나타나기 시작한다. 하지만 생명으로 인정받기 위해 이 모든 특징을 동시에 또는 똑같은 강도로 지녀야만 하는 것은 아니다. 그래서 생식 능력은 없지만 생명의 다른 특징들을 지닌 노새가 존재한다. 이러한 화학적 복잡성의 관점에서는 생물과 무생물 사이의 어느 지점에 선을 긋느냐 하는 것은 자의적이며, 애초에 생명의 정의에 포함시키기로 결정한 것들의 목록에 따라 달라진다. 따라서 우리의 정의는 쓸모없는 것이 아니라 불완전한 것일 뿐이다. 생명은 성장과 번식, 진화, 대사, 그리고 복잡성을 나타내는 그 밖의 행동을 비롯해 흥미로운 일을 하는 물질을 포함한다. 이 물질은 특히 우리가 거기에 속하기 때문에 우리의 특별한 관심을 끌며, 우리는 이 물질을 다른 물질과 구분하여 독특한 것으로 선언하려고 한다. 하지만 생명의 가장자리를 살펴보면, (우리가 사용하는 언어 유희에 따라) 그것이 점점 단계별로 자연스럽게 다른 물질로 변해 가는 것을 볼 수 있다.

절망스럽게도 의미의 명확성을 추구하는 우리의 욕구뿐만 아니라, 인류의 특별한 위치를 상정하는 종교적, 도덕적 주장도 생물과 무생물의 자의적 구분을 조장한다. 생명이 자연종이 아니라는 사실(특별히 흥미로운 유기 물질 덩어리 주위에 인위적이고 가변적이며 투과성이 매우 높은 경계를 두르는 단어에 불과하다는 사실)을 받아들이는 태도는 그런 태도가 허무주의로 치달을 것을 두려워하는 사람들의 강력한 저항에 직면한다. 우리가 생명의 경계를 탐구하길 주저하는 이유는 우리의 특권이 부당하다는 것을 발견할까 봐 두려워하기 때문이다. 이것만으로도 그 누구도 건널 수 없는 선을 그어 우리의 신성한 영역을 온전히 누릴 수 있도록 어떤 모호함의 여지도 없이 생명의 정의를 내리려는 오랜 관심을 자극할 수 있다.

하지만 생명과 비생명 사이의 경계를 분명히 그으려는 이 집착에서 우리는 무엇을 얻는가? 인간이 복잡한 유기 화학 물질에 불과한 세계를 생각해 보라. 이 세계에서 〈생명〉은 화학에서 생물학의 작용을 정의하는 부분을 따로 떼어내기에 유용한 방법이다. 이것은 그렇게 나쁜 상황일까? 허무주의에 대한 두려움에도 불구하고, 나는 누구의 도덕적 나침반이 잘못될 이유가 없다고 본다. 한 단어의 정의가 비슷한 특징을 공유한 다른 유기물 덩어리, 즉 편의상 같은 라벨이 붙은 다른 물질 덩어리의 공감 능력을 약화시키는가? 사실, 생명이 자연종이 아니라는 사실을 받아들이면 공감 영역이 더 넓어질 것이라고 설득력 있게 주장할 수도 있다. 어쩌면 생명이라는 단어가 정의하는 경계에 위치한 유기적 형태들도 신경을 써야 할 가치가 있을지도 모른다. 생명의 정의를 엄격하게 적용하면, 노새가 테이블과 같은 취급을 받을 수 있다. 반대로 인간이 화학 물질에 불과하고, 생명은 그저 사용하기에 유용한 단어에 불과하다는 사실을 받아들이면, 우리는 겸손해지지 않을 수 없다. 그런 관점은 살아 있다고 간주되지 않는 것(그와 함께 살아 있다고 간주되는 많은 것)을 향해 현재 표출되고 있는 무자비한 태도 대신에 우리를 신중하고 사려 깊은 태도로 이끌 잠재력이 있다.

만약 언젠가 과학이 생명을 이루는 요소들을 더 명확하게 기술한다면, 그것은 어쩔 수 없다. 그러한 변화와 함께 경계는 더욱 좁혀지고 명확해질 것이다. 하지만 왜 특별한 지위를 원하는 병적인 요구를 충족시키려고 이러한 노력을 기울여야 하는가? 사실, 생명이 금과 같아야 할 필요는 없다.

개인적으로는 그런 일은 절대로 일어나지 않을 것이라고 생각한다. 생명이 자연종의 판테온에서 금과 어깨를 나란히 하는 일은 절대로 없을 것이다. 생명은 영원히 유용한 용어로 남을 것이다. 내가 이토록 확신하는 것은 현실적인 이유 때문인데, 생명은 금처럼 명확한 정의를 허용하는 질서정연한 형태로 배열된 원자들의 집단이 아니다. 생명의 혼돈스러운 속성과 창발적 속성, 그리고 수많은 일을 하는 엄청나게 다양한 종류의 물질을 만들어 낼 수 있는 원자 배열 방식의 무한한 복잡성을 감안하면, 생명은 정확한 정의를 내리는 것이 불가능할 뿐만 아니라, 그런 정의를 내리려는 시도 자체를 그만두는 편이 나을지도 모른다는 생각이 든다.

생명의 느슨한 정의는 우주에 관한 지식이 발전함에 따라 새로운 형태의 물질을 포함할 가능성을 열어 준다. 어쩌면 먼 미래에 다른 행성에서 인간 탐험가들이 환경과 복잡한 상호작용을 하는 물질을 우연히 발견할 수도 있고, 심지어 그것이 주변 환경을 인식하는 행동을 보여 줄지도 모른다. 이러한 속성들을 고려하면, 그것은 지구에서 우리가 생명체로 간주하는 물질의 범주에 포함될 것이다. 그러는 한편으로 이 물질은 조성과 복잡성이 미묘하여 우리가 지구상의 생명체를 판단하는 방식으로 생명체인지 여부를 쉽게 규정할 수 없을 수도 있다. 엄격한 생명의 정의에 따라 우리는 그것을 생물의 범주에서 제외함으로써 신중하지 못한 태도로 그것을 대할 수도 있다. 심지어 만약을 위해 그것을 파괴할 수도 있다. 유연한 생명의 정의를 따른다면, 다른 결과를 맞이할 수도 있다. 사람들은 생명의 개념을 다시 논의하고 필요하면 수정하라고 권장할 것이다.

수천 년 동안 추구해 온 생명의 정의를 거부하면, 오히려 우리의 마음이 활짝 열릴 수 있다. 명확한 분류를 추구하는 과학 사상가에게는 생명의 모호한 정의를 받아들이는 것이 깔끔해 보이지 않을 수 있다. 하지만 어쩌면 그것이 더 정직한 접근법일 수 있으며, 과학 사상가뿐만 아니라 모든 사람에게 매력적으로 비칠 수 있다. 자연이 우리가 생물이라고 부르는 것을, 무생물이라고 부르는 것과 근본적으로 구별되는 방식으로 만들었다고 가정해서는 안 된다. 만약 그러한 실수를 피할 수 있다면, 우리는 우주에서 발견되는 모든 것, 즉 우리 자신과 우리 주변에 존재하는 모든 것의 일부인 물질로부터 뭔가를 배울 준비를 더 잘할 수 있을 것이다.

제18장
우리는 예외적인 존재인가?

캘리포니아주 마운틴 뷰에서
서니베일로 가는 택시 여행

화학과 물리학의 관점에서 본다면, 지구상의 생명은 예외적인 것을 전혀 갖고 있지 않다. 하지만 은하계에서 살아 있는 세계는 얼마나 흔할까? 혹은 아타카마 대형 밀리미터 집합체 같은 전파 망원경을 만들 수 있는 지능 생명체가 사는 행성은 얼마나 흔할까?

때로는 심오한 질문이 사소한 것에서 시작되기도 한다. 이번이 바로 그런 경우였다. 나는 냉각기를 사려고 마운틴 뷰의 모텔에서 20분 거리에 있는 서니베일의 철물점까지 택시를 탔다. 우주 실험에서 가져온 시료를 보존해야 했기 때문이다. 그 시료는 며칠 뒤에 로스앤젤레스 항만에 도착할 예정이었는데, 국제 우주 정거장에서 스페이스X의 드래건 캡슐에 실려 지구로 올 것이다. 사실, 나는 냉각기를 구하러 갔다가 적어도 세 곳에서 허탕을 쳤기 때문에 다소 절박한 상황에 몰려 있었다. 그래서 생명의 의미에 대해서는 생각할 겨를이 없었다.

택시 기사가 내 직업을 묻길래. 나는 간략하게 대답했다. 그녀는 진지하고 꽤 열정적인 사람이었다. 내가 외계 생명체를 찾는 일을 한다고 말하자, 호기심이 발동한 것 같았다.

「나도 그것에 관심이 많아요.」택시 기사는 초록색의 둥근 테 안경 뒤에서 나를 바라보며 말했다. 「정말로 알고 싶어요. 저 밖의 우주에 다른 존재가 있나요, 아니면 우리뿐인가요? 나는 이 문제를 자주 생각하지는 않지만, 가끔은 생각해요. 텔레비전에서 행성을 다루는 프로그램을 보면, 〈저곳에도 뭔가가 살고 있을까〉라는 생각이 들지 않나요?」

「우리뿐인지 아닌지가 당신에게 중요한가요?」 내가 물었다.

「그냥 알고 싶을 뿐이에요. 그렇다고 해서 우리 삶에 영향이 있는 것은 아니지만, 만약 우리뿐이라면 어쩌죠? 우주에서 우리만 유일하게 존재할 수도 있잖아요.」

인간의 마음속 깊은 곳에는 피할 수 없는 충동이 자리 잡고 있는데, 그것은 바로 예외적인 존재가 되려고 하는 충동이다. 나는 예외적exceptional이라는 단어가 영어 어휘에서 가장 혼동을 일으키는 단어 중 하나라고 생각하지만, 우리는 이 단어가 우리에게 적용되는 것인지 알고 싶어 한다.

「만약 우리뿐이라면, 우리는 더 특별한 존재가 될까요?」 내가 물었다.

그녀는 잠시 생각한 뒤에 이렇게 말했다. 「내가 사람들에게 특별한 존재인지 여부는 변하지 않지요. 하지만 이것은 중요한 질문이에요.」

나는 조용히 앉아 창밖을 내다보았다. 인간이 우주에서 예외적인 존재인가 하는 것은 우리의 희망과 불안의 중심을 겨누는 질문이다. 많은 사람들은 특별하지 않으면 인생을 살아야 할 의미가 없다고 생각한다. 우리가 특별한 존재가 아닌 우주는 우리가 단순한 동물의 지위로 강등된 우주이다. 따라서 택시에 앉아 외계 생명체에 대해 이야기할 때, 이 모든 것이 우리에게 어떤 의미가 있을지 생각하는 것은 전혀 놀라운 일이 아니다. 이 웅장한 드라마에서 우리는 가치 있는 존재일까? 그리고 이 질문에 대한 답은 우리가 우주에서 유일한 지적 생명체인지 여부에 달려 있을까? 말할 필요도 없지만, 이 질문에 간단한 답은 없다. 이것은 그 안에 더 많은 질문을 포함하고 있는 질문 중 하나이다. 예외적이라는 것은 정확하게 무엇을 뜻하는가? 개개인의 인간, 사람이라는 종, 행성 지구, 혹은 완전히 다른 무엇?

나는 과학자인만큼 택시 기사의 질문을 순전히 과학적 관점에서 다루기로 하겠다. 이 말은 우리가 개인으로서 예외적인 존재인지 여부를 따지는 논의를 하지 않겠다는 뜻이다. 순전히 사실적 관점에서 보면 그 답은 명백하기 때문에, 이 질문은 전혀 흥미롭지 않다. 어떤 개인도 다른 사람과 동일하지 않으므로, 이러한 기초적 관점에서 본다면 우리는 예외적인 존재이다. 대신에 예외적인 존재가 존경할 만한 사람이라는 뜻이라면, 그 판단은 다른 사람들에게 맡기기로 하겠다.

이 책에서 나는 예외주의에 관한 딴 질문을 다루었는데, 그것은 과학적 탐구가 가능한 질문으로, 〈지구에 생명이 존재하는 것이 예외적인가〉라는 질문이었다. 우리는 그 답을 모른다. 우리는 우리를 이루는 분자들이 우주에서 원시 지구로 쏟아지거나 지구 자체에서 생겨난 단순한 파편과 조각들에서 만들어졌다는 사실을 알고 있다. 하지만 이것들만으로 생명을 만드는 데 충분한지, 즉 이러한 조각들이 조립되어 복제 능력을 가진 세포가 생겨나는 것이 필연적인지는 알 수 없다. 지구 밖에서 생명을 찾으려는 노력은 〈지구와 비슷한 행성에서 생명의 출현이 예외적인 것이냐 아니면 흔한 것이냐〉라는 질문에 답을 줄 수 있다. 이러한 탐사 작업은 또한 일단 세포가 생겨나면 지능이 출현할 가능성이 있는지 짐작하는 데에도 도움을 줄 수 있다 — 설령 세포와 지능 생명체 사이의 간극이 엄청나게 거대하고 수십억 년의 시간이 걸린다고 하더라도 말이다. 지능은 흔할 수도 있고 희귀할 수도 있으며, 인간만의 특별한 능력일 수도 있다.

예외주의에 관한 한 가지 질문에는 확실한 답이 나와 있다. 그 질문은 지구가 유일무이한 행성이냐 하는 것이다. 사실, 그 답은 너무나도 확실해서 아무도 질문할 생각조차 하지 않는다. 하지만 항상 그랬던 것은 아니다. 고대 그리스인 사이에서는 의견이 엇갈렸는데, 어떤 사람들은 지구가 예외적인 천체가 아니며, 지구와 비슷한 천체가 하늘 곳곳에 있을 것이라고 믿었다. 하지만 중세까지 지배적인 영향력을 떨친 것은 아리스토텔레스의 견해였다. 아리스토텔레스는 지구가 우주의 중심이며, 태양이 지구 주위를 돈다고 주장했다. 이 견해는 훗날 일신교 종교의 입맛에 딱 맞는 것이었는데, 이들 종교는 지구와 특히 인간이 신이 설계한 하늘의 중심에 있다고 믿었다. 1000년이 넘는 오랜 세월 동안 우주에서 우리가 특별한 위치에 있다는 사실에 의심을 품은 사람은 거의 없었다. 지구를 그 신성한 위치에서 끌어내리는 데에는 이단적 행동이 필요했는데, 1543년에 니콜라우스 코페르니쿠스Nicolaus Copernicus가 『천구의 회전에 관하여 De revolutionibus orbium coelestium』를 출판하면서 그런 행동을 보여 주었다.

그 후 세대가 지날수록 지구는 그 예외적인 속성을 점점 더 많이 잃어 갔다. 코페르니쿠스 이후에 지구는 태양의 노예가 되었을지 모르지만, 그럼에도 불구하고 태양계 자체는 생명을 유지하는 따뜻함을 주기 위해 창조주가 만든 작품일 가능성이 남아 있었다. 하지만 우주를 더 멀리 바라보자, 밤하늘에서 빛나는 작은 점들 중 상당수는 그 자체가 태양이라는 사실이 고통스럽게도 분명해졌다. 우리는 그 천체들에 대해 잘 알지 못했지만, 지구와 비슷한 딴 세계들이 그 주위에서 궤도를 돌고 있을 현실적 가능성을 무시할 수 없었다. 관측 기술이 더욱 발전하면서 이 태양들 자체도 다른 것의 주위를 돌고 있다는 사실이 밝혀졌다. 많은 별들의 집단들이 규칙적인 형태로 명확하지 않은 중심 주위를 돌고 있었는데, 이러한 수많은 별들이 모여 있는 집단을 은하라고 부르게 되었다. 얼마 지나지 않아 은하는 엄청나게 많은 별을 포함하고 있으며, 우주에는 이러한 은하들이 곳곳에 존재한다는 사실이 밝혀졌다. 보통 은하에는 수십억 개 이상의 별이 있고, 우주에는 그러한 은하들이 또 1~2조 개나 존재한다. 이로써 코페르니쿠스 혁명은 완성된 것처럼 보였다. 이제 우주에 존재하는 수조×수조 개의 행성 중에서 지구만이 특별한 존재라는 사실을 더 이상 믿을 수 없게 되었다. 통계적으로는 지구 같은 행성은 드물 수 있지만, 아무리 작은 비율이라 하더라도, 매우 큰 수의 작은 비율은 여전히 아주 큰 수이다.

하지만 21세기에 접어든 오늘날 거의 당혹스러울 정도로 아주 특별한 일이 일어나고 있다. 지난 수십 년 동안 우리는 우주에는 태양과 비슷한 별이 아주 많지만, 행성계가 매우 다양하다는 사실을 알게 되었다. 외계 행성 탐사에서는 우리 태양계와 아주 흡사한 행성계(즉, 행성 생성 과정이 태양계와 똑같이 일어나는 곳)를 아직 발견하지 못했다. 지금까지 우리가 자세히 조사한 모든 행성계는 행성계 자체의 간격과 구조뿐만 아니라, 그곳에 존재하는 행성들도 제각각 독특하다. 크게 부풀어오른 행성과 슈퍼 해왕성, 뜨거운 목성, 바다로 뒤덮인 세계, 카바이드가 주성분인 암석 행성 등을 비롯해 과학 문헌에는 기묘한 행성들의 기술이 끝없이 이어진다.

지구와 가장 비슷한 암석 행성들도 놀랍도록 다양하다. 어떤 행성은 그 행성계의 태양인 작은 적색 왜성에 조석 고정돼 있어 항상 같은 쪽 면을 별로 향하고 있다(마치 달이 항상 같은 면을 우리 쪽으로 향하고 있는 것처럼). 한쪽은 항상 햇빛을 받아 환하고 반대쪽은 영원한 어둠 속에 잠겨 있는 이런 행성의 환경은 생명에 어떤 영향을 미칠까? 그것은 알 수 없다. 일부 암석 행성은 궤도가 매우 길쭉한 타원이어서 태양에 가까이 다가갔다가 아주 먼 곳으로 멀어져 가 차가운 그곳에서 오랜 시간을 보내기 때문에, 한동안 활활 탈 듯이 뜨겁게 달아오르다가 오랫동안 모든 것이 꽁꽁 얼어붙은 세계로 변하면서 기후의 변동 폭이 아주 크다. 격렬한 복사가 쏟아지는 외계 행성도 많으며, 어떤 외계 행성들은 수명이 너무 짧은 별 주위를 돌기 때문에 지능 생명체가 진화할 시간이 부족하다.

물이 있고 복사와 온도 수준이 적절한 암석 행성을 발견하더라도, 생명이 살 수 있을 만큼 환경이 지구와 비슷하지 않을 수 있다. 지구의 생명에 필수적인 것 중 하나는 지각 판의 움직임으로, 판은 끊임없이 움직이면서 지구 속 깊은 곳으로 가라앉아 녹았다가 다시 올라오면서 생명에 필수적인 원소들을 순환시킴으로써 생물권에 에너지와 연료를 공급한다. 모든 곳에서 이와 비슷한 판 구조가 필요하거나 적어도 한동안 필요할 수 있다. 행성의 크기나 물의 양이 적절치 않으면, 판들의 움직임이 멈춰 행성의 표면이 화성처럼 움직이지 않는 거대한 암석판으로 변하거나 지각이 깊은 바닷속에 영원히 잠겨 버릴 수 있다. 그러면 설령 생명이 존재한다고 하더라도, 그 서식지가 바다에만 국한될 것이다.

그리고 또 대기는 어떤가? 많은 점에서 지구와 비슷하더라도, 대기가 너무 적거나 많을 수 있다. 특정 기체의 농도에 따라 대기와 표면의 온도가 너무 높거나 낮을 수 있다. 별이 우리 태양과 매우 비슷하고, 행성의 궤도 거리가 지구와 비슷하더라도, 대기의 특성 때문에 행성에 너무 많은 복사가 쏟아지거나 햇빛을 충분히 받지 못해, 생명이 나타나지 못하거나 생명이 출현하더라도 추가적인 진화가 힘들 수 있다.

이 모든 것을 종합하면, 지구 예외주의가 다시 꿈틀댄다. 비슷한 태양이 도처에 널린 우주에서 지구에 생명이 살아갈 수 있게 하는 조건을 갖춘 곳이 어디에도 없는 것으로 드러날 수 있다(적어도 우리가 조사할 수 있는 곳에서는). 아리스토텔레스의 예외주의 주장을 반박하려다가 결국 지구가 예외적인 장소라는 사실을 발견한다면 이 얼마나 아이러니한 일이 되겠는가? 즉, 행성이 죽음의 세계가 될 수 있는 방법은 너무나도 많은 데 반해, 살아 있는 행성으로 진화하는 유일한 길을 걸어갈 수 있도록 특이한 물리적 조건을 갖추고 있는 행성이 오직 지구밖에 없는 것으로 드러난다.

이것은 기본적으로 우리가 답을 얻고자 하는 질문이다. 생명에 이르는 길과 거기서 지능에 이르는 길은 얼마나 많은가? 살아 있는 세계는 얼마나 다양한가? 생명과 진화에 필요한 행성의 조건은 그 범위가 너무나도 좁아, 행성 생성 과정에서 일어나는 자연적 우여곡절이 항상 생명과 진화를 방해하고, 모든 성공은 결국 지구와 똑같은 모습으로 나타날까? 아니면 허용 범위가 충분히 넓어 다양한 종류의 세계들에 다양한 종류의 생물권이 존재할까? 지금까지 우리는 지구와 비슷한 행성을 찾으려고 애썼는데, 이것은 충분히 이해할 수 있다. 하지만 언젠가 외계 생명체를 발견하게 된다면, 그것은 지구와는 전혀 다른 행성에서 발견될지도 모른다. 다시 말해서, 우리는 생명의 존재가 까다롭다고 상정하고 있다. 이것 역시 충분히 이해할 만하다. 지구와 비슷한 세계를 찾는 데 초점을 맞추면, 탐사 작업을 관리하기가 쉽다. 하지만 반드시 성공이 보장되는 것은 아니다.

물론 이 중 어떤 것도 종교가 제공한 것과 같은 종류의 답에 다가가게 하지는 않는다. 만약 지구가 유일무이한 장소로 밝혀지거나 생명은 지구와 같은 행성에만 존재한다는 사실이 밝혀지더라도, 어떤 발견도 창조주의 존재를 증명하지는 않는다. 하지만 어쩌면 천문학과 종교는 지구가 정말로 특별한 위치(생명이 존재하고 진화할 수 있는 유일한 장소 혹은 몇 안 되는 장소 중 하나)에 있다는 견해에 수렴할지도 모른다. 이 점에서 우리는 코페르니쿠스 혁명이 아직 완성되지 않았다는 사실을 외계 행성에서 배우고 있다. 500년이 지난 지금도 우리는 지구가 특이한 행성인지, 심지어 유일무이한 행성인지 알지 못하는 상태에 머물러 있다. 한 가지 차이점은 현대의 망원경으로 진실이 무엇인지 발견할 수 있다는 점이다. 지구가 예외적인 장소인지 판단하는 것은 신앙에 의존할 필요가 없으며, 언젠가는 그 증거를 얻을 수 있을 것이다.

우리 존재에 대해 확실하게 말할 수 있는 한 가지 측면은 우리가 예외적인 존재가 아니라는 것이다. 생명은 존재하는 모든 곳에서 나머지 모든 물질과 함께 물리학 법칙을 따른다. 얼핏 생각하면 이 점은 사소해 보일 수 있다. 정의상 물리학은 우주에 있는 물질과 에너지가 어떻게 작용하는지 설명한다. 만약 현재 우리가 알고 있는 물리학 지식에서 벗어나는 물질이나 행동이 발견된다면, 그것은 물리학을 〈초월하는〉 존재라는 뜻이 아니다. 그저 이 새로운 발견을 설명하기 위해 물리학을 수정할 필요가 있을 뿐이다. 이 사실(생명이 물리학 법칙의 지배를 받는다는)에서 중요한 것은 생명의 구조와 행동이 특별하지 않다는 것이다. 생명의 출현은 매우 드물고, 심지어 오직 지구에서만 나타날 수도 있지만, 그 작용 방식은 큰 놀라움을 불러일으킬 정도로 아주 특별한 것이 아니다.

진화가 하늘을 나는 동물들을 얼마나 다양하게 만들어 냈는지 생각해 보라. 쿠바에만 서식하는 벌새인 꼬마벌새*Mellisuga helenae*는 몸길이가 5~6센티미터, 몸무게가 2그램 미만으로, 오늘날 지구상에 살고 있는 새 중에서 가장 작다. 이를 멸종한 파충류인 케찰코아틀루스*Quetzalcoatlus*와 비교해 보라. 케찰코아틀루스는 날개폭이 11미터로, 경비행기인 세스나와 비슷한 크기이다. 꼬마벌새는 먼 옛날에 멸종한 파충류는 말할 것도 없고 독수리나 앨버트로스하고도 크게 다르지만, 이 동물들은 모두 똑같은 방식으로 하늘을 난다. 이들의 몸은 공기 역학의 법칙을 따르는데, 이 법칙은 양력이 날개 면적과 이동 속도에 따라 결정된다고 말한다. 하늘을 나는 동물은 이 법칙을 따라야 하며, 그러지 않으면 하늘을 나는 동물이 아니다. 하늘을 나는 동물들의 모양이 서로 비슷한 이유는 공기 역학이 변덕이나 우연에 좌우되는 게 아니라 어디서나 동일하게 성립하기 때문이다.

다음번에 개울이나 강에서 바위 사이로 나아가는 물고기를 보거든 그 모양을 유심히 살펴보라. 빠르게 움직이는 물고기는 아마도 피해야 할 포식자가 있을지 모르는데, 그런 물고기의 몸은 유선형(즉, 가운데가 굵고 양쪽 끝으로 갈수록 가늘어지는 구조)일 것이다. 이것은 물속에서 빠르게 이동하기에 가장 좋은 형태이다. 돌고래도 같은 모양을 하고 있다. 돌고래는 포식자를 피하기 위해 유선형 몸을 사용할 필요가 없겠지만, 빠르게 움직이는 물고기를 잡으려고 할 때에는 날렵한 몸이 편리하다. 어떤 면에서는 돌고래와 물고기의 몸이 대략 비슷한 모양이라는 사실이 놀라울 수도 있는데, 돌고래는 포유류이고 물고기는 어류이기 때문이다. 전혀 다른 두 동물이 왜 같은 모양을 갖게 되었을까? 그리고 1억 년도 더 전에 중생대 바다를 누비던 어룡도 오늘날의 물고기와 비슷한 유선형 몸을 가졌다면, 어떻게 생각하는가? 이제 우리는 몸의 기본 설계도가 동일한 세 번째 유형의 동물을 만났다.

나는 여러분이 이미 그 이유를 알고 있으리라 생각한다. 바로 동일한 물리학이 작용하기 때문이다. 바다 같은 액체 속에서 빠르게 이동하려면, 납작한 육면체 몸보다는 유선형 몸이 더 유리하다. 진화 생물학자들이 이전에 지적한 것처럼, 멀리 떨어진 세계의 바다에서 빠르게 헤엄치는 외계 물고기를 언젠가 발견한다면, 그 물고기의 몸도 유선형일 것이다. 우주 전체에 똑같은 물리학 법칙이 적용된다. 물리학은 살아 있는 세포의 분자 구조에서부터 생물 집단 전체의 행동에 이르기까지 생명의 모든 측면을 지배한다.

이런 종류의 현상은 한때는 불가사의한 일로 간주되어 신이나 다른 우월한 지성이 개입할 여지를 제공했는데, 옛날 사람들은 그러한 손이 동물들의 행동을 결정하는 데 관여했다고 믿었다. 생명을 이끄는 원리를 이해하지 못하는 상황에서는 꼭두각시를 조종하는 존재가 있다고 믿는 게 타당해 보였다. 하지만 이제 우리는 생명의 형태와 행동을 설명하는 것이 그리 어렵지 않다는 것을 분명히 안다. 예를 들어 우리는 전체를 이끄는 누가 있는 것도 아닌데 수많은 개체로 이루어진 생물 집단이 어떻게 하나의 단위처럼 작용하는지 물리학으로 설명할 수 있다. 축구장만 한 면적에 복잡한 터널과 연결 통로, 보도까지 갖춘 개미집의 크기와 모양과 광대한 규모를 보면, 개미집의 뇌 같은 것이 작용하지 않나 하는 생각이 들 수 있다. 즉, 그 뇌에 해당하는 여왕개미의 머릿속에 이 건축물 전체의 설계가 들어 있고, 각각의 세부 사항을 일개미들에게 일일이 전달하고, 각각의 일개미는 이 개미 제국에서 자기가 맡은 부분에서 자기 역할을 하고 있는 게 아닐까 하고 생각할 수 있다. 하지만 여왕개미는 설계도를 꼼꼼히 살피고 공사를 감독하는 건축가가 아니다. 대신에 개미들은 서로에게 반응한다. 수가 적을수록 개미들은 더 빨리 일하고, 수가 너무 많으면 작업 속도가 느려진다. 각자에게 무엇을 하라고 지시할 필요도 없다. 기본적인 피드백 고리들과 화학적 페로몬을 통한 단순한 정보 교환만으로 도시를 건설하는 데 필요한 모든 지시가 전달되고 실행된다.

이것들이 바로 생명 전체에 적용되는 물리학 법칙들이다. 새 떼에서부터 누 무리에 이르기까지 모든 곳에서 우리는 초자연적 존재의 의지가 아니라 동일한 물리학 원리가 작용하는 것을 본다. 이러한 설명 외에는 어떤 것도 존재하지 않으며, 엘랑 비탈 같은 것도 존재하지 않는다. 인간을 비롯해 지구와 우주의 모든 생명은 물리학 방정식과 수학이 생물의 형태로 표현된 것이다.

따라서 인간은 지구에서조차 예외적인 존재가 아니지만, 지구의 생명은 우주에서 예외적인 존재일 수 있다. 왜냐하면, 생명의 창발과 많은 경로는 우주의 물리학 법칙을 변함없이 따르지만, 생명 자체는 특이할 수 있기 때문이다. 생명도 우주의 나머지 모든 물질과 동일한 제약을 받는 우주의 물질이다(적어도 〈정상〉 물질은 모두 그렇다. 제12장에서 언급한 암흑 물질은 아주 다를 수 있지만, 암흑 물질도 불가피하게 다른 물리학 법칙을 따를 것이다). 하지만 생명은 아주 희귀한 종류의 물질일 수 있다. 흔한 재료로 만든 고급 치즈처럼, 완성품 자체는 희귀한 것일 수 있다. 즉, 평범한 것에서 특이한 것이 만들어질 수 있다.

택시 기사의 질문에 답하자면, 경우에 따라 다르다고 말할 수밖에 없다. 지구상의 생명이 예외적인지, 인간은 예외 중에서도 예외적인 존재인지는 묻는 질문이 정확하게 무엇이냐에 따라 달라진다. 이것은 얼버무리는 것이 아니다. 나는 우리 존재의 측면들이 필연적인 물리학의 산물에 불과해 지극히 평범할 수 있지만, 그 평범함에서 독특함이 나올 수 있다는 사실이 매우 흥미롭다고 생각한다.

또 다른 답변은 인간이 예외적인 존재인지 아닌지, 혹은 지구상의 모든 생명이 예외적인 존재인지 아닌지 개인으로서의 우리에게는 그다지 중요하지 않다는 것이다. 이 질문에 대한 답은 우리의 삶에 아무런 영향도 미치지 않는다. 원자 수준에서는 인간은 다른 생물이나 심지어 우주를 돌아다니는 암석과 구분할 수 있는 것이 전혀 없다. 하지만 논란의 여지가 없는 이 사실은 우리의 가치에 거의 아무런 영향을 미치지 않았다. 어쩌면 그것보다 훨씬 큰 영향을 미쳐야 마땅하겠지만, 경험적으로는 그렇지 않다. 또한 우리는 자신의 몸이 회전의 중심축을 기준으로 대략 대칭을 이루고, 눈의 위치가 운동 방향을 향하고 있다는 점에서 많은 동물의 몸과 비슷하다는 현실에 대해 고민하지도 않는다. 이것은 그저 진화를 이끄는 물리학일 뿐이다.

일상생활 속에서 우리의 특별함은 다른 사람과의 관계에서 어떻게 행동하고 사회에 무엇을 기여하는가에 따라 결정된다. 그것은 자신의 통제하에 있다. 개인의 목적을 찾는 것은 이러한 노력에 있으며, 대다수 사람들에게 이것은 우주에 우리뿐인가라는 문제와는 아무 관련이 없다. 생명이 특별한 것인지 여부는 때가 되면 과학적 방법을 통해 밝혀질 것이다. 여러분이 개인으로서 동료 인간들을 기쁘게 하는 방식으로 성취감을 느끼느냐 마느냐는 자신의 결정에 달린 문제이다.

우주에 존재하는 생명의 본질을 발견하기 위한 탐구를 깊이 진행할수록 우리는 자신에 대해 많은 것을 알게 될 뿐만 아니라, 지구라는 생명의 오아시스를 보존하는 것에서부터 먼 세계들에 사회를 건설하고 다른 곳에서 생명을 찾는 것에 이르기까지 큰 도전들에 직면하게 될 것이다. 하지만 이러한 과학적, 기술적 노력에서 우리 자신의 궁극적 목적을 발견하리라고 기대해서는 안 된다. 우주의 생명을 이해하려는 탐구 자체가 목적이다. 이 목적을 추구하는 과정에서 이전에 상상할 수 없었던 발견들이 일어날 것이고, 그것은 우리의 자기 인식과 지각에 색을 더하고 풍요롭게 할 것이다. 그리고 어쩌면 그것은 개인으로서 살아가는 우리가 느끼는 삶의 의미를 바꾸고, 예측할 수 없는 방식으로 우리 문명의 궤적을 바꿀지도 모른다.

더 읽어 볼 만한 자료

이 책에 실린 글 중 해당 주제를 철저하게 다루려고 한 것은 하나도 없다. 만약 그렇게 했더라면, 이 책의 분량은 약 20배나 늘어났을 것이다. 대신에 나는 독자들에게 다른 사람들도 흥미롭다고 이야기한 중요하고 자극적인 개념들을 소개하길 원했다. 더 많은 것을 알고자 한다면, 각 장마다 주제별로 분류한 아래의 추천 자료를 참고하기 바란다. 여기에 소개한 자료는 대중적인 것에서부터 학술적인 것에 이르기까지 다양하며, 학술지 논문도 몇 편 포함돼 있다. 일부 자료는 오래된 것인데, 최고의 글이 반드시 새로운 글에서만 나오는 것은 아니며(인터넷 이전에도 오랫동안 문명이 존재해 왔다는 사실을 잊지 말자), 우주의 생명을 이해하려는 탐구는 그 역사가 아주 오래되었기 때문이다. 또한 그 장의 요점을 설명하는 데 도움이 된다면, 내 글도 일부 인용했다.

제1장 외계인 택시 기사가 있을까?

Simon Conway-Morris, *Life's Solution: Inevitable Humans in a Lonely*

Universe, 2003
수렴 진화 현상(생존의 도전에 직면한 생명체가 공통의 해결책에 도달하는 경향)과 그것이 지구와 다른 세계의 진화 결과에 미치는 영향을 탐구한 책. 많은 내용을 철저하게 다룬 중요한 책.

Nick Lane, *Life Ascending: The Ten Great Inventions of Evolution*, 2009
모든 독자가 읽기 쉽도록 쓴 책으로, 진화 과정에서 일어난 일부 위대한 혁신을 다룬다.

John Maynard Smith and Eörs Szathmáry, *The Major Transitions in Evolution*, 1995
유전자 전달 과정의 변화에서부터 언어의 출현에 이르기까지 지구 생명의 역사에서 일어난 중요한 발전들을 엄밀하게 소개한 책.

제2장 외계인과의 접촉은 우리 모두를 변화시킬까?

Michael J. Crowe, *The Extraterrestrial Life Debate 1750–1900: The Idea of a Plurality of Worlds from Kant to Lowell*, 1986
외계 생명체에 관한 생각의 역사를 학문적으로 잘 정리한 책.

Steven J. Dick, *The Biological Universe: The Twentieth-Century Extraterrestrial Life Debate and the Limits of Science*, 1996
외계 생명체에 대한 오랜 논의와 그 논의에 함축된 세계관을 다양한 곁가지를 곁들여 자세히 소개한 책.

Bernard Le Bovier de Fontenelle, *Conversations on the Plurality of Worlds*, 1686
제2장에서 소개한 이 오래된 책은 읽는 재미가 쏠쏠하다. 현대적인 버전은 온라인과 인쇄본으로 접할 수 있다.

제3장 화성인 침공을 염려해야 할까?

Albert A. Harrison, "Fear, Pandemonium, Equanimity, and Delight: Human

Responses to Extra-Terrestrial Life," *Philosophical Transactions of the Royal Society A*, 2011
외계 지능 생명체와의 접촉에 인간이 반응할 수 있는 다양한 방법을 다룬 과학 논문

Michael Michaud, *Contact with Alien Civilizations: Our Hopes and Fears About Encountering Extraterrestrials*, 2006
외계인과의 접촉과 그 노력이 초래할 수 있는 잠재적 결과(좋은 것이건 나쁜 것이건)를 자세히 다루면서 많은 생각을 자극하는 책.

제4장 우주 탐사보다 먼저 지구의 문제들을 해결하는 게 순서가 아닐까?
R. Buckminster Fuller, *Operating Manual for Spaceship Earth*, 1969
벅민스터 풀러는 아무도 흉내 낼 수 없는 방식으로 인류와 지구 자원의 발전 관계와 지속 가능한 미래의 가능성을 고찰한다.

Charles S. Cockell, *Space on Earth: Saving Our World by Seeking Others*, 2006
내가 일반 독자를 위해 쓴 이 책은 환경 보호와 우주 탐사가 동일한 목표를 추구한다고 주장하는데, 그 목표가 우주에서 지속 가능한 공동체를 만드는 것이기 때문이다.

Douglas Palmer, *The Complete Earth: A Satellite Portrait of the Planet*, 2006
생명이 사는 지구의 웅장함을 감상하는 데 인공위성이 어떤 도움을 줄 수 있는지 보여 주는 아름다운 사진 모음집.

제5장 나는 화성 여행에 나설 것인가?
Rod Pyle, *Space 2.0: How Private Spaceflight, a Resurgent NASA, and International Partners Are Creating a New Space*, 2019
파일은 이 책에서 우주로 나아가기 위한 민간 부문과 정부의 노력에 대한 최신 정보를 제공한다.

Wendy N. Whitman Cobb, *Privatizing Peace: How Commerce Can Reduce*

Conflict in Space, 2020
민간 부문의 우주 탐사가 가능해지는 시대를 맞이해 우주여행의 패러다임 변화를 고찰한 또 한 권의 귀중한 책.

Robert Zubrin and Richard Wagner, *The Case for Mars: The Plan to Settle the Red Planet and Why We Must*, 1996
일반 독자를 위한 고전적인 책으로, 화성 탐사와 정착을 강하게 주장한다.

제6장 우주 탐사에 아직 영광이 남아 있는가?

Buzz Aldrin and Ken Abraham, *Magnificent Desolation: The Long Journey Home from the Moon*, 2009
달 표면을 걸은 버즈 올드린이 자신의 경험을 통해 우주 탐사의 매력을 들려주는 개인적 이야기.

Charles S. Cockell, "The Unsupported Transpolar Assault on the Martian Geographic North Pole," *Journal of the British Interplanetary Society*, 2005
화성의 극관 가장자리에서 출발해 북극점까지 육로 탐험 가능성을 고찰한 나의 논문. 탐험가들이 나아갈 경로와 직면할 도전 과제, 준비 방법 등에 대한 자세한 내용을 담고 있다.

Leonard David, *Mars: Our Future on the Red Planet*, 2016
화성 탐사를 위한 장기 계획을 쉽게 설명한 책.

제7장 화성은 우리의 행성 B가 될 수 있을까?

Mike Berners-Lee, *There Is No Planet B: A Handbook for the Make or Break Years*, 2019
버너스-리는 우주 탐사를 거부하지 않으면서도, 인간이 살기에 가장 적합한 행성인 지구에서 우리가 직면한 주요 환경 문제를 다룬다.

Stephen Petranek, *How We'll Live on Mars*, 2015
화성에서 살아가면서 맞닥뜨릴 일부 장애물을 간략하고 쉽게 설명한 책.

Christopher Wanjek, *Spacefarers: How Humans Will Settle the Moon, Mars, and Beyond*, 2020
우주 정착을 위한 장기 계획과 그것을 달성할 수 있는 방법에 대한 정보가 가득 담긴 훌륭한 책.

제8장 유령은 존재하는가?

Jack Challoner, *The Atom: A Visual Tour*, 2018
원자의 구조와 발견의 역사를, 아름다운 삽화를 곁들여 소개한 안내서.

Lisa Randall, *Dark Matter and the Dinosaurs: The Astounding Interconnectedness of the Universe*, 2015
물질과 우주의 본질을 흥미진진하게 설명한 대중 교양서.

제9장 우리는 외계인 동물원의 전시 동물인가?

Stephen Webb, *If the Universe Is Teeming with Aliens... Where Is Everybody? Seventy-Five Solutions to the Fermi Paradox and the Problem of Extraterrestrial Life*, 2002
페르미 역설에 대한 건전한 답변들을 다룬 책.

Paul Davies, *The Eerie Silence: Searching for Ourselves in the Universe*, 2010
우주에서 외계 생명체를 찾는 작업과 그 의미를 일반 대중이 이해할 수 있게 논의한 책.

제10장 우리는 외계인을 이해할 수 있을까?

Barry Gower, *Scientific Method: A Historical and Philosophical Introduction*, 1996
과학적 방법의 역사와 발전을 학문적으로 훌륭하게 서술한 책.

Thomas S. Kuhn, *The Structure of Scientific Revolutions*, 1962
과학적 변화가 어떻게 일어나는지 철학적으로 고찰한 고전. 쿤의 주장은 가히 혁명적이었으며, 여전히 논란의 대상이 되고 있다.

Karl Popper, *Conjectures and Refutations: The Growth of Scientific Knowledge*, 1962
20세기의 위대한 과학 철학자가 과학적 방법과 과학적 지식에 대해 진지하게 논의한 책.

제11장 우주에 외계인이 존재하지 않는 것은 아닐까?

Peter D. Ward and Donald Brownlee, *Rare Earth: Why Complex Life Is Uncommon in the Universe*, 1999
일반 대중이 읽기 쉽게 쓴 책으로, 지구만의 다양한 특징을 논의하면서 그 결과로 우주에는 복잡한 생명체와 지적 생명체가 드물 수밖에 없다는 결론을 내린다.

Duncan Forgan, *Solving Fermi's Paradox*, 2018
지금까지 지적 외계인이 발견되지 않은 이유를 설명한 책.

제12장 화성은 살기에 끔찍한 장소인가?

Charles S. Cockell, "Mars Is an Awful Place to Live," *Interdisciplinary Science Reviews*, 2002
이 논문에서 나는 화성에는 결국 과학자와 탐험가, 사업가로 가득 찬 기지들이 세워질 테지만, 이질적인 생활 조건에 이끌린 수백만 명의 사람들이 살진 않을 것이라고 주장한다.

Robert M. Haberle, et al., *The Climate and Atmosphere of Mars*, 2017
화성의 대기 조건을 개괄적으로 설명한 교과서로, 인류의 정착 문제를 고찰할 때 유용하다.

제13장 우주에는 독재 사회가 넘쳐날까, 자유 사회가 넘쳐날까?

Daniel Deudney, *Dark Skies: Space Expansionism, Planetary Geopolitics, and the Ends of Humanity*, 2020
우주 탐사와 지구 이후 시대를 낙관적으로 바라보는 견해에 이의를 제기하는 냉철한 반론.

Everett C. Dolman, *Astropolitik: Classical Geopolitics in the Space Age*, 2001
천체 지리학(우주에서의 위치와 거리를 다루는 분야)이 미래의 안보 전략에 필수적이라고 주장하는 우주 지정학 이론.

제14장 미생물도 보호할 가치가 있을까?

Robin Attfield, *Environmental Ethics: A Very Short Introduction*, 2018
환경 윤리의 주요 개념을 소개하는 입문서.

Charles S. Cockell, "Environmental Ethics and Size," *Ethics and the Environment*, 2008
학술지에 발표한 이 논문에서 나는 미생물이 환경 윤리에서 차지하는 위치에 대한 견해를 제시하고, 우리가 생물을 보호하려는 태도에 생물의 크기가 어떤 영향을 미치는지 고찰한다.

Joseph R. DesJardins, *Environmental Ethics: An Introduction to Environmental Philosophy*, 1992 (fifth edition, 2012)
이 중요한 주제를 알고자 하는 사람들에게 도움이 될 또 하나의 유용한 출발점.

제15장 생명은 어떻게 시작되었을까?

David W. Deamer, *Origin of Life: What Everyone Needs to Know*, 2020
제목에서 알 수 있듯이, 일반 독자에게 생명의 기원을 설명하는 책.

Robert M. Hazen, *Genesis: The Scientific Quest for Life's Origins*, 2005
비록 일부 연구 분야가 크게 발전하긴 했지만, 헤이즌의 책은 여전히 생명의 시작에 관한 과학적 이론들과 그 이론들을 뒷받침하는 주요 실험과 관찰을 쉽게 소개하는 책으로 남아 있다.

Eric Smith and Harold J. Morowitz, *The Origin and Nature of Life on Earth: The Emergence of the Fourth Geosphere*, 2016
지구와 생명의 공진화라는 중요한 연구 분야에 초점을 맞춰 학술적으로 기술한 책.

제16장 왜 우리는 숨 쉬는 데 산소가 필요한가?

Donald E. Canfield, *Oxygen: A Four Billion Year History*, 2013
캔필드는 지구에서 산소가 생겨나고 증가한 역사를 돌아보며, 산소가 생물에게 얼마나 중요한지 연구한 지난 수십 년간의 결과를 소개한다.

Nick Lane, *Oxygen: The Molecule that Made the World*, 2002
산소의 역사와 생명의 관계를 이해하기 쉽게 설명한 또 한 권의 책.

제17장 생명의 의미는 무엇인가?

Mark A. Bedau and Carol E. Cleland, *The Nature of Life: Classical and Contemporary Perspectives from Philosophy and Science*, 2010
생명을 이루는 요소에 관해 여러 시대와 여러 학문에서 나온 과학적, 철학적 견해를 모아 놓은 교과서.

Paul Nurse, *What Is Life?: Understand Biology in Five Steps*, 2020
노벨상 수상자가 생명의 본질, 기본 메커니즘, 분자 수준에서 생명의 작용 방식을 알기 쉽게 설명한 책.

Erwin Schrödinger, *What Is Life?*, 1944
생명의 본질에 대한 슈뢰딩거의 생각을 소개한 책. DNA가 발견되기 이전에 유전 물질에 대해 선견지명이 있었던 개념들도 나온다.

제18장 우리는 예외적인 존재인가?

Sean Carroll, *The Big Picture: On the Origins of Life, Meaning, and the Universe Itself*, 2016
아원자 규모에서 우주적 규모에 이르기까지 우리가 우주에 대해 알아낸 것을 포괄적으로 소개한 책.

Charles S. Cockell, *The Equations of Life: How Physics Shapes Evolution*, 2018
모든 독자를 대상으로 한 이 책에서 나는 원자에서부터 생물 집단에 이르기까지 전체 사다리의 모든 단계에서 생명을 만들어 내는 물리적 원리에 대해 우리가 알고 있는 것과 배우고 있는 것을 살펴본다.

Viktor E. Frankl, *Man's Search for Meaning*, 1946
프랑클은 심리학자로서 받은 훈련을 바탕으로 상상 가능한 최악의 조건인 나치의 강제 수용소에서 의미 있는 삶을 살기 위한 노력을 탐구한다. 아우슈비츠와 다하우에서 살아남은 사람이 쓴 이 놀라운 책은 출간된 지 75년이 지난 지금도 여전히 큰 영향력을 떨치고 있다.

Jonathan B. Losos, *Improbable Destinies: Fate, Chance, and the Future of Evolution*, 2017
진화의 필연성과 생물학의 많은 부분이 예외적인 것이 아닐 가능성(즉, 진화의 결과는 대개 구조적 요인에 의해 사전에 결정돼 있을 가능성)을 요약 설명한 책.

알렉산드르 솔제니친, 『수용소군도』, 1973
물리학에 따르면, 어느 누구도 예외적인 존재가 아니다. 하지만 여기서 허무주의적 교훈을 얻는다면, 그 결과는 재앙이 될 가능성이 높다. 솔제니친은 인도주의적 가치의 필요성을 높이 평가하며, 우리 시대의 가장 심오한 도덕적 사상가 중 한 명이다.

감사의 말

우주에 존재하는 생명의 본질에 관한 논의를 마음껏 펼칠 수 있게 해준 모든 택시 기사에게 고마움을 전하고 싶다. 나는 간결성과 질적 수준을 위해 실례를 무릅쓰고 내 마음대로 대화 중 일부를 요약했지만, 대화의 정신과 각각의 택시 여행에서 나온 핵심 개념들은 그대로 유지했다. 하버드 대학교 출판부의 담당 팀에게도 고마움을 전한다. 특히 조언과 지도를 아끼지 않은 제니스 오뎃과 에머럴드 젠슨-로버츠, 그리고 훌륭한 아이디어와 제안으로 원고의 질을 크게 향상시킨 사이먼 왁스먼에게 감사드린다. 또한 이 일을 대행한 그린앤히턴 에이전시의 앤터니 토핑에게도 감사드린다. 마지막으로, 우주에 존재하는 생명에 대한 나의 관심과 생각을 발전시키는 데 도움을 준 동료들에게도 고마움을 전한다.

이미지 출처

34쪽: Wikimedia Commons

56쪽: Acme News Photos/Wikimedia Commons

74쪽: NASA/Tracy Caldwell Dyson

96쪽: NASA/SpaceX

118쪽: Marilynn Flynn

136쪽: ESA & MPS for OSIRIS Team MPS/UPD/LAM/IAA/RSSD/INTA/
UPM/DASP/IDA, CC BY-SA 3/0 IGO

154쪽: The National Archives UK/Wikimedia Commons

174쪽: Robek/Wikimedia Commons/CC BY-SA 3.0

194쪽: BabelStone/Wikimedia Commons/CC BY-SA 3.0

214쪽: NASA; ESA; G. Illingworth, D. Magee, and P. Oesch, University
of California, Santa Cruz; R. Bouwens, Leiden University; and the
HUDF09 Team

234쪽: NASA/JP-Caltech/MSSS

254쪽: NASA, Design Gary Kitmacher, Architect/Engineer John Ciccora/
Wikimedia Commons

272쪽: gailhampshire/Wikimedia Commons

292쪽: MARUM-Zentrum für Marine Umweltwissenschaften, Universität
Bremen/CC BY 4.0

314쪽: Fir0002/Wikimedia Commons

334쪽: NIAID-RML/Wikimedia Commons/CC BY 2.0

354쪽: ESO/B. Tafreshi/CC BY-SA 4.0

찾아보기

옮긴이 **이충호** 서울대학교 사범대학 화학과를 졸업하고, 교양 과학과 인문학 분야 번역가로 활동하고 있다. 2001년 『신은 왜 우리 곁을 떠나지 않는가』로 제20회 한국과학기술도서 번역상을 수상했다. 옮긴 책으로 『진화심리학』, 『사라진 스푼』, 『루시퍼 이펙트』, 『우주를 느끼는 시간』, 『바이올리니스트의 엄지』, 『뇌과학자들』, 『잠의 사생활』, 『우주의 비밀』, 『유전자는 네가 한 일을 알고 있다』, 『도도의 노래』, 『루시, 최초의 인류』, 『스티븐 호킹』, 『돈의 물리학』, 『경영의 모험』 등 다수가 있다.

어느 날 택시에서 우주가 말을 걸었다

발행일 **2025년 5월 20일 초판 1쇄**

지은이 **찰스 S. 코켈**
옮긴이 **이충호**
발행인 **홍예빈**
발행처 **주식회사 열린책들**

경기도 파주시 문발로 253 파주출판도시
전화 031-955-4000 팩스 031-955-4004
홈페이지 www.openbooks.co.kr 이메일 humanity@openbooks.co.kr